教育部职业教育与成人教育司推荐教材

数控专业教学用书

液压与气动技术

教育部机械职业教育教学指导委员会
中国机械工业教育协会 组编

主　编　许　菁　刘振兴

参　编　韩志宏　陈文凤

主　审　王志泉

机械工业出版社

本书共分十七章，主要内容包括绪论，液压传动基本知识，液压泵，液压缸与液压马达，液压控制阀，液压辅助元件，液压基本回路，液压系统分析，液压伺服系统，液压系统的安装、使用和故障诊断，气压传动基础知识，气源装置和气动辅助元件，气动执行元件，气动控制元件，气动基本回路，典型气动系统，气动系统的故障诊断、维护和保养等内容。在编写时吸收了相应的液压与气动新知识、新技术，力求贯彻液压与气动的最新标准。在选取教学内容时努力做到紧扣教学基本要求，尽量降低知识的难度；在表述上力求深入浅出、简明扼要、通俗易懂。

本书为高等职业技术院校的数控技术及应用专业“液压与气动技术”课程教材，同时适用于其他机电类专业的相同课时的教学。

图书在版编目（CIP）数据

液压与气动技术/许菁，刘振兴主编．—北京：机械工业出版社，2005.6（2021.3 重印）
教育部职业教育与成人教育司推荐教材．数控专业教学用书
ISBN 979 - 7 - 111 - 16608 - 5

Ⅰ．液…　Ⅱ．①许…　②刘…　Ⅲ．①液压传动 - 职业教育：成人教育 - 教材②气压传动 - 职业教育：成人教育 - 教材　Ⅳ．①TH137②TH138

中国版本图书馆 CIP 数据核字（2005）第 052761 号

机械工业出版社（北京市百万庄大街 22 号　邮政编码 100037）
策划编辑：王世刚　汪光灿　责任编辑：汪光灿
版式设计：冉晓华　责任校对：王　欣
责任印制：常天培
北京虎彩文化传播有限公司印刷
2021 年 3 月第 1 版 · 第 15 次印刷
184mm × 260mm · 10 印张 · 243 千字
标准书号：ISBN 979 - 7 - 111 - 16608 - 5
定价：29.90 元

电话服务　　网络服务
客服电话：010-88361066　机 工 官 网：www.cmpbook.com
010-88379833　机 工 官 博：weibo.com/cmp1952
010-68326294　金 书 网：www.golden-book.com
封底无防伪标均为盗版　机工教育服务网：www.cmpedu.com

机电类高等职业技术教育教材建设领导小组人员名单

顾问：郝广发

组长：杨黎明

成员：刘亚琴　李超群　惠新才　王世刚
姜立增　李向东　刘大康　鲍风雨
储克森　薛　涛

数控技术应用专业教材编审委员会

司徒渝　李向东　李登万　王明耀　王茂元
郭士义　周晓宏　裴炳文　马进中　郑晓峰
林　彬　张光跃　晏初宏　刘力群　许　菁
刘振兴　凌爱林　吴兆祥　赵国增　李世杰
夏　暎　赵居礼　汪光灿

前　言

本书是根据教育部最新颁发的有关“教育部关于进一步办好高等职业技术教育的几点意见”文件的基本要求，并参照重新修订后的教学计划和教学大纲，由机械工业出版社组织编写的高等职业技术院校系列教材之一。

本书为高等职业技术院校的数控技术及应用专业“液压与气动技术”课程教材，同时也适用于其他机电类专业的相同课时的教学。

随着微电子和计算机技术的发展，液压与气动技术得到了广泛的应用，并衍生出许多新的功能器件。本书在编写时注意吸收相应的液压与气动新知识、新技术，力求贯彻液压与气动的最新标准。在选取教学内容时努力做到紧扣教学基本要求，尽量降低知识的难度；在表述上力求深入浅出、简明扼要、通俗易懂。本书内容包括液压与气动的基础知识，液压与气动的动力元件、控制元件、辅助元件、基本回路、典型系统等，每章后面都配有相应的练习。在教学安排上，根据各校实验设施情况，可适当调整总课时和课时比例。

本教材教学时数为50学时，各部分内容的课时分配如下：

教学内容	课时分配建议	
	理论教学	实践教学
第一章　绪论	1	
第二章　液压传动基本知识	3	1
第三章　液压泵	3	1
第四章　液压缸与液压马达	4	
第五章　液压控制阀	4	2
第六章　液压辅助元件	2	
第七章　液压基本回路	4	2
第八章　液压系统分析	4	
第九章　液压伺服系统	2	
第十章　液压系统的安装、使用和故障诊断	2	
第十一章　气压传动基础知识	1	
第十二章　气源装置和气动辅助元件	1	
第十三章　气动执行元件	2	
第十四章　气动控制元件	2	1
第十五章　气动基本回路	2	2
第十六章　典型气动系统	2	
第十七章　气动系统的故障诊断、维护和保养	2	
合计	41	9

本教材由江苏无锡机电技术学校许菁、山西太原理工大学长治学院刘振兴主编，湖南工业职业技术学院王志泉主审，参加编写的有华北机电学校韩志宏、无锡职教中心校陈文凤。其中，韩志宏编写第一、二、八、九、十章，刘振兴编写第三、四、五、六、七章，许菁编写第十一、十二、十五、十六章，陈文凤编写第十三、十四、十七章。本书在编写过程中得到了有关工厂的大力支持和帮助，在此表示衷心的感谢。

由于编者水平有限，书中难免存在错误和不妥之处，敬请广大读者批评指正。

编　者

目　录

第一章　绪　　论

液压与气压传动是机械设备中被广泛采用的传动方式之一。近年来，随着机电一体化技术的发展，特别是与微电子和计算机技术相结合，液压与气压传动已进入了一个崭新的发展阶段。

液压与气压传动是以流体（液压油或压缩空气）为工作介质进行能量传递和控制的一种传动形式。它们通过各种元件组成不同功能的基本回路，再由若干基本回路有机地组合成具有一定控制功能的传动系统。

一、液压与气压传动的工作原理

图 1-1 所示为典型液压系统原理结构示意图，液压泵 3 由电动机驱动旋转，从油箱 1 经过滤器 2 吸油。当换向阀 5 的阀芯处于图示位置时，压力油经流量控制阀 4、换向阀 5 和管道 9 进入液压缸 7 的左腔，推动活塞向右运动。液压缸右腔的油液经管道 6、换向阀 5 和管道 10 流回油箱。改变换向阀 5 的阀芯工作位置，使之处于左端位置时，液压缸活塞反向运动。

改变流量控制阀 4 的开口，可以改变进入液压缸的流量，从而控制液压缸活塞的运动速度。液压泵排出的多余油液经溢流阀 11 和管道 12 流回油箱。液压缸的工作压力取决于负载。液压泵的最大工作压力由溢流阀 11 调定，其调定值应为液压缸的最大工作压力及系统中油液流经阀和管道的压力损失之和。因此，系统的工作压力不会超过溢流阀的调定值，溢流阀对系统起着过载保护作用。

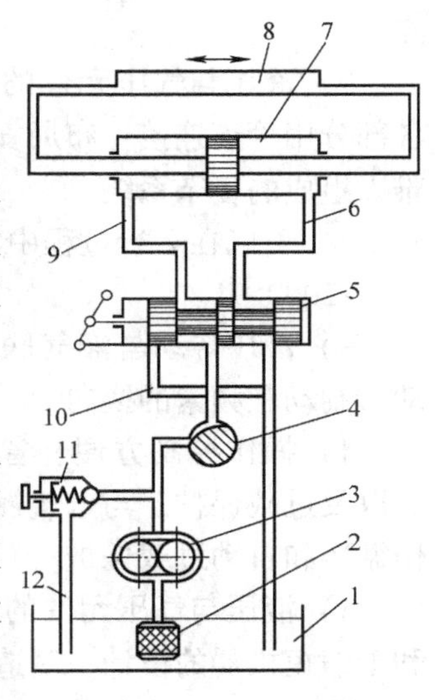

图 1-1　典型液压系统原理结构

1—油箱　2—过滤器　3—液压泵　4—流量控制阀　5—换向阀　6、9、10、12—管道　7—液压缸　8—工作台　11—溢流阀

气压传动系统与液压传动系统相似，在气压发生装置和气缸之间有控制压缩空气压力、流量和流动方向的各种动力控制元件和执行逻辑运算、检测、自动控制等功能的信号控制元件，以及使压缩空气净化、润滑、消声和传输所需的装置。

二、液压与气压传动系统的组成

液压与气压传动系统由以下 4 个部分组成：

（1）能源装置　把机械能转换成流体压力能的装置。常见的有液压泵和空气压缩机，用来给系统提供压力油或压缩空气。

（2）执行装置　把流体的压力能转换成机械能输出的装置。它可以是作直线运动的液压缸或气缸，也可以是作回转运动的液压马达或气压马达。

（3）控制装置　对系统中流体压力、流量和流动方向进行控制或调节的装置，以及进行信号转换、逻辑运算和放大等功能的信号控制元件。如图 1-1 中的溢流阀、流量控制阀以及换向阀等。

(4) 辅助元件　除上述三种装置外，保证系统正常工作所需的其他装置。如油箱、过滤器、分水排水器、消声器、管件等。

为了简化液压与气压传动系统的表示方法，通常采用图形符号来绘制系统原理图，图形符号脱离了元件的具体结构，只表示元件的职能，简单明了，便于绘制。目前我国的液压系统图采用 GB/T 786.1—1993 所规定的图形符号绘制，见图 1-2。

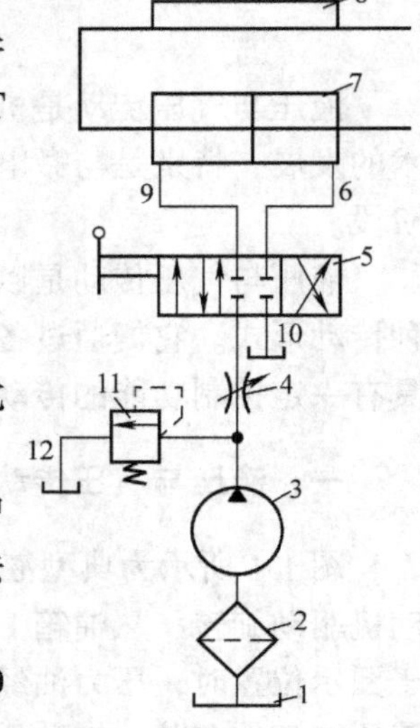

图 1-2　典型液压系统原理图形符号

1—油箱　2—滤油器　3—液压泵　4—节流阀　5—换向阀　6、9、10、12—液压缸　7—活塞　8—工作台　11—溢流阀

三、液压与气压传动的优缺点

1. 优点

与机械传动和电力拖动系统相比，液压与气压传动具有以下优点：

1）液压与气压元件的布置不受严格的空间位置限制，系统中各部分用管道连接，布局安装有很大的灵活性，能构成用其他方法难以组成的复杂系统。

2）可以在运行过程中实现大范围的无级调速，传动比可达 100∶1～2000∶1。

3）液压传动与液气联动传递运动均匀平稳，易于实现快速启动、制动和频繁的换向。

4）操作控制方便、省力，易于实现自动控制、中远程距离控制以及过载保护。与电气控制、电子控制相结合，易于实现自动工作循环和自动过载保护。

5）液压与气压元件的标准化、系列化和通用化程度较高，有利于缩短机器的设计、制造周期和降低制造成本。

除此之外，液压传动突出的优点还有单位质量输出功率大；气压传动突出的优点还有以空气作工作介质，处理方便，无介质费用、泄漏不污染环境等。

2. 缺点

1）在传动过程中，能量需经两次转换，传动效率偏低。

2）由于传动介质的可压缩性和泄漏等因素的影响，不能严格保证定比传动。

3）液压传动性能对温度比较敏感，不能在高温下工作，采用石油基液压油作传动介质时，还须注意防火问题。

4）液压与气动元件制造精度高，系统工作过程中发生故障时不易诊断。

综上所述，液压与气压传动的优点是主要的，其缺点将随着科学技术的发展终将得到克服。

四、液压与气压传动技术的应用和发展概况

液压与气压传动相对于机械传动来说是一门新兴技术。虽然从 17 世纪中叶帕斯卡提出静压传递原理、18 世纪末英国制造出世界上第一台水压机算起，已有近 300 年的历史，但液压与气压传动在工业上被广泛采用和有较大幅度的发展却是 20 世纪中期以后的事情。

近代液压传动是由19世纪崛起并蓬勃发展的石油工业推动起来的，最早实践成功的液压传动装置是舰艇上的炮塔转位器，其后才在机床上得到应用。第二次世界大战期间，由于军事工业和装备迫切需要反应迅速、动作准确、输出功率大的液压传动及控制装置，促进了液压技术的迅速发展。战后，液压技术很快转入民用工业，在机床、工程机械、冶金机械、塑料机械、农林机械、汽车、船舶等行业得到了大幅度的应用和发展。20世纪60年代以后，随着原子能、空间技术、电子技术等方面的发展，液压技术向更广阔的领域渗透，逐渐发展成为包括传动、控制和检测在内的一门完整的自动化技术。现今采用液压传动的程度已成为衡量一个国家工业水平的重要标志之一。如发达国家生产的95%的工程机械、90%的数控加工中心以及95%以上的自动生产线都采用了液压传动。

随着液压机械自动化程度的不断提高，液压元件应用数量急剧增加，元件小型化、系统集成化是发展的必然趋势。特别是近10年，液压技术与传感技术、微电子技术密切结合，出现了许多诸如电液比例阀、数字阀、电液伺服液压缸等机（液）电一体化元器件，使液压技术在高压、高速、大功率、节能高效、低噪声、使用寿命长、高度集成化等方面取得了重大进展。无疑，液压元件和液压系统的计算机辅助设计（CAD）、计算机辅助实验（CAT）和计算机实时控制也是当前液压技术的发展方向。

以空气作为工作介质具有防火、防爆、防电磁干扰，抗振动、抗冲击、抗辐射等优点，近年来气动技术的应用领域已从汽车、采矿、钢铁，机械工业等重工业迅速扩展到化工、轻工、食品、军事工业等各行各业。和液压技术一样，当今气动技术亦发展成包括传动、控制与检测在内的自动化技术。它作为柔性制造系统（FMS），在包装设备、自动生产线和机器人等方面成为不可缺少的重要手段。由于工业自动化以及FMS的发展，要求气动技术以提高系统可靠性、降低总成本为目标，进行系统控制技术和机、电、液、气综合技术的研究和开发。显然，气动元件的微型化、节能化、无油化是当前的发展特点，与电子技术相结合产生的自适应元件，如各类比例阀和电气伺服阀，使气动系统从开关控制进入到反馈控制。计算机的广泛普及与应用为气动技术的发展提供了更加广阔的前景。

习　题

1-1　什么是液压与气压传动？液压传动的基本原理是什么？

1-2　液压与气压传动系统主要由哪几部分组成？各组成部分的作用是什么？

1-3　液压与气压传动和其他传动方式相比，有哪些优缺点？

第二章　液压传动基本知识

液体是液压传动的工作介质，因此，了解液体的基本性质、掌握液体平衡和运动的主要力学规律，对于正确理解液压传动原理以及合理设计和使用液压系统都是十分重要的。本章除了简要地叙述液压油的性质、液压油的要求和选用等内容外，将着重阐述液体的静力学特性、静力学基本方程式和动力学的几个重要方程式。

第一节　液　压　油

一、液压油的性质

（一）密度

单位体积液体的质量称为该液体的密度，即

$$\rho = \frac{m}{V} \tag{2-1}$$

式中　m——体积为 V 的液体的质量；

V——液体的体积；

ρ——液体的密度，单位为 kg/m^3。

密度是液体的一个重要物理参数。随着温度和压力的变化，其密度也会发生变化，但变化量一般很小，可以忽略不计。一般液压油的密度为 $900kg/m^3$。

（二）可压缩性

液体受压力作用而发生体积减小的性质称为液体的可压缩性。体积为 V 的液体，当压力增大 Δp 时，体积减小 ΔV，则液体在单位压力下的体积相对变化量为

$$k = -\frac{1}{\Delta p}\frac{\Delta V}{V} \tag{2-2}$$

式中　k——液体的压缩系数。

由于压力增大时液体的体积减小，因此式（2-2）的右边需加一负号，以使 k 为正值。

k 的倒数称为液体的体积弹性模量，以 K 表示，即

$$K = \frac{1}{k} = -\frac{\Delta p}{\Delta V}V \tag{2-3}$$

K 表示产生单位体积相对变化量所需要的压力增量，在实际应用中，常用 K 值说明液体抵抗压缩能力的大小。

液压油的体积弹性模量为 $K=(1.2\sim2)\times10^3 MPa$，数值很大，故对于一般液压系统，可认为油液是不可压缩的。但是，若液压油中混入空气时，可压缩性将显著增加，并将严重影响液压系统的工作性能，故在液压系统中应尽量减少油液中的空气含量。

（三）粘性

1. 粘性的意义

液体在外力作用下流动时，液体分子间的内聚力会阻碍分子间的相对运动，即分子间产生一种内摩擦力，这一特性称为液体的粘性。粘性是液体的重要物理特性，也是选择液压用油的依据。

液体流动时，由于液体和固体壁面间的附着力以及液体的粘性，会使液体内各液层间的速度大小不等。如图 2-1 所示，设在两个平行平板之间充满液体，当上平板以速度 u_0 相对于静止的下平板向右移动时，在附着力的作用下，紧贴于上平板的液体层速度为 u_0，而中间各层液体的速度则从上到下近似呈线性递减的规律分布，这是因为在相邻两液体层间存在有内摩擦力的缘故，该力对上层液体起阻滞作用，而对下层液体起拖曳作用。

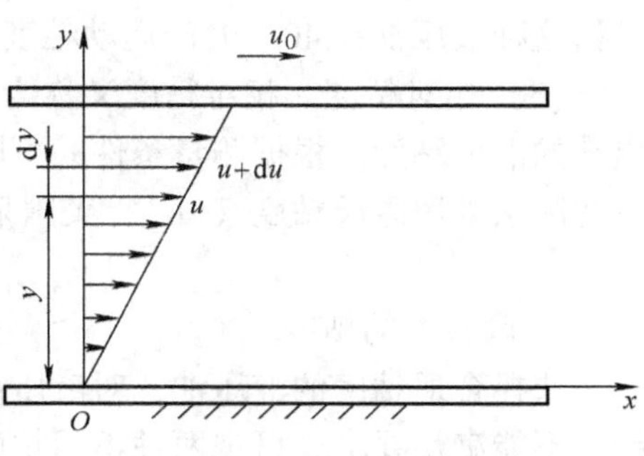

图 2-1　液体的粘性示意图

实验测定结果表明，液体流动时相邻液层间的内摩擦力 F_f 与液层接触面积 A、液层间的速度梯度 du/dy 成正比，即

$$F_f = \mu A \frac{du}{dy} \tag{2-4}$$

式中　μ——比例系数，又称为粘度系数或动力粘度。若以 τ 表示液层间在单位面积上的内摩擦力，则上式可写成

$$\tau = \frac{F}{A} = \mu \frac{du}{dy} \tag{2-5}$$

式 2-5 称为牛顿液体内摩擦定律。

由上式可知，在静止液体中，因速度梯度 $du/dy = 0$，故内摩擦力为零，因此液体在静止状态下不呈现粘性。

2. 液体的粘度

液体粘性的大小用粘度来表示。常用的粘度有三种，即动力粘度、运动粘度和相对粘度。

（1）动力粘度 μ　它是表征液体粘度的内摩擦系数，故由式（2-5）可知

$$\mu = \frac{\tau}{du/dy} \tag{2-6}$$

由此可知，动力粘度的物理意义是：当速度梯度等于 1 时，流动液体液层间单位面积上的内摩擦力 τ，即为动力粘度，又称为绝对粘度。

在我国法定计量单位制及 SI 制中，动力粘度 μ 的单位是 Pa · s（帕 · 秒）或用 $N \cdot s/m^2$（牛 · 秒/米^2）表示。

（2）运动粘度 ν　动力粘度 μ 和该液体密度 ρ 之比值 ν 称为运动粘度。即

$$\nu = \mu/\rho \tag{2-7}$$

运动粘度 ν 没有明确的物理意义。因为在其单位中只有长度和时间的量纲，所以称为运动粘度。

在我国法定计量单位制及 SI 制中，运动粘度 ν 的单位是 m^2/s。

在 CGS 制中，ν 的单位是 cm^2/s，通常称为 St（斯）。1St（斯）=100cSt（厘斯）。两种单位制的换算关系为

$$1\mathrm{m}^2/\mathrm{s} = 10^4\mathrm{St} = 10^6\mathrm{cSt}$$

就物理意义来说，ν 并不是一个粘度的量，但工业中常用它表示液体的粘度。例如液压油的牌号，就是这种油液在40℃时的运动粘度 ν（mm^2/s）的平均值。如 L-AN32 液压油就是指这种液压油在40℃时的运动粘度 ν 的平均值为 $32\mathrm{mm}^2/\mathrm{s}$。

（3）相对粘度　相对粘度又称为条件粘度。它是采用特定的粘度计在规定的条件下测出来的液体粘度。根据测量条件的不同，各国采用的相对粘度的单位也不同，如我国和欧洲一些国家采用恩氏粘度（$^\circ E$），美国采用国际赛氏粘度（*SSU*），英国采用雷氏粘度（*R*）等等。

3. 调和油的粘度

选择合适粘度的液压油，对液压系统的工作性能有着十分重要的作用。有时现有的油液粘度不能满足要求，可把两种不同粘度的油液混合起来使用，称为调和油。调和油的粘度与两种油所占的比例有关，一般可用下面的经验公式计算

$$^\circ E = \frac{a^\circ E_1 + b^\circ E_2 - c\ (^\circ E_1 - {}^\circ E_2)}{100} \tag{2-8}$$

式中　$^\circ E_1$、$^\circ E_2$——混合前两种油液的粘度，取 $^\circ E_1 > {}^\circ E_2$；

$^\circ E$——混合后的调和油粘度；

a、b——参与调和的两种油液各占的百分数（$a + b = 100$）；

c——实验系数，见表2-1。

表2-1　实验系数 *c* 的数值

a	10	20	30	40	50	60	70	80	90
b	90	80	70	60	50	40	30	20	10
c	6.7	13.1	17.9	22.1	25.5	27.9	28.2	25	17

4. 粘度和温度的关系

温度对油液粘度影响很大，当油液温度升高时，其粘度显著下降。油液粘度的变化直接影响液压系统的性能和泄漏量，因此希望粘度随温度的变化越小越好。不同的油液有不同的粘度变化关系，这种关系叫作油液的粘温特性。液体的粘温特性常用粘度指数 *VI* 来度量。*VI* 表示该液体的粘度变化的程度与标准液的粘度变化程度之比。通常在各种工作介质的质量标准中都给出粘度指数。粘度指数越高，说明粘度随温度的变化越小，其粘温特性好。

5. 粘度和压力的关系

压力对油液的粘度也有一定的影响。压力越高，分子间的距离越小，因此粘度变大。不同的油液有不同的粘度压力变化关系。这种关系叫作油液的粘压特性。

在实际应用中，当液压系统中使用的矿物油压力在 $0 \sim 500 \times 10^6\mathrm{Pa}$ 范围内时，按下式计算油的粘度

$$\nu_p = \nu_0\ (1 + 0.003p) \tag{2-9}$$

式中　ν_p——压力为 p 时液体的运动粘度；

ν_0——大气压下液体的运动粘度；

p——液体的压力（$10^5\mathrm{Pa}$）。

在液压系统中，若系统的压力不高，压力对粘度的影响较小，一般可忽略不计。当压力

较高或压力变化较大时，则必须考虑压力对粘度的影响。

（四）其他特性

液压油还有其他一些物理化学性质，如抗氧化性、抗燃性、抗凝性、抗泡沫性、抗乳化性、防锈性、润滑性、导热性、稳定性以及相容性（主要指对密封材料、软管等不侵蚀、不溶胀的性质）等，这些性质对液压系统的工作性能有重要影响。对于不同品种的液压油，这些性质的指标是不同的，具体应用时可查阅油类产品手册。

二、对液压油的要求和选用

（一）要求

液压系统中的工作油液具有双重作用，一是作为传递能量的介质，二是作为润滑剂润滑运动零件的工作表面，因此油液的性能会直接影响液压传动的性能：如工作的可靠性、灵敏性、速度的稳定性以及系统的效率及零件的寿命等。一般在选择油液时应满足下列几项要求：

1）粘温特性好。在使用温度范围内，油液粘度随温度的变化越小越好。

2）具有良好的润滑性。即油液润滑时产生的油膜强度高，以免产生干摩擦。

3）成分要纯净，不应含有腐蚀性物质、以免侵蚀机件和密封元件。

4）具有良好的化学稳定性。油液不易氧化，不易变质，以防产生粘质沉淀物影响系统工作，防止氧化后油液变为酸性，对金属表面起腐蚀作用。

5）抗泡沫性好、抗乳化性好，对金属和密封件有良好的相容性。

6）体积膨胀系数小，比热容和传导系数大；流动性和凝点低，闪点和燃点高。

7）无毒性，价格便宜。

几种常用的国产液压油的主要质量指标见表 2-2。

表 2-2　国产液压油的主要质量指标

项　目	质量指标									
品　种	普通液压油					高级抗磨液压油			低温液压油	
牌　号	32	46	68	32G	68G	L—AN32	L—AN46	L—AN68	22	32
40℃时运动粘度 $/10^{-6}m^2\cdot s^{-1}$	28.8～35.2	41.4～50.6	61.2～74.8	28.8～35.2	61.2～74.8	28.8～35.2	41.4～50.6	61.2～74.8	22	32
粘度指数　不小于	90					95			130	
闪点（开口）/℃　不低于	170					180		200	140	160
凝点/℃　不高于	-10					-15			-36	
机械杂质（%）	无					无			无	
氧化稳定性（酸值达 2.0mgKON/g）/h　不小于	1000					1000			1000	

（二）选用

选择液压用油首先要考虑的是粘度问题。粘度高的油液流动时产生的阻力较大，克服阻力所消耗的功率较大，而此功率损耗又将转换成热量使油温上升。粘度太低，会使泄漏量加大，使系统的容积效率下降。一般液压系统的油液粘度在 ν_{40} = (10~60) $\times10^{6}\mathrm{m^2/s}$ 之间。

在选择液压油时要根据具体情况或系统的要求来选用粘度合适的油液。选择时一般应考虑以下几个方面：

(1) 液压系统的工作压力　工作压力较高的液压系统宜选用粘度较大的液压油，以减少系统泄漏；反之，可选用粘度较小的液压油。

(2) 环境温度　环境温度较高时宜选用粘度较大的液压油。

(3) 运动速度　液压系统执行元件运动速度较高时，为减小液流的功率损失，宜选用粘度较低的液压油。

(4) 液压泵的类型　在液压系统的所有元件中，以液压泵对液压油的性能最为敏感，因为泵内零件的运动速度很高，承受的压力较大，润滑要求苛刻，温度也较高。因此，常根据液压泵的类型及要求来选择液压油的粘度。

各类液压泵用油的粘度范围如表 2-3 所示。

表 2-3　各类液压泵用油的粘度范围

液压泵类型		环境温度 5~40℃ ν/ ($\mathrm{mm^2/s}$) (40℃)	环境温度 40~80℃ ν/ ($\mathrm{mm^2/s}$) (40℃)
叶片泵	$p<7\times10^{6}\mathrm{Pa}$	30~50	40~75
	$p\geqslant7\times10^{6}\mathrm{Pa}$	50~70	55~90
齿轮泵		30~70	95~165
轴向柱塞泵		40~75	70~150
径向柱塞泵		30~80	65~240

第二节　液体静力学

液体静力学是研究液体处于静止状态下的力学规律以及这些规律的应用。这里所说的静止，指的是液体内部质点间没有相对运动，不呈现粘性而言。

一、液体静压力及其特性

1. 液体的静压力

静止液体在单位面积上所受的法向力称为静压力，如果在液体内某点处微小面积 ΔA 上作用有法向力 ΔF，则 $\Delta F/\Delta A$ 的极限就定义为该点处的静压力，用 p 表示。即

$$p=\lim_{\Delta A\to0}\frac{\Delta F}{\Delta A} \tag{2-10}$$

如法向力 F 均匀地作用于面积 A 上，则静压力可表示为

$$p=\frac{F}{A} \tag{2-11}$$

液体静压力在物理学上称为压强，在工程实际应用中习惯称为压力。

2. 液体静压力的特性

1）液体静压力的方向总是沿着作用面的内法线方向。

2）静止液体内任一点的液体静压力在各个方向上都相等。

二、静压力基本方程式

1. 静压力基本方程式

在重力作用下的静止液体所受的力，除了液体重力，还有液面上的压力和容器壁面作用在液体上的压力，其受力情况如图 2-2a 所示。如要计算离液面深度为 h 的某一点压力，可以取出底面包含该点的一个微小垂直液柱作为研究体，如图 2-2b 所示，设液柱底面积为 ΔA，高为 h，其体积为 $h\Delta A$，则液柱的重力为 $\rho gh\Delta A$，并作用于液柱的重心上。由于液柱处于平衡状态，所以液柱所受各力存在如下关系

$$p\Delta A = p_0\Delta A + \rho gh\Delta A$$

等式两边同除以 ΔA，则得

$$p = p_0 + \rho gh \tag{2-12}$$

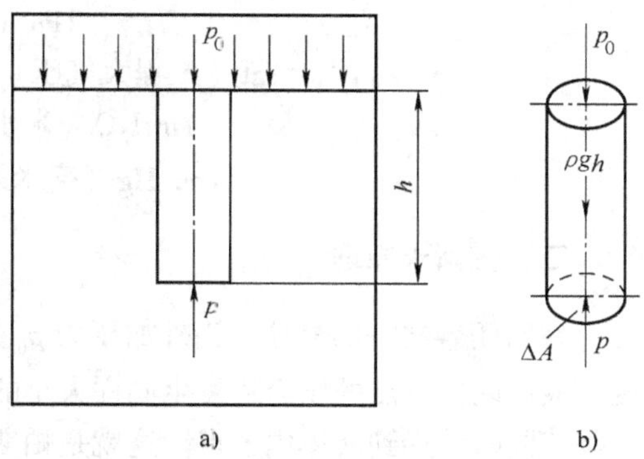

图 2-2　静止液体内的压力分布规律

a）静止液体受力情况　b）微小液柱受力情况

上式即为静压力基本方程式，由上式可知，重力作用下的静止液体，其压力分布有如下特征：

1）静止液体内任一点的压力由两部分组成：一部分是液面上的压力 p_0，另一部分是该点以上液体自重所形成的压力，即 ρg 与该点离液面深度 h 的乘积。当液面上只受大气压 p_a 作用时，则液体内任一点的压力为

$$p = p_a + \rho gh \tag{2-13}$$

2）静止液体内的压力随液体深度变化呈直线规律递增。

3）离液面深度相同处各点的压力均相等，而压力相等的所有点组成的面叫等压面。在重力作用下静止液体中的等压面为水平面，而与大气接触的自由表面也是等压面。

4）对静止液体，若液面压力记为 p_0；液面与基准水平面的距离记为 h_0；液体内任一点的压力记为 p，与基准水平面的距离为 h，则由静压力基本方程式可得

$$\frac{p}{\rho g} + h_0 = \frac{p}{\rho g} + h = \text{常量} \tag{2-14}$$

式中，$p/\rho g$ 为静止液体中单位质量液体的压力能，h 为单位质量液体的势能。公式的物理意义为液体中任一质点的总能量保持不变，即能量守恒。

2. 压力的表示方法及单位

压力的表示方法有两种，一种是以绝对真空作为基准所表示的压力，称为绝对压力；另一种是以大气压力作为基准所表示的压力，称为相对压力。由于大气中的物体受大气压的作用是自相平衡的，所以用压力表测得的压力数值是相对压力，也称为表压力。绝对压力与相对压力的关系为

绝对压力 = 相对压力 + 大气压力

如果液体中某点处的绝对压力小于大气压，绝对压力不足于大气压力的那部分压力值，称

为真空度。

$$真空度 = 大气压力 - 绝对压力$$

绝对压力、相对压力和真空度的关系如图 2-3 所示。

压力的单位除法定的计量单位 Pa（帕，N/m^2）外，还有 MPa（兆帕）、工程大气压、水柱高和汞柱高等。各种压力单位之间的换算关系为

$$1Pa（帕） = 1N/m^2$$

$$1at（工程大气压） = 1kgf/cm^2 = 9.8 \times 10^4 N/m^2$$

$$1mH_2O（米水柱） = 9.8 \times 10^3 N/m^2$$

$$1mmHg（毫米汞柱） = 1.33 \times 10^2 N/m^2$$

三、帕斯卡原理

在密闭容器中的液体，当外加压力 p_0 发生变化时，只要液体仍保持其原来的静止状态不变，液体内任一点的压力将发生同样大小的变化。即在密闭容器内，施加于静止液体的压力将以等值同时传递到液体内各点。这就是帕斯卡原理，也称为静压传递原理。

如图 2-4 所示，两个大小不同的油缸由连通管相连构成密闭容器。两油缸活塞的面积分别是 A_1、A_2，作用在大活塞上的负载为 F_1，液体形成的压力 $p = F_1/A_1$。由帕斯卡原理知：小活塞处的压力也为 p，为防止大活塞降落，在小活塞上应施加的力

$$F_2 = pA_2 = \frac{A_2}{A_1}F_1 \tag{2-15}$$

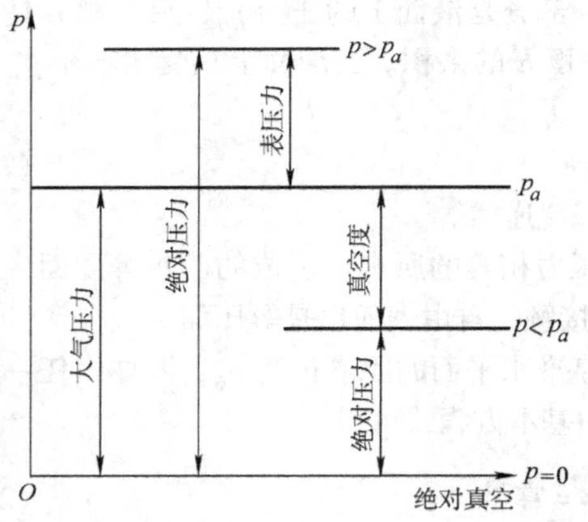

图 2-3　绝对压力、相对压力和真空度

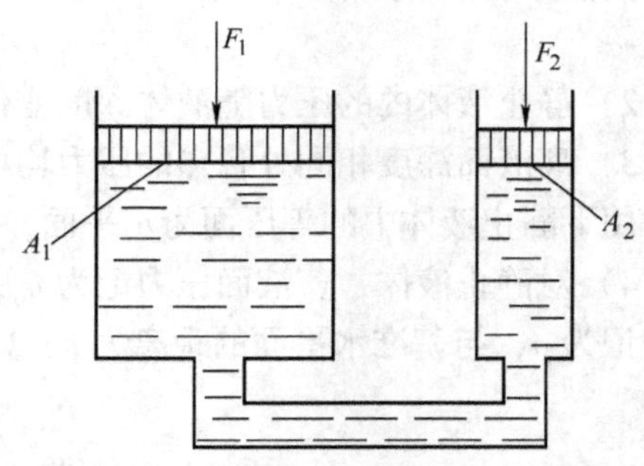

图 2-4　帕斯卡原理应用实例

由上式知，由于（A_1/A_2）<1，所以用一个较小的推力 F_2，就可以推动一个比较大的负载 F_1。液压千斤顶就是根据这一原理制成的。从负载与压力的关系还可以发现，当大活塞上的负载 $F_1=0$ 时，不考虑活塞自重和其他阻力，则不论怎样推动小液压缸的活塞，也不能在液体中形成压力，因此可知，液体内的压力是由外负载决定的。

四、静压力对固体壁面的作用力

液体和固体壁面接触时，固体壁面上各点在某一方向上所受静压作用力的总和，便是液体在该方向上作用于固体壁面上的力。一般情况下可认为静压力是均匀分布的。

当固体壁面为一平面时，液体压力在该平面上的总作用力 F 等于液体压力 p 与该平面面积 A 的乘积，其作用方向与该平面垂直，即

$$F = pA \tag{2-16}$$

当固体壁面为一曲面时，液体压力在该曲面 x 方向上的总作用力 F_x 等于液体压力 p 与曲面在该方向投影面积 A_x 的乘积，即

$$F_x = pA_x \tag{2-17}$$

第三节　液体动力学

液体动力学的主要内容是研究液体流动时流速和压力的变化规律。流动液体的连续性方程、伯努利方程、动量方程是描述流动液体力学规律的三个基本方程式。前两个方程式反映压力、流速和流量之间的关系，动量方程用来解决流动液体与固体壁面间的作用力问题。

一、基本概念

1. 理想液体和恒定流动

由于液体具有粘性，而且粘性只是在液体运动时才体现出来，因此在研究流动液体时必须考虑粘性的影响。

在研究流动液体时，把假设的既无粘性又不可压缩的液体称为理想液体，而把事实上既有粘性又可压缩的液体称为实际液体。

当液体流动时，如果液体中任一点处的压力、速度和密度都不随时间而变化，则液体的这种流动称为恒定流动（亦称定常流动）。

2. 流量和平均流速

流量和平均流速是描述液体流动的两个主要参数。液体在管道中流动时，通常将垂直于液体流动方向的截面称为通流截面，或称为过流断面。

单位时间内通过某过流断面的液体的体积，称为流量。流量的常用代号为 q，单位为 m^3/s，实际中常用的单位为 L/min（升/分）或 mL/s（毫升/秒）。

在实际中，由于液体在管道中流动时的速度分布规律为抛物面，计算较为困难。为了便于计算，现假设过流断面上流速是均匀分布的，且以均布流速 v 流动，流过断面 A 的流量等于液体实际流过该断面的流量。流速 v 称为过流断面上的平均流速，以后所指的流速，除特别指出外，均按平均流速来处理。于是有 $q = vA$，故平均流速为

$$v = \frac{q}{A} \tag{2-18}$$

过流断面 A 一定时，活塞运动速度的大小，由输入液压缸的流量来决定。

二、流量连续性方程

流量连续性方程是质量守恒定律在流体力学中的一种表达形式。

如图 2-5 所示，管路的两个通流面积分别为 A_1、A_2，液体流速分别为 v_1、v_2，液体密度分别为 ρ_1、ρ_2，根据质量守恒定律，在单位时间内流过两个截面的液体质量相等，即

$$\rho_1 v_1 A_1 = \rho_2 v_2 A_2$$

不考虑液体的可压缩性，有 $\rho_1=\rho_2$，则得

$$v_1A_1=v_2A_2 \tag{2-19}$$

或

$$q=vA=常量$$

这就是液流的连续性方程，它说明液体在管路中作恒定流动时，单位时间内通过任何截面的流量都是相等的，而液流的流速与过流断面的面积成反比。因此，流量一定时，管路细的地方流速大，管路粗的地方流速小。

三、伯努利方程

伯努利方程是能量守恒定律在流动液体中的表达形式。

（一）理想液体的伯努利方程

理想液体没有粘性，它在管内作恒定流动时没有能量损失。在流动过程中，由于它具有一定的速度，所以除了具有位置势能和压力能外，还具有动能。对静止液体，单位重量液体的总能量为单位重量液体的压力能 $p/\rho g$ 和势能 h 之和；而对于流动液体，除了以上两项外，还有单位重量液体的动能 $v^2/2g$。

在图 2-6 中任取两个截面 A_1 和 A_2，它们距基准水平面的距离分别为 h_1 和 h_2，断面平均流速分别为 v_1 和 v_2，压力分别为 p_1 和 p_2。根据能量守恒定律有

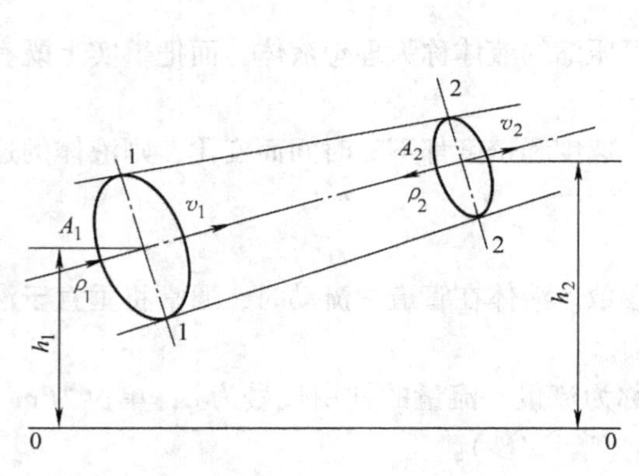

图 2-5　液体的流动情况示意图

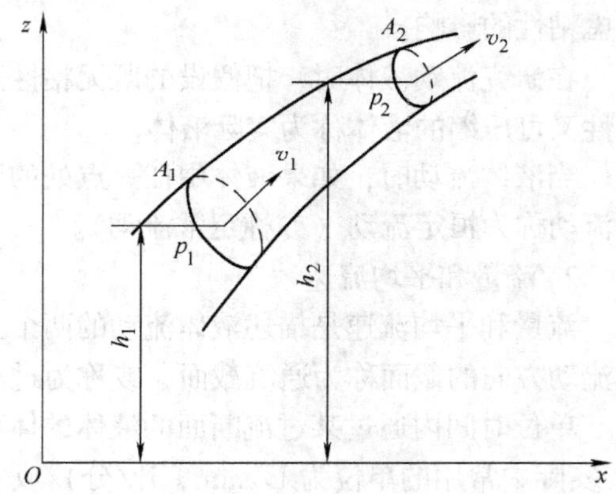

图 2-6　伯努利方程示意图

$$\frac{p_1}{\rho g}+h_1+\frac{v_1^2}{2g}=\frac{p_2}{\rho g}+h_2+\frac{v_2^2}{2g} \tag{2-20}$$

因两个截面是任意取的，因此上式可改写为

$$\frac{p}{\rho g}+h+\frac{v^2}{2g}=常数$$

以上两式即为理想液体的伯努利方程，其物理意义为：在管内作稳定流动的理想液体具有压力能、势能和动能三种形式的能量，在任一截面上这三种能量可以互相转换，但其和不变，即能量守恒。

（二）实际液体的伯努利方程

式（2-20）是理想液体的伯努利方程，但实际液体具有粘性，在过流断面上各点的速度是不同的，所以方程中 $v^2/2g$ 这一项要进行修正，其修正系数为 α，称为动能修正系数。一般液体处于层流时取 $\alpha=2$；液体处于紊流流动时，取 $\alpha=1$。另外，由于液体具有粘性，会产生内

摩擦力，因而造成能量损失。若单位重量的实际液体从一个截面流到另一个截面的能量损失用 h_W 表示，则实际液体的伯努利方程为

$$\frac{\alpha_1 v_1^2}{2g} + h_1 + \frac{p_1}{\rho g} = \frac{\alpha_2 v_2^2}{2g} + h_2 + \frac{p_2}{\rho g} + h_W \tag{2-21}$$

第四节　液体流动中的压力损失

实际液体具有粘性，在流动时就有阻力，为了克服阻力，就必须要消耗能量，这样就有能量损失。在液压传动中，能量损失主要表现为压力损失，这就是实际液体伯努利方程中 h_w 项的含义。

液压系统中的压力损失分为两类，一类是由液压油沿等径直管流动时所产生的压力损失，称为沿程压力损失。这类压力损失是由液体流动时液体内部、液体和管壁间的摩擦力以及紊流流动时，质点间的互相碰撞所引起的。另一类是液压油流经局部障碍（如弯管、接头、管道截面突然扩大或收缩）时，由于液流的方向和速度突然变化，在局部形成旋涡引起液压油质点间以及质点与固体壁面间互相碰撞和剧烈摩擦而产生的压力损失，这类压力损失称为局部压力损失。

压力损失过大，将使功率损耗增加，油液发热，泄漏增加，效率降低，液压系统性能变坏。因此，在液压技术中，研究压力损失的目的是为了正确估算压力损失的大小和找出减少压力损失的途径。

一、沿程压力损失

液体在直管中流动时的沿程压力损失可用达西公式确定

$$\Delta p_\lambda = \lambda \frac{l}{d} \frac{\rho v^2}{2} \tag{2-22}$$

式中　Δp_λ——沿程压力损失（Pa）；
l——管路长度（m）；
v——液流速度（m/s）；
d——管路内径（m）；
ρ——液体的密度（kg/m^3）；
λ——沿程阻力系数。

二、局部压力损失

液体在直管中流动时的沿程压力损失可用经验公式确定

$$\Delta p_\xi = \xi \frac{\rho v^2}{2} \tag{2-23}$$

式中　Δp_ξ——局部压力损失（Pa）；
ξ——局部阻力系数，由试验求得，具体数据可查阅有关液压传动设计计算手册；
v——液流的流速（m/s），一般情况下均指局部阻力后的流速；
ρ——液体密度（kg/m^3）。

对于液流通过各种阀时的局部压力损失可由阀的产品目录中查得，查得的压力损失为在公称流量 q_n 时的压力损失。若实际通过阀的流量 q 不是公称流量 q_n，则压力损失可按下式计算

$$\Delta p = \Delta p_n \left(\frac{q}{q_n}\right)^2 \tag{2-24}$$

三、管路中总的压力损失和压力效率

液压系统的管路通常由若干段管道组成，其中每一段又串联诸如弯头、控制阀、管接头等形成的局部阻力装置，因此管路系统总的压力损失等于直管中的沿程压力损失 Δp_λ 及所有局部压力损失 Δp_ξ 的总和。即

$$\Delta p = \sum \Delta p_\lambda + \sum \Delta p_\xi = \sum \lambda \frac{l}{d} \frac{\rho v^2}{2} + \sum \xi \frac{\rho v^2}{2} \tag{2-25}$$

在液压传动中，管路一般都不长，而控制阀、弯头、管接头等的局部阻力则较大，沿程压力损失比起局部压力损失来是比较小的。因此，大多数情况下的总的压力损失只包括局部压力损失和长管的沿程损失，只对这两项进行讨论计算。

由于存在压力损失，一般液压系统中液压泵的工作压力 p_p 应比执行元件的工作压力 p_1 高出 $\sum \Delta p$，即

$$p_p = p_l + \sum \Delta p \tag{2-26}$$

管道的压力效率 η_{lp} 为

$$\eta_{lp} = \frac{p_l}{p_p} = \frac{p_p - \sum \Delta p}{p_p} = 1 - \frac{\sum \Delta p}{p_p} \tag{2-27}$$

由式（2-27）可以看出，总的压力损失 $\sum \Delta p$ 越大，管道的效率就越低，因此应尽量减少总的压力损失。从式（2-25）可以看出，减小流速、缩短管路长度、减少管路截面的突然变化以及提高管路内壁的加工质量等，都可以减少压力损失，其中以液流速度的影响最大。

第五节　液体流经小孔及间隙的流量

本节内容是研究节流调速及分析计算液压元件泄漏的重要理论基础。

一、薄壁小孔

当小孔的通流长度 l 与孔径之比 $l/d \leqslant 0.5$ 时，称为薄壁小孔，如图 2-7 所示。一般薄壁小孔的孔口边缘都做成刃口形式。

当液流经过管道由小孔流出时，由于液体的惯性作用，使通过小孔后的液流形成一个收缩断面 C—C，然后再扩散，这一收缩和扩散过程产生很大的能量损失。当孔前通道直径与小孔直径之比 $D/d \geqslant 7$ 时，液流的收缩作用不受孔前通道内壁的影响，这时的收缩称为完全收缩；当 $D/d < 7$ 时，孔前通道对液流进入小孔起导向作用，这时的收缩称为不完全收缩。

对孔前，孔后通道断面 1—1 和 2—2 列伯努利方程，并设动能修正系数 $\alpha = 1$，可推导出经过薄壁小孔的流量为

$$q = C_d A_0 \sqrt{\frac{2\Delta p}{\rho}} \tag{2-28}$$

式中 A_0——小孔截面积；

C_d——流量系数。

流量系数 C_d 的大小一般由实验确定，一般计算时按 $C_d = 0.60 \sim 0.62$ 选取。

薄壁小孔因其沿程阻力损失非常小，通过小孔的流量对油温的变化不敏感，因此薄壁小孔多被用作调节流量的节流器使用。

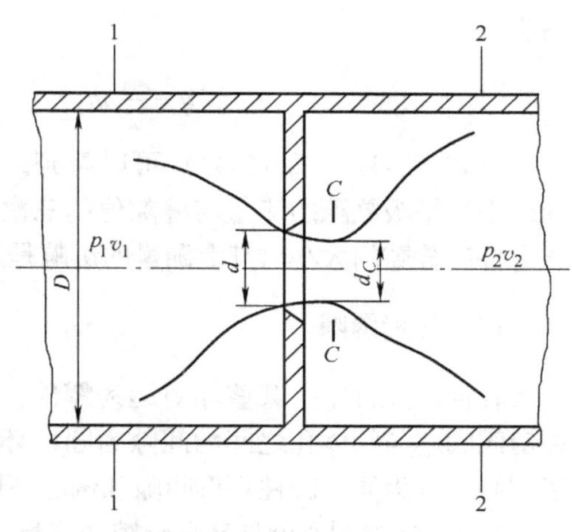

图 2-7 通过薄壁小孔的液流

二、短孔和细长孔

当长径比为 $0.5 < l/d \leqslant 4$ 时，称为短孔；当 $l/d > 4$ 时，则称为细长孔。

短孔的流量表达式同式（2-28），C_d 在 0.8 左右。由于短孔加工比薄壁孔容易得多，因此短孔常用作固定节流器。

流经细长孔的液流，由于粘性的影响，流动状态一般为层流，所以细长孔的流量可用液流流经圆管的流量公式，即

$$q = \frac{\pi d^4}{128\mu l}\Delta p \tag{2-29}$$

从上式可看出，液流经过细长孔的流量和孔前后压差 Δp 成正比，而和液体粘度 μ 成反比，因此流量受液体温度影响较大，这是和薄壁小孔不同的。

各种孔口的流量特性，可归纳为如下通用公式

$$q = KA\Delta p^m \tag{2-30}$$

式中 K——由孔的形状、尺寸和液体性质决定的系数，对薄壁孔 $K = C_q\sqrt{2/\rho}$；对细长孔，$K = d^2/(32\mu l)$。

m——由孔的长径比决定的指数，薄壁孔 $m = 0.5$，细长孔 $m = 1$；短孔 $m = 0.5 \sim 1$。

小孔流量通用公式常作为分析液压阀孔口的流量—压力特性之用。

三、平板缝隙

当两平行平板缝隙间充满液体时，如果液体受到压差 $\Delta p = p_1 - p_2$ 的作用，液体会产生流动。如果没有压差 Δp 作用，而两平行平板之间有相对运动，即一平板固定，另一平板以速度 v_0 运动时，由于液体存在粘性，液体亦会被带着移动，这就是剪切作用所引起的流动。液体通过平行平板缝隙时的一般的流动情况，是既受压差 Δp 作用，又受平行平板相对运动的作用，其计算图如图 2-8 所示。

图中 h 为缝隙高度，b 和 l 为缝隙宽度和长度。

当平行平板间没有相对运动，称为压差流动，其流量为

$$q = \frac{bh^3\Delta p}{12\mu l} \tag{2-31}$$

当平行平板两端不存在压差时，通过的液流由平板运动引起，称为剪切流动，其流量

值为

$$q = \frac{v_0}{2} bh \tag{2-32}$$

从式（2-31）式（2-32）可以看到，在压差作用下，流过固定平行平板缝隙的流量与缝隙值的三次方成正比，这说明液压元件内缝隙的大小对其泄漏量的影响是非常大的。

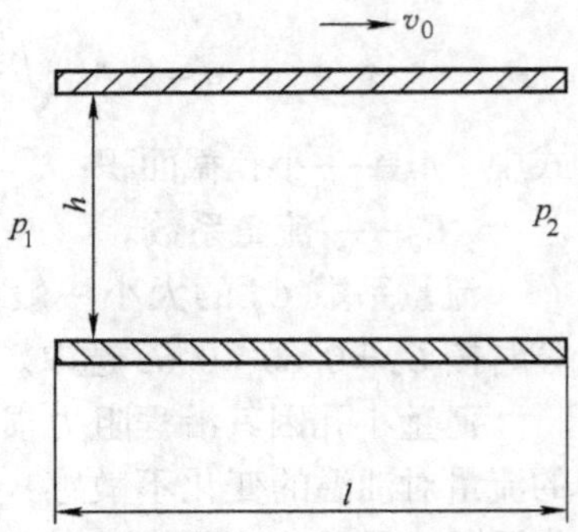

图 2-8　平行平板缝隙间的液流

四、环形缝隙

在液压元件中，某些相对运动零件，如柱塞与柱塞孔，圆柱滑阀阀芯与阀体孔之间的间隙为圆柱环形间隙。根据二者是否同心又分为同心圆柱环形间隙和偏心环形间隙。

（一）通过同心圆柱环形缝隙的流量

如图 2-9 所示，为同心环形缝隙的流动。设圆柱体直径为 d，缝隙值为 h，缝隙长度为 l。如果将环形缝隙沿圆周方向展开。就相当于一个平行平板缝隙。因此只要使 $b = \pi d$ 代入式（2-32），就可得同心环形缝隙的流量公式

$$q = \frac{\pi d h^3}{12 \mu l} \Delta p \pm \frac{\pi d h v_0}{2} \tag{2-33}$$

当圆柱体移动方向和压差方向相同时取正号，方向相反时取负号。若无相对运动，$v_0 = 0$，则同心环形缝隙流量公式为

$$q = \frac{\pi d h^3}{12 \mu l} \tag{2-34}$$

（二）流经偏心圆柱环形缝隙的流量

如图 2-10 所示，为偏心环形缝隙，设内外圆的偏心量为 e，其流量公式为

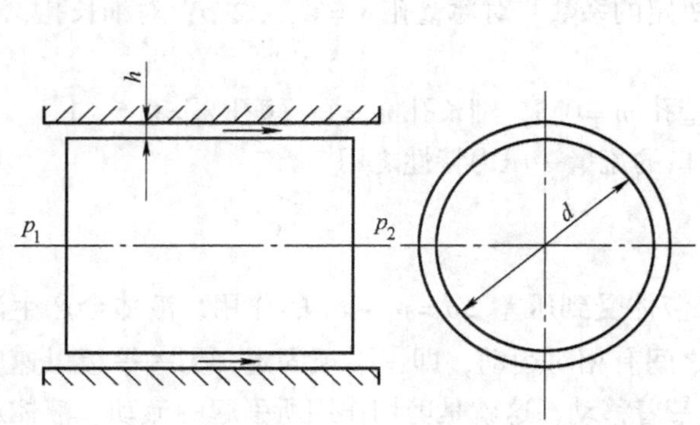

图 2-9　同心环形缝隙流动

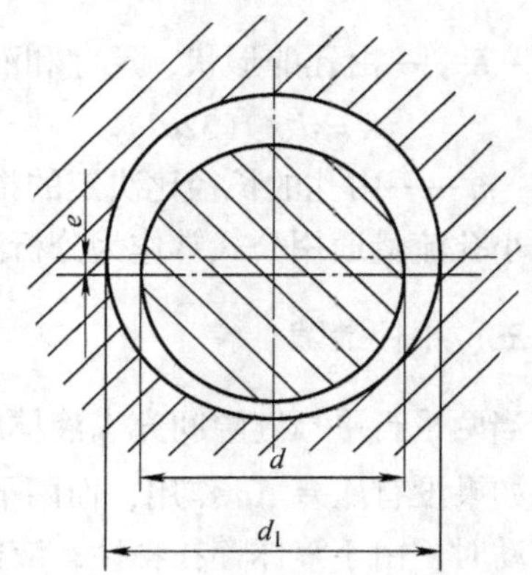

图 2-10　偏心圆柱环形缝隙

$$q = \frac{\pi d h_0^3 \Delta p}{12 \mu l} (1 + 1.5 \varepsilon^2) \pm \frac{\pi d h_0 v_0}{2} \tag{2-35}$$

式中　h_0——内外圆同心时半径方向的缝隙值；

ε——相对偏心率，$\varepsilon = e / h_0$。

正负号意义同前。

当内外圆之间没有轴向相对移动时，即 $v_0=0$ 时，其流量为

$$q=\frac{\pi dh_0^3\Delta p}{12\mu l}\ (1+1.5\varepsilon^2) \tag{2-36}$$

由上式可以看出，当偏心量 $e=h_0$，即 $\varepsilon=1$ 时（最大偏心状态），其通过的流量是同心环形缝隙流量的 2.5 倍。因此在液压元件中，有配合的零件应尽量使其同心，以减小缝隙泄漏量。

习　题

2-1　液压油的体积为 $18\times10^{-3}\text{m}^3$，质量为 16.1kg，求此液压油的密度。

2-2　如图 2-11 所示，一具有一定真空度的容器用一根管子倒置于一液面与大气相通的水槽中，液体在管中上升的高度 $h=1\text{m}$，设液体的密度为 $\rho=1000\text{kg/m}^3$，试求容器内的真空度。

2-3　如图 2-12 所示，有一直径为 d，质量为 m 的活塞浸在液体中，并在力 F 的作用下处于静止状态。若液体的密度为 ρ，活塞浸入深度为 h，试确定液体在测压管内的上升高度 x。

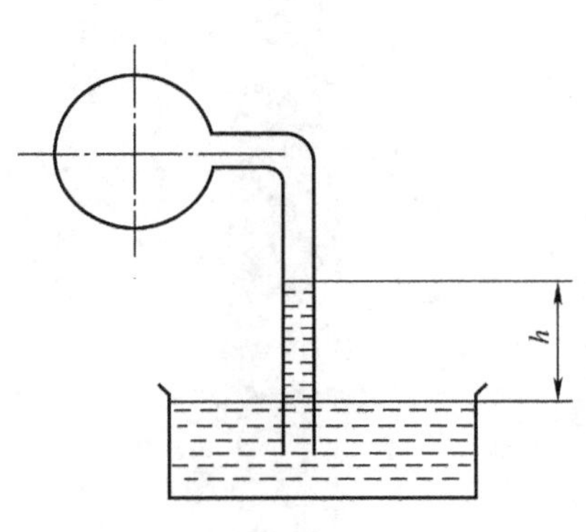

图 2-11　题 2-2 图

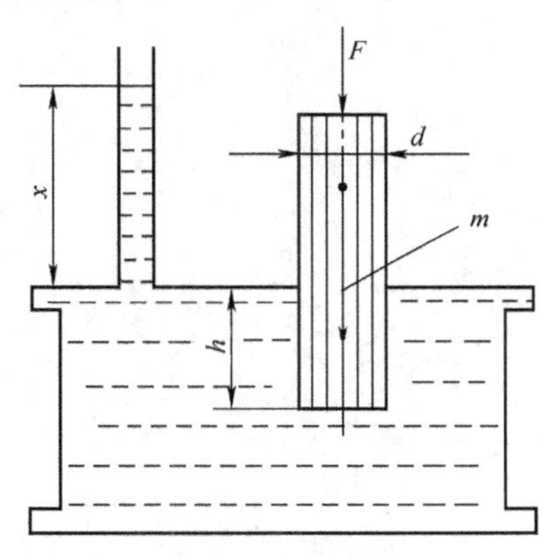

图 2-12　题 2-3 图

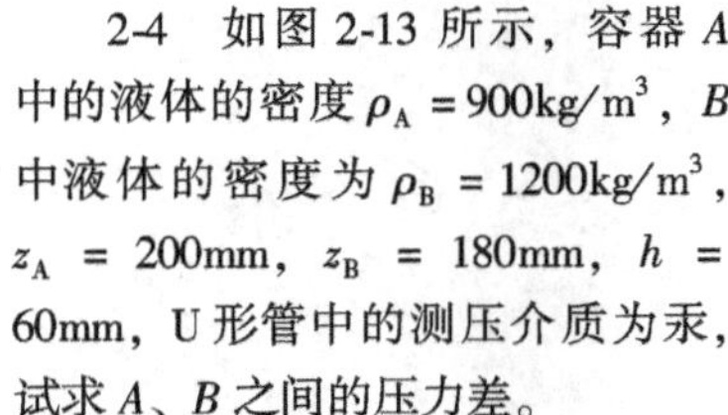

2-4　如图 2-13 所示，容器 A 中的液体的密度 $\rho_A=900\text{kg/m}^3$，B 中液体的密度为 $\rho_B=1200\text{kg/m}^3$，$z_A=200\text{mm}$，$z_B=180\text{mm}$，$h=60\text{mm}$，U 形管中的测压介质为汞，试求 A、B 之间的压力差。

2-5　如图 2-14 所示，为水平截面是圆形的容器，上端开口，求作用在容器底面的作用力。若在开口端加一活塞，连活塞重量在内，作用力为 30kN，问容器底面的总作用力为多少？

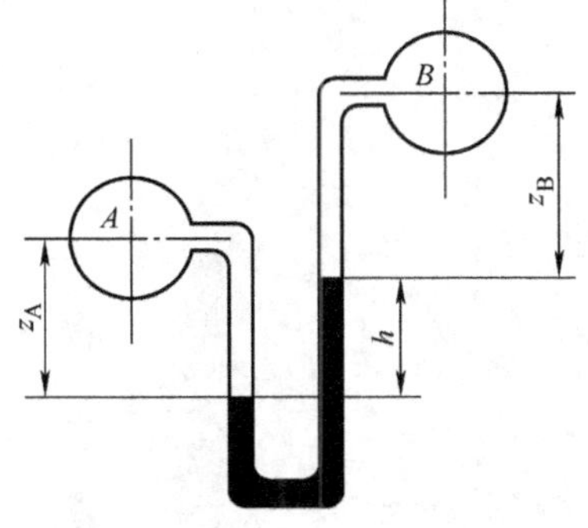

图 2-13　题 2-4 图

2-6　如图 2-15 所示，已知水深 $H=10\text{m}$，截面 $A_1=0.02\text{m}^2$，截面 $A_2=0.04\text{m}^2$，求孔口的出流流量以及点 2 处的表压力（取 $\alpha=1$，$\rho=1000\text{kg/m}^3$，不计损失）。

2-7　有一薄壁节流小孔，通过的流量 $q=25\text{L/min}$ 时，压力损失为 0.3MPa，试求节流孔的通流面积，设流量系数 $C_d=0.61$，油液的密度 $\rho=900\text{kg/m}^3$。

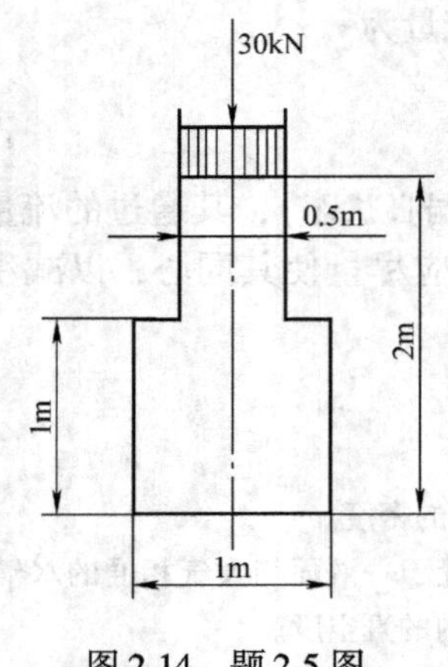

图 2-14　题 2-5 图

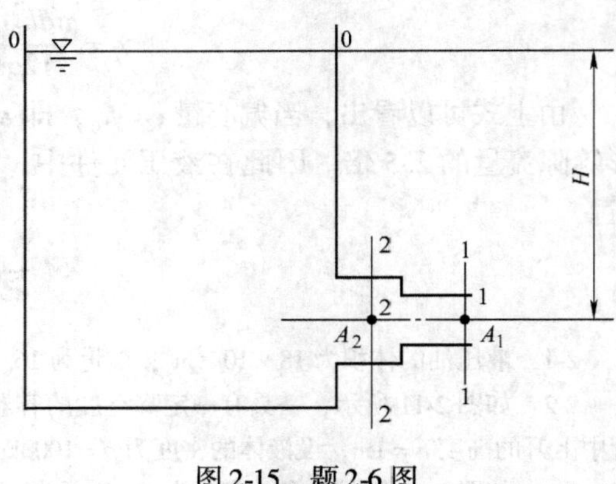

图 2-15　题 2-6 图

第三章　液　压　泵

第一节　液压泵概述

一、液压泵的工作原理

1. 液压泵的作用

液压泵是将电动机（或其他原动机）输出的机械能转换为液体压力能的能量转换装置。在液压系统中，液压泵作为动力源，向液压系统提供压力油。

2. 液压泵的工作原理

图 3-1 所示为简单的单柱塞液压泵的工作原理图。柱塞 2 安装在泵体 3 内，柱塞在弹簧 4 的作用下与偏心轮 1 接触。当偏心轮不停地转动时，柱塞作左右往复运动。柱塞向右运动时，密封容积 V 增大，形成局部真空，油箱中的油液在大气压作用下，通过单向阀 6 进入泵体 V 腔，即液压泵吸油。柱塞向左运动时密封容积减小，由于单向阀 6 封住了吸油口，避免 V 腔油液流回油箱，于是 V 腔的油液经单向阀 5 压向系统，即液压泵压油。偏心轮不停地转动，液压泵便不断地吸油和压油。从上述泵的工作过程可以看到：

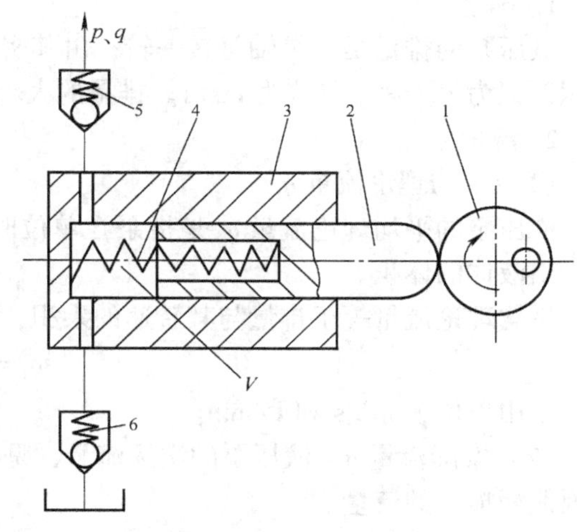

图 3-1　液压泵的工作原理图

1—偏心轮　2—柱塞　3—泵体

4—弹簧　5、6—单向阀

液压泵要能吸油和压油，必须具备可变的密封容积、吸油腔和压油腔隔开、有与密封容积变化相协调的配油装置以及吸油腔与油箱大气相通这四个条件。

二、液压泵的分类

液压泵按主要运动部件的形状和运动方式分为齿轮泵、叶片泵、柱塞泵和螺杆泵等。液压泵按其排量 V 能否调节又可分为定量泵和变量泵两类。液压泵的图形符号如图 3-2 所示。

三、液压泵的主要性能参数

（一）液压泵的压力

1. 吸入压力

它是指泵进口处的压力，自吸泵的吸入压力低于大气压力。

2. 工作压力 p

液压泵的工作压力是指它的输出压力，液压泵的输出压力由负载决定。当负载增加时，液压泵的压力升高；当负载减小时，液压泵的压力下降；所以说“液压泵的工作压力由负载决定”，如果负载无限制增加，液压泵的工作压力也无限制地升高，直至液压泵本身工作机构的密封性和零件被损坏。因此，在液压系统中应设置安全阀，它限制泵的最大压力，起过载保护作用。

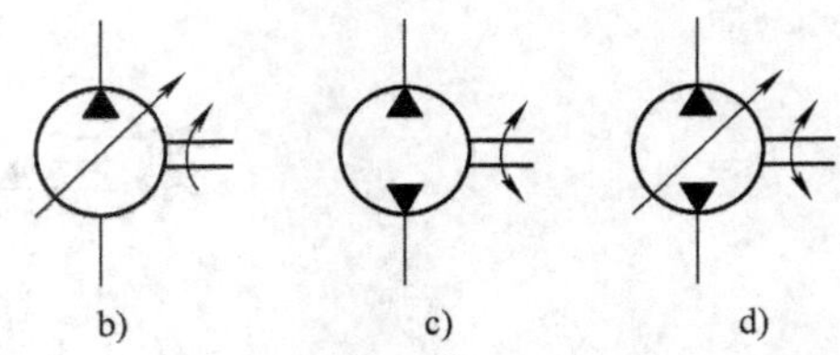

图 3-2　液压泵的图形符号

a）单向定量液压泵　b）单向变量液压泵

c）双向定量液压泵　d）双向变量液压泵

3. 额定压力 p_s

在正常工作条件下，按试验标准连续运转的最高压力。

（二）液压泵的排量、流量和容积效率

1. 排量 V

液压泵的排量是指泵轴每转一转，由其密封容积的几何尺寸变化计算而得的排出液体的体积，记为 V，常用单位为 mL/r。排量的大小与几何尺寸有关。

2. 流量 q

（1）平均理论流量 q_t

液压泵的平均理论流量 q_t 是指泵在单位时间内由其密封容积的几何尺寸变化计算而得的排出液体的体积。

平均理论流量等于排量与其转速的乘积，与工作压力无关，即

$$q_t = Vn \tag{3-1}$$

常用单位为 m^3/s 和 L/min。

（2）实际流量 q　液压泵的实际流量，是指泵工作时实际输出的流量，等于理论流量减去因泄漏损失的流量。

（3）额定流量 q_s　液压泵在额定转速、额定压力下的输出流量。

3. 容积效率 η_V

液压泵由于存在泄漏（高压区流向低压区的内泄漏、泵体内流向泵体外的外泄漏），泵的实际输出流量 q 总是小于其理论流量 q_t。其容积效率为 η_V

$$\eta_V = \frac{q}{q_t} \tag{3-2}$$

将式（3-1）代入得

$$\eta_V = \frac{q}{Vn} = \frac{q_t - \Delta q}{q_t} \tag{3-3}$$

（三）液压泵的功率和效率

（1）输入功率 P_m　驱动液压泵轴的机械功率叫泵的输入功率 P_m，即

$$P_m = T\omega = 2\pi nT \tag{3-4}$$

式中　T——泵轴上的实际输入转矩；

ω——泵轴的角速度；

n——泵轴的转速。

（2）输出功率 P_y 液压泵输出的液压功率，即实际流量 q 与工作压力 p 的乘积为输出功率 P_y。即

$$P_y = pq \tag{3-5}$$

（3）机械效率 η_m 由于泵内有各种摩擦损失（机械摩擦、液体摩擦），泵的实际输入转矩 T 总是需要大于其理论转矩 T_t。其机械效率 η_m 为

$$\eta_m = \frac{T_t}{T} \tag{3-6}$$

即

$$\eta_m = \frac{pV}{2\pi T} \tag{3-7}$$

（4）泵的总效率 η 由于泵在能量转换时有能量损失（机械摩擦损失、泄漏流量损失），泵的输出功率 P_y 总是小于泵的输入功率 P_m。其总效率 η 为

$$\eta = \frac{P_y}{P_m} \tag{3-8}$$

将式（3-4）、（3-5）代入得

$$\eta = \frac{pq}{2\pi nT} = \frac{pV}{2\pi T} \cdot \frac{q}{Vn} = \eta_m \eta_V \tag{3-9}$$

即泵的总效率 η 等于机械效率 η_m 和容积效率 η_V 的乘积。

第二节 齿 轮 泵

齿轮泵广泛地应用在各种液压机械上，它是利用齿轮啮合原理工作的，根据啮合形式不同，齿轮泵分为外啮合齿轮泵和内啮合齿轮泵两种。

一、外啮合齿轮泵

（一）工作原理

外啮合齿轮泵（图 3-3）由一对几何参数完全相同的齿轮 6、长短轴 12 和 15、泵体 7、前后盖板 8 和 4 等主要零件组成，图 3-4 为工作原理图。如图所示，两啮合的轮齿将泵体、前后盖板和齿轮包围的密闭容积分成两部分，当原动机通过长轴（传动轴）带动主动齿轮、从动齿轮如图示方向旋转时，因啮合点 C 的啮合半径 R_C 小于齿顶圆半径 R_e，轮齿进入啮合的一侧密闭容积减小，经压油口排油，退出啮合的一侧密闭容积增大，经吸油口吸油。吸油腔所吸入的油液随着齿轮的旋转被齿谷空间转移到压油腔，齿轮连续旋转，泵连续不断地吸油和压油。

齿轮泵的排量可根据轮齿齿谷的面积 $A = \pi m^2$ 得到

$$V = 2\pi z m^2 B \tag{3-10}$$

式中 z——齿数；

m——齿轮模数；

B——齿宽。

由公式可以看到，齿轮泵的排量 V 与模数 m 的平方成正比，与齿数 z 的一次方成正

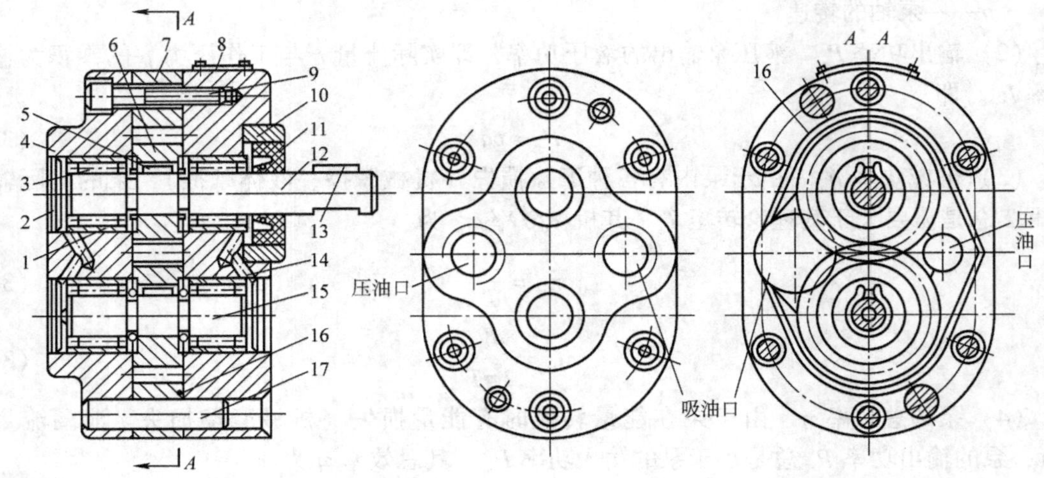

图 3-3 齿轮泵的结构图

1—弹簧挡圈 2—压盖 3—滚针轴承 4—后盖 5、13—键 6—齿轮 7—泵体 8—前盖 9—螺钉 10—密封座 11—密封环 12—长轴 14—泄油通道 15—短轴 16—卸荷沟 17—圆柱销

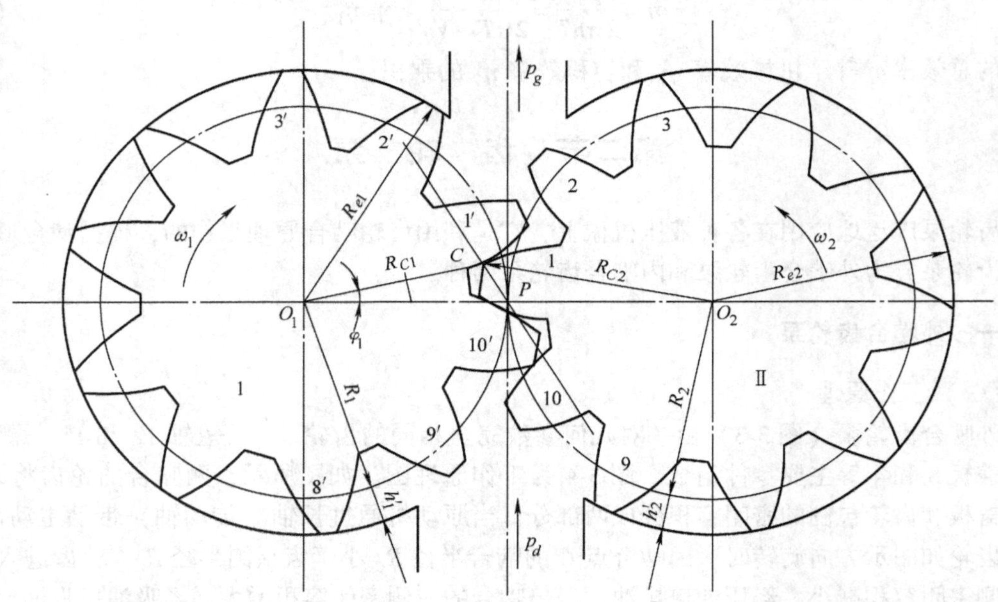

图 3-4 齿轮泵的工作图

比。因此，在齿轮节圆直径 $d' = mz$ 一定时，增大模数 m，减少齿数 z 可以增大泵的排量。

（二）结构特点

（1）降低齿轮泵的噪声 齿轮泵产生噪声的一个主要根源来自流量脉动，为减少齿轮泵的瞬时理论流量脉动，可同轴安装两套齿轮，每套齿轮之间错开半个齿距，两套齿轮之间用一平板相互隔开，组成共同吸油和压油的两个分离的齿轮泵，由于两个齿轮泵的脉动错开了半个周期，各自的脉动量相互抑制，因此，总的脉动量大大减小。

（2）泄漏与间隙补偿措施　在形成齿轮泵密闭容积的零件中，齿轮为运动件，泵体和前后盖为固定件。运动件与固定件之间存在两处间隙：齿轮端面与前后盖之间的端面间隙、齿顶圆与泵体内圆之间的径向间隙。此外，还存在轮齿啮合处的啮合间隙。因为存在间隙，而且泵的吸、压油之间存在压力差，因此必然存在缝隙流动，即泄漏。泄漏量的大小与间隙的三次方成正比，与压力差的一次方成正比。如何提高齿轮泵的额定压力，并保证其具有较高的容积效率一直是齿轮泵生产和研究的一个重要课题。

图 3-3 所示的齿轮泵，由前、后盖与齿轮端面形成的端面间隙，一方面因加工工艺和装配工艺的限制，间隙值不可能很小，另一方面磨损后间隙会越来越大，因此只适宜于低压。针对这一问题，高压齿轮泵在齿轮与前、后盖之间增加了一个补偿零件，如浮动轴套或浮动侧板，由它们与齿轮端面配合以构成尽可能小的间隙，该补偿件在磨损后可以随时进行更换。补偿的方法是在浮动零件的背面引入压力油，让作用在背面的液压力稍大于正面（配合面）的液压力，其差值由一层很薄的油膜承受。

（3）液压径向力及平衡措施　如前所述，位于吸油区的齿谷在装满油液随着齿轮的旋转被带到压油区，在转移的过程中齿谷内的油液由吸油区的低压逐步增加到压油区的高压，如图 3-5 所示。

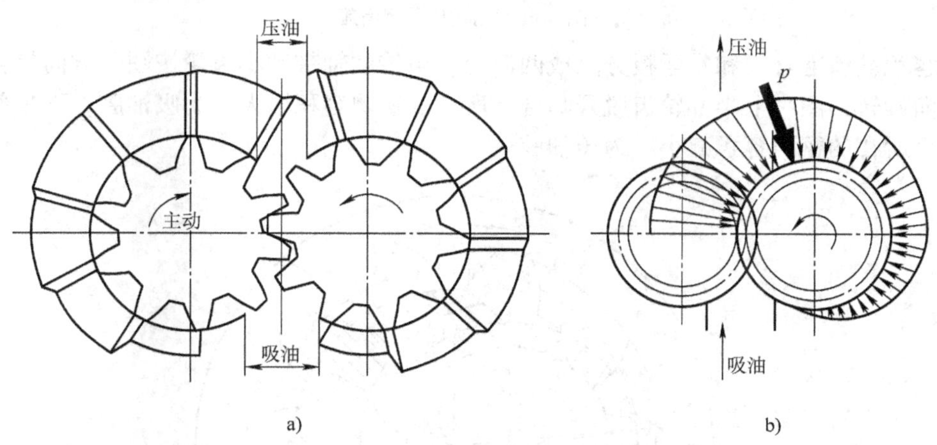

图 3-5　径向压力分布及合力

作用在齿轮轴上的液压径向力，不仅直接影响轴承的寿命，而且使齿轮轴变形，导致齿顶刮削泵体内圆。这一危害随着齿轮泵压力的提高而加剧，因此必须采取相应的措施以平衡液压径向力。

图 3-6 所示为径向力平衡措施之一，它通过在盖板上开设平衡槽 1、2，使它们分别与低、高压腔相通，产生一个与吸油腔和压油腔对应的液压径向力起平衡作用。

需要说明的是，上述平衡径向力的方案会导致齿轮泵径向间隙密封长度缩短，径向间隙泄漏增加。因此，对高压齿轮泵，平衡液压径向力必须与提高容积效率同时兼顾。

二、内啮合齿轮泵

图 3-7 所示为内啮合齿轮泵的工作原理，一对相互啮合的小齿轮和内齿轮与侧板所围成

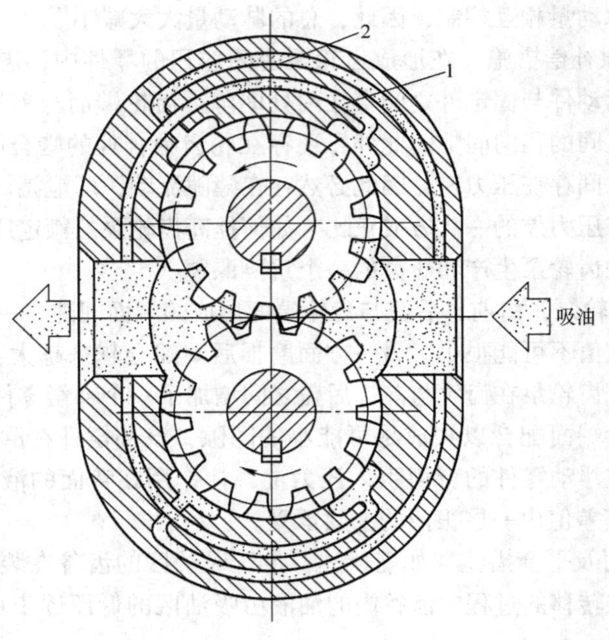

图 3-6　径向力平衡措施

的密闭容积被齿啮合线和月牙板分隔成两部分。当传动轴带动小齿轮按图示方向旋转时，内齿轮同向旋转，图中上半部轮齿脱开啮合，所在的密闭容积增大，为吸油腔；下半部轮齿进入啮合，所在的密闭容积减小，为压油腔。

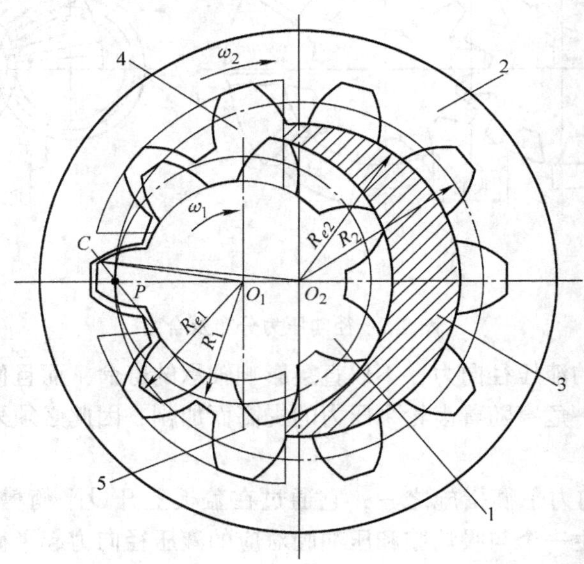

图 3-7　内啮合齿轮泵的工作原理

1—小齿轮　2—外壳　3—月牙形隔板　4—低压腔　5—高压腔

内啮合齿轮泵的最大优点是：无困油现象，流量脉动较外啮合齿轮泵小，噪声低。当采用轴向和径向间隙补偿措施后，泵的额定压力可达 30MPa，容积效率和总效率均较高。

第三节　叶　片　泵

叶片泵和其他液压泵相比，具有体积小、重量轻、运转平稳、输出流量均匀、噪声小等优点，在中高压系统中得到了广泛的使用。缺点是结构较复杂、吸油特性较差、对油液污染较敏感。

叶片泵按工作方式的不同分为单作用式叶片泵和双作用式叶片泵两大类。

一、双作用式叶片泵

（一）工作原理

双作用式叶片泵如图 3-8 所示，它主要由定子 1、转子 2、叶片 3 和前后两侧装有端盖（配流盘）的泵体 4 等组成。叶片安放在转子的径向槽内，并可沿槽滑动。转子和定子中心重合，定子内表面近似椭圆形，由两段半径 R 的长圆弧面、两段半径 r 的短圆弧面和四段过渡曲线所组成。在端盖上，对应于四段过渡曲线的位置开有四个沟槽，其中两个沟槽 a 与泵的吸油口连通，另外两个沟槽 b 与压油口连通。当电动机带动转子按图示方向旋转时，叶片在离心力作用下以其端部压向定子内表面，并随定子内表面曲线的变化而被迫在转子槽内往复滑动。转子旋转一周，每一叶片往复滑动两次，每相邻两叶片间的密封容积就发生两次增大和减小的变化。容积增大产生吸油作用，容积减小产生压油作用。因为转子每转一周，每个沟槽要完成两次吸油和压油，故这种叶片泵称为双作用式叶片泵。双作用式叶片泵的流量不可调，是定量泵。

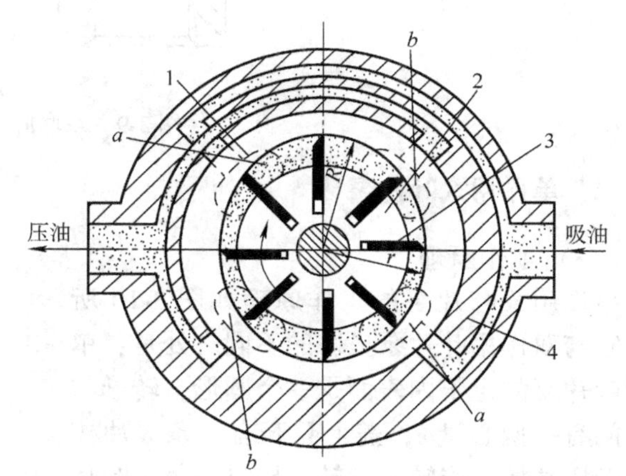

图 3-8　双作用式叶片泵的工作原理
1—定子　2—转子　3—叶片　4—泵体

双作用式叶片泵的输油量均匀，压力脉动较小，容积效率较高。由于吸、压油口对称分布，转子承受的径向液压力相互平衡，所以这种泵可以提高输油压力。

（二）双联叶片泵

双联叶片泵是由两个单级双作用式叶片泵装在一个泵体内，在油路上并联组成。两个叶片泵的转子由同一传动轴带动旋转，并各有独立的出油口，两个泵可以是相等流量的，也可以是不等流量的。

双联叶片泵常用于有快进和工作进给要求的机械加工的专用机床中，这时双联泵由一个小流量泵和一大流量泵组成，当快速进给时，两个泵同时供油（此时压力较低），当工作进给时，由小流量泵供油（此时压力较高），同时在油路系统上使大流量泵卸荷，这与采用一个高压大流量的泵相比，可以节省能源，减少油液发热。这种双联叶片泵常用于机床液压系统中需要两个互不影响的独立油路中，如图 3-9 所示。

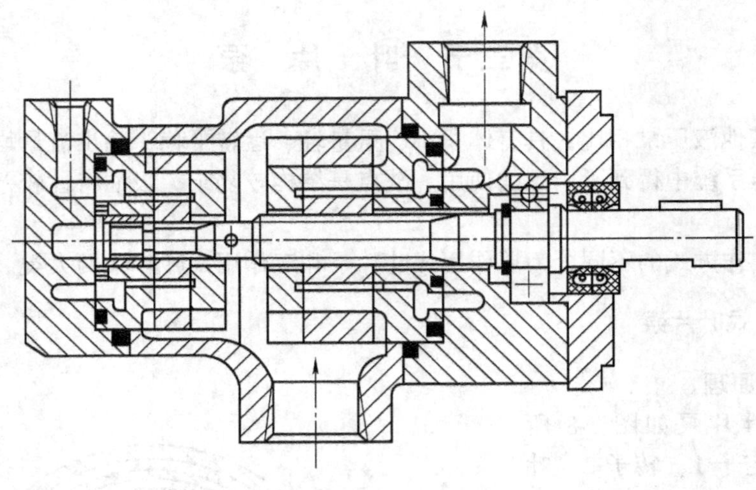
图 3-9　双联叶片泵

二、单作用式叶片泵

（一）工作原理

单作用式叶片泵的工作原理如图 3-10 所示。它与双作用叶片泵显著的不同之处是：单作用叶片泵的定子内表面是一个圆形，转子与定子间有一偏心量 e，盖上只开有一条吸油槽和一条压油槽。当转子旋转一周时，每一叶片在转子槽内往复滑动一次，每相邻两叶片间的密封容积发生一次增大和减小的变化，即转子每转一周，实现一次吸油和压油，所以这种泵称为单作用式叶片泵。

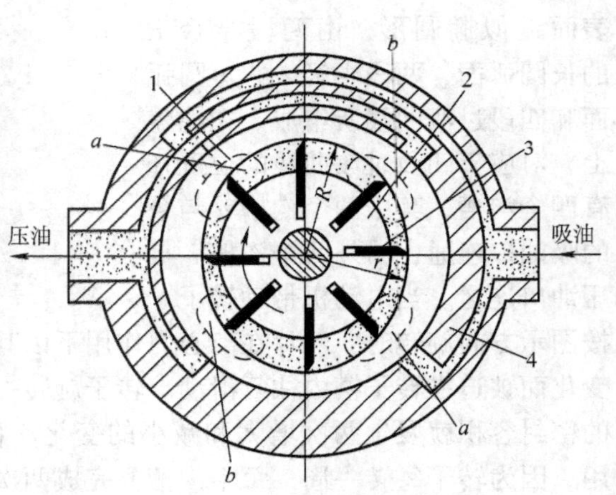

图 3-10　单作用式叶片泵的工作原理
1—定子　2—转子　3—叶片　4—泵体

这种泵的偏心量 e 通常做成可调的。偏心量的改变会引起液压泵输油量的相应变化，偏心量增大，输油量也随之增大。所以，单作用叶片泵是变量液压泵。

（二）限压式变量叶片泵

在组合机床液压系统中，常用到一种具有特殊性能的单作用叶片泵，称为限压式变量叶片泵。这种泵当其工作压力增大到预先调定的数值以后，泵的流量便自动随压力增大而显著地减小。

限压式变量叶片泵的工作原理如图 3-11 所示。转子 3 按图示方向旋转，柱塞 2 左端油腔与泵的压油口连通。若柱塞左端的液压推力小于限压弹簧 5 的作用力，则定子 4 保持不动；当泵的工作压力增大到某一数值以后，柱塞左端的液压推力大于弹簧作用力，定子便向右移动，偏心量减小，泵的输油量就随之减小。图中螺钉 6 用来调节泵的限定工作压力，而螺钉 1 则用来调节泵的最大流量。

限压式变量叶片泵的特性曲线见图3-12。当泵的供油压力没有超过预调的限定压力 p_B 时，流量按曲线 *AB* 段变化，流量 q 的减小，主要由泵内泄漏造成。当泵的供油压力超过 p_B 时，限压弹簧受到压缩，定子偏心量减小，流量随压力增大而迅速减小，流量按曲线 *BC* 段变化。

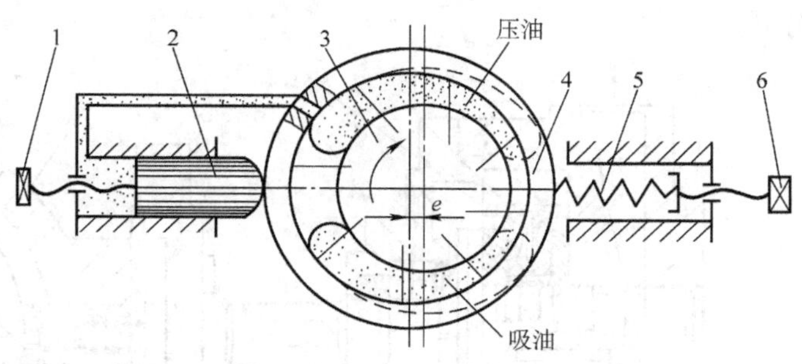

图 3-11　限压式变量叶片泵的工作原理
1—最大流量调节螺钉　2—柱塞　3—转子
4—定子　5—限压弹簧　6—限定压力调节螺钉

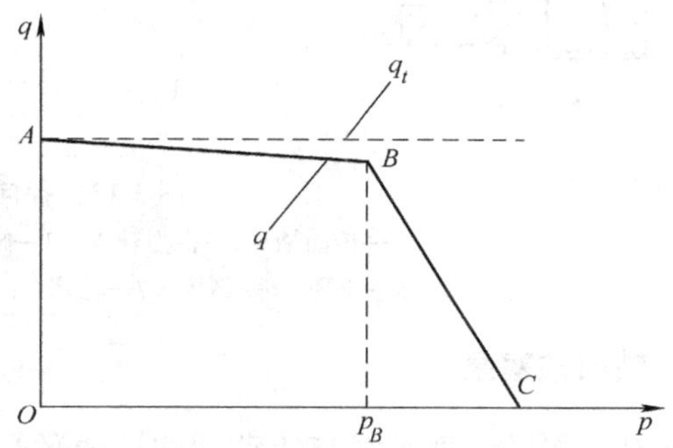

图 3-12　限压式变量叶片泵的特性曲线

限压式变量叶片泵的流量随压力变化的特性在生产中往往是需要的。当工作部件承受较小的负载而要求快速运动时，泵就相应地输出低压大流量的压力油（利用特性曲线的 *AB* 段）；当工作部件转换为承受较大的负载而要求慢速运动时，泵又能输出高压小流量的压力油（利用特性曲线的 *BC* 段）。在机床液压系统中采用限压式变量叶片泵，可以简化油路，降低功率损耗，减少油液发热。但限压式变量叶片泵的结构复杂，价格较贵。

第四节　柱　塞　泵

柱塞泵是利用柱塞在缸体中作往复运动造成密封容积的变化来实现吸油与压油的液压泵，与齿轮泵和叶片泵相比，这种泵有许多优点：①构成密封容积的零件为圆柱形的柱塞和缸孔，加工方便，可得到较高的配合精度，密封性能好，有较高的容积效率；②易于实现变量；③柱塞泵主要零件均受压应力，材料强度性能可得以充分利用。因此在需要高压、大流量、大功率的系统中的流量需要调节的场合，在龙门刨床、拉床、液压机、工程机械、矿山冶金机械、船舶上得到广泛的应用。

柱塞泵按柱塞的排列和运动方向不同，可分为径向柱塞泵和轴向柱塞泵两大类。

一、径向柱塞泵

如图 3-13 所示，七个柱塞 7 径向均匀放置在缸体 3 的柱塞孔内，因定子 8 与缸体之间存在一定偏心，因此当传动轴 1 带动缸体逆时针方向旋转时，位于上半圆的柱塞受定子内圆的约束而向里缩，柱塞底部的密闭容积减小，油液受挤压经配流轴 4 的压油窗口排出；位于下半圆的柱塞因压环 5 的强制作用而外伸，柱塞底部的密闭容积增大，形成局部真空，油箱的油液在大气压的作用下经配流轴的吸油窗口吸入。配流轴上的吸、压油窗口由中间隔墙分开。

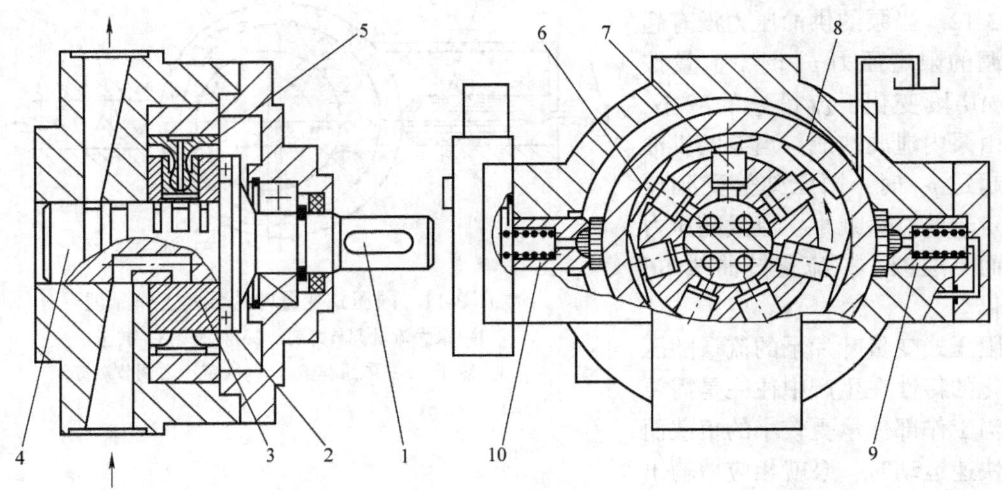

图 3-13　径向柱塞泵

1—传动轴　2—推力轴承　3—缸体（转子）　4—配流轴
5—压环　6—滑履　7—柱塞　8—定子　9、10—控制活塞

二、轴向柱塞泵

轴向柱塞泵的柱塞轴线与传动轴的轴线平行。图 3-14 为轴向柱塞泵的工作原理图。它主要由柱塞 5、缸体 7、配油盘 10 和斜盘 1 等组成。斜盘 1 和配油盘 10 固定不动，斜盘法线和缸体轴线间的夹角为 γ。缸体由轴 9 带动旋转，缸体上均匀分布了若干个轴向柱塞孔，孔内装有柱塞 5，内套筒 4 在弹簧 6 的作用下，通过压盘 3 而使柱塞头部的滑履 2 和斜盘 1 靠牢，同时外套筒 8 则使缸体 7 和配油盘 10 紧密接触，起密封作用。柱塞在根部弹簧和液压力的作用下，保持头部和斜盘紧密接触。当缸体转动时，由于斜盘和弹簧的作用，迫使柱塞在缸体内作往复运动，通过配油盘的吸油窗口和压油窗口进行吸油和压油。当缸体相对配油盘逆时针方向转动时，柱塞在转角 $0\sim\pi$ 范围内柱塞向外伸出，柱塞根部密封容积增大，

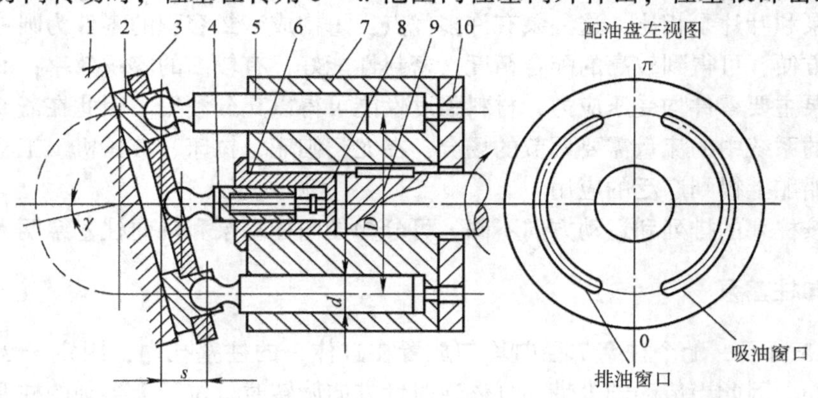

图 3-14　轴向柱塞泵的工作原理

1—斜盘　2—滑履　3—压盘　4—内套筒　5—柱塞
6—弹簧　7—缸体　8—外套筒　9—轴　10—配油盘

通过配油盘吸油窗口吸油；当柱塞转角在 $\pi \sim 2\pi$ 范围内，柱塞被斜盘逐渐压入缸体，柱塞根部容积减小，经配油盘压油窗口压油。泵的缸体每转一周，每个柱塞各完成一次吸油和压油。

显然，改变斜盘的倾角 γ 可以改变泵的排量。

第五节　液压泵的主要性能及选用

液压泵是向液压系统提供一定流量和压力的油液的能源装置。合理的选择液压泵对于降低液压系统的能耗、提高系统的效率、降低噪声、改善工作性能和保证系统的可靠工作都十分重要。

选择液压泵的原则是：根据主机工况、功率大小和系统对工作性能的要求。一般在机床液压系统中，往往选用双作用叶片泵和限压式变量叶片泵；而在筑路机械、港口机械以及小型工程机械中，往往选择抗污染能力较强的齿轮泵；在负载大、功率大的场合往往选择柱塞泵。表 3-1 列出了液压系统中常用液压泵的主要性能指标。

表 3-1　液压系统中常用液压泵的性能比较

项　目	齿 轮 泵	双作用叶片泵	单作用叶片泵	轴向柱塞泵	径向柱塞泵
工作压力/MPa	≤25.0	6.3 ~ 32.0	≤6.3	20 ~ 35	10 ~ 20
流量调节	不能	不能	能	能	能
容积效率	0.70 ~ 0.95	0.80 ~ 0.95	0.80 ~ 0.90	0.90 ~ 0.98	0.85 ~ 0.95
总效率	0.60 ~ 0.85	0.75 ~ 0.85	0.70 ~ 0.85	0.85 ~ 0.95	0.75 ~ 0.92
流量脉动率	大	小	中等	中等	中等
对油的污染敏感性	不敏感	敏感	敏感	敏感	敏感
自吸特性	好	较差	较差	较差	较差
噪声	中	中	中	大	中
应用范围	机床、工程机械、农机、航空、船舶、一般机械	机床、注塑机、起重运输机械、工程机械、航空	机床、注塑机	工程机械、锻压机械、起重运输机械、矿山机械、冶金机械、船舶、航空	机床、液压机、船舶机械

习　题

3-1　液压泵完成吸油和压油，须具备什么条件？

3-2　说明叶片泵的工作原理。试述单作用叶片泵和双作用叶片泵各有什么优缺点。

3-3　为什么轴向柱塞泵适用于高压场合？

3-4　某液压泵输出压力 $p = 10\text{MPa}$，转速 $n = 1450\text{r/min}$，排量 $V = 200\text{ml/r}$，容积效率 $\eta_V = 0.95$，总效率 $\eta = 0.9$。试问液压泵输出功率及驱动该液压泵的电动机所需的功率是多少？

3-5　有一齿轮泵，已知顶圆直径 $D_e = 48\text{mm}$，齿宽 $B = 24\text{mm}$，齿数 $z = 14$。若最大工作压力 $p = 10\text{MPa}$，电动机转速 $n = 980\text{r/min}$。求电动机功率（泵的容积效率 $\eta_{pv} = 0.90$，总效率 $\eta_p = 0.8$）。

第四章　液压缸与液压马达

第一节　液　压　缸

一、液压缸的类型和速度推力特性

液压缸的作用是将液压能转变成直线运动或摆动的机械能。

液压缸的种类繁多，按其结构特点可分为活塞式、柱塞式和回转式三类；按其作用可分为单作用式和双作用式两种。下面介绍几种常用的液压缸。

（一）活塞式液压缸

1. 双杆活塞缸

双杆活塞缸的活塞两侧都有一根活塞杆伸出，根据安装方式不同又可分为活塞杆固定式和缸筒固定式两种。图 4-1a 为缸筒固定式结构简图，活塞通过活塞杆带动工作台移动。图 4-1b 是活塞杆固定式结构简图，缸筒与工作台相连，活塞杆通过支架固定在机床上。

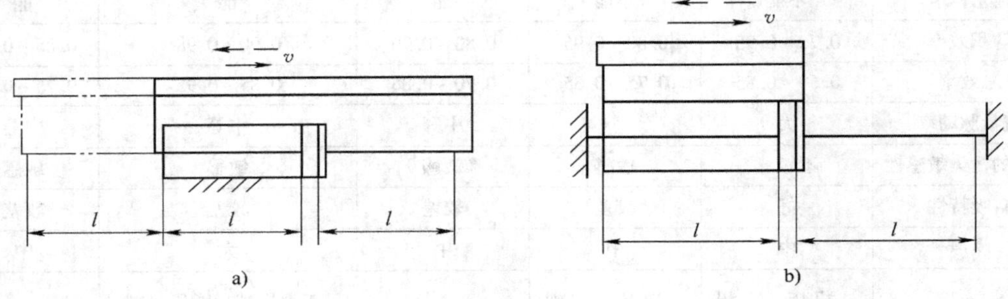

图 4-1　双杆活塞缸

a）缸筒固定式　b）活塞杆固定式

因双杆活塞缸两端活塞杆直径相等，所以左右两腔有效面积相等。当分别向左、右腔输入相同的压力和流量时，液压缸左、右两个方向上输出的推力 F 和速度 v 相等，其表达式为

$$F=A(p_1-p_2)=\frac{\pi}{4}(D^2-d^2)(p_1-p_2) \tag{4-1}$$

$$v=\frac{q}{A}=\frac{4q}{\pi(D^2-d^2)} \tag{4-2}$$

式中　A——液压缸的有效工作面积；

D——活塞直径；

d——活塞杆直径；

q——输入液压缸的流量；

p_1——进油腔压力；

p_2——回油腔压力。

2. 单杆活塞缸

如图 4-2 所示，活塞只有一端带活塞杆，单杆活塞缸也有缸筒固定式和活塞杆固定式两种。

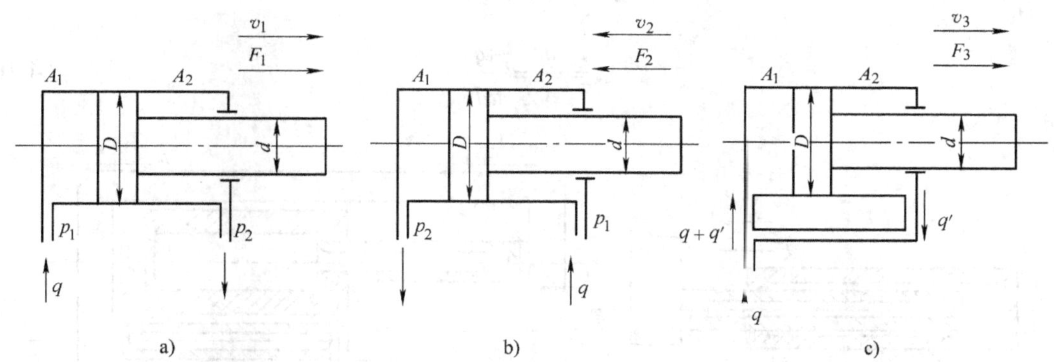

图 4-2　单杆活塞缸

单杆活塞缸因左、右两腔有效面积 A_1 和 A_2 不等，因此当进油腔和回油腔压力分别为 p_1 和 p_2，输入左、右两腔的流量均为 q 时，液压缸左、右两个方向的推力和速度不相同。

如图 4-2a 所示，当压力油进入无杆腔时，活塞上所产生的推力 F_1 和速度 v_1 分别为

$$F_1 = (A_1p_1 - A_2p_2) = \frac{\pi}{4}[(p_1 - p_2)D^2 + p_2d^2] \tag{4-3}$$

$$v_1 = \frac{q}{A_1} = \frac{4q}{\pi D^2} \tag{4-4}$$

如图 4-2b 所示，当压力油进入有杆腔时，活塞上所产生的推力 F_2 和活塞运动速度 v_2 分别为

$$F_2 = (p_1A_2 - p_2A_1) = \frac{\pi}{4}[(p_1 - p_2)D^2 - p_1d^2] \tag{4-5}$$

$$v_2 = \frac{q}{A_2} = \frac{4q}{\pi(D^2 - d^2)} \tag{4-6}$$

如果单杆活塞缸的左、右两腔同时通压力油，如图 4-2c 所示，称为差动连接。差动连接的单杆活塞缸称为差动液压缸。活塞上所产生的推力 F_3 和活塞运动速度 v_3 分别为

$$F_3 = p_1(A_1 - A_2) = p_1\frac{\pi d^2}{4} \tag{4-7}$$

$$v_3 = \frac{4q}{\pi d^2} \tag{4-8}$$

如果要求差动液压缸活塞向右运动（差动连接）的速度与非差动连接时活塞向左运动的速度相等，即 $v_3 = v_2$，由式（4-6）、式（4-8）得，$D = \sqrt{2}d$。

（二）柱塞式液压缸

活塞式液压缸的活塞与缸筒内孔有配合要求，而柱塞式液压缸的缸筒与柱塞没有配合要求，缸筒内孔不需要精加工，只是柱塞与缸盖上的导向套有配合要求，所以特别适合行程较长的场合，如导轨磨床、龙门刨床等。

如图 4-3a 所示，柱塞式液压缸只能单方向向右运动，反向退回时则靠外力，如弹簧力、重力等。若要求往复工作运动时，就由两个柱塞液压缸分别完成相反方向的运动，如图 4-3b 所示。当柱塞直径为 d，输入液压油流量为 q 时，柱塞上所产生的推力 F 和速度 v 分别为

$$F = pA = p\frac{\pi}{4}d^2 \tag{4-9}$$

$$v = \frac{q}{A} = \frac{4q}{\pi d^2} \tag{4-10}$$

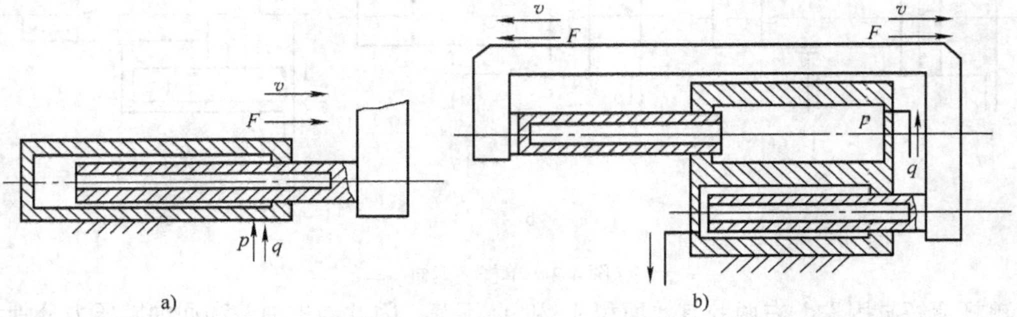

a)　　b)

图 4-3　柱塞式液压缸

（三）摆动式液压缸

摆动式液压缸也称为回转式液压缸或摆动液压马达。当通入压力油时，它的主轴能输出摆动角度小于 360°的摆动运动。它经常用于辅助运动，例如送料和转位装置、液压机械手以及间歇进给机构。由于近些年来密封材料不断改善，摆动式液压缸的应用范围已扩大到中高压。

摆动式液压缸如图 4-4 所示，它分为单叶片式和双叶片式两种。图 4-4a 为单叶片式摆动缸，它只有一个叶片，摆动角度较大，可达 300°。图 4-4b 为双叶片式摆动缸，它有两个叶片，其摆动角度一般小于 150°。

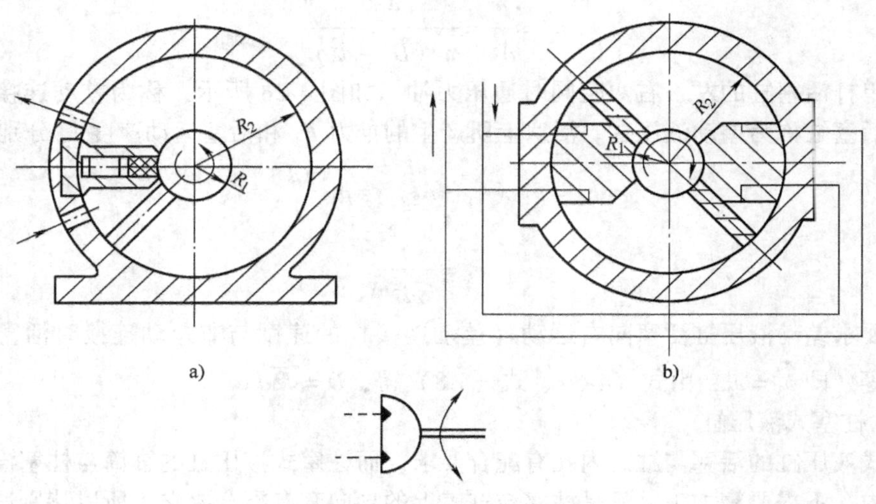

图 4-4　摆动式液压缸

（四）其他形式液压缸

1. 伸缩液压缸

伸缩液压缸又称多套缸，它是由两个或多个活塞式液压缸套装而成的，前一级活塞缸的活塞是后一级活塞的缸筒。各级活塞依次伸出时可获得很长的行程，而当依次缩回时又能使液压缸保持很小的轴向尺寸。

图 4-5 所示为双作用伸缩液压缸结构图。当通入压力油时，活塞有效面积最大的缸筒以最低油压力开始伸出，当行至终点时，活塞有效面积次之的缸筒开始伸出。

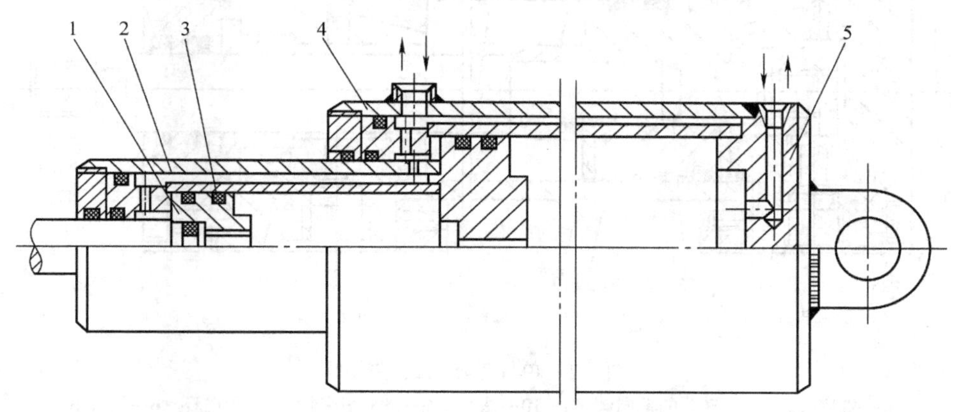

图 4-5　双作用伸缩液压缸

1—活塞　2—套筒　3—O 型密封圈　4—缸筒　5—缸盖

2. 增压缸（增压器）

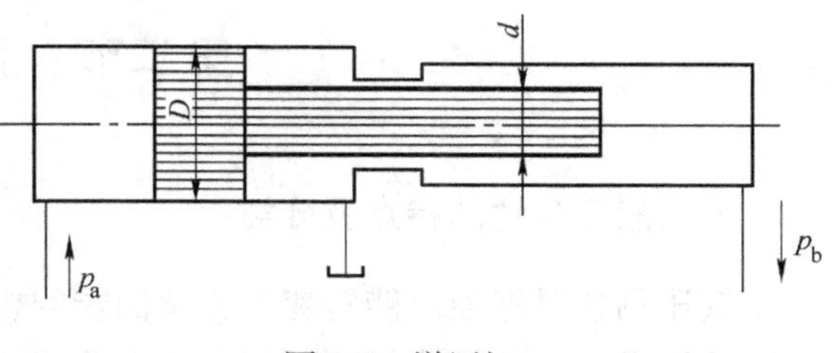

图 4-6　增压缸

增压缸与前面介绍的活塞式液压缸相类似，但不是将液压能转换成机械能，而是将输入的低压油转变为高压油，图 4-6 所示增压缸为活塞缸与柱塞缸组成的复合缸。当低压油 p_a 推动直径为 D 的大活塞向右移动时，也推动与其连成一体的直径为 d 的小柱塞，由于大活塞与小柱塞面积不同，因此小柱塞缸输出的压力 p_b 要比 p_a 高，p_b 的大小由下式求出

$$p_b = \left(\frac{D}{d}\right)^2 p_a = Kp_a \tag{4-11}$$

式中　$K = D^2/d^2$ 称为增压比，它表示增压缸的增压能力。增压缸作为油路中的一个中间环节，用于低压系统，能满足局部高压油路的要求。

二、液压缸的典型结构

图 4-7 所示为单杆液压缸的结构图，它主要由缸底 1、缸头 18、活塞 21、活塞杆 8、导向套 12、缓冲套 6、24、节流阀 11、带放气孔的单向阀 2 以及密封设置等组成。缸筒 7 与法兰 3、10 焊接成一个整体，然后通过螺钉与缸底 1、缸头 18 联接。图中用半剖面的方法表示了活塞与缸筒、活塞杆与缸盖之间的两种密封型式：上部为橡塑组合密封，下部为唇形密

封。该液压缸具有双向缓冲功能，工作时泵的来油经进油口、单向阀进入工作腔，推动活塞运动，当活塞运动到终点前，缓冲套切断油路，排油只能经节流阀排出，起节流缓冲作用（图中一端只画了单向阀，一端只画了节流阀）。

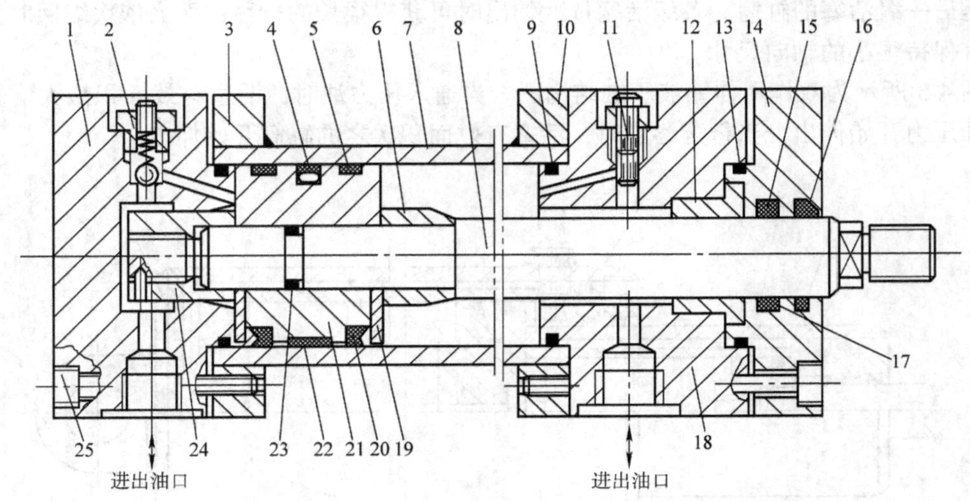

图 4-7　单杆液压缸的结构图

1—缸底　2—带放气孔的单向阀　3、10—法兰　4—格来圈密封　5—导向环　6—缓冲套　7—缸筒　8—活塞杆　9、13、23—O 形密封圈　11—缓冲节流阀　12—导向套　14—缸盖　15—斯特圈密封　16—防尘圈　17—Y 形密封圈　18—缸头　19—护环　20—密封圈　21—活塞　22—导向环　24—无杆端缓冲套　25—联接螺钉

第二节　液压马达

一、液压马达的特点及分类

液压马达是把液压能转变为连续回转的机械能的元件。

液压马达按其结构类型可以分为齿轮式、叶片式、柱塞式三大类，也可以按液压马达的额定转速分为高速和低速两大类。额定转速高于 500r/min 的属于高速液压马达，额定转速低于 500r/min 的属于低速液压马达。

二、液压马达的主要性能参数

1. 工作压力和额定压力

马达输入油液的实际压力称为马达的工作压力，其大小取决于马达的负载。马达进口压力与出口压力的差值称为马达的压差。

按试验标准规定，能使马达连续正常运转的最高压力称为马达的额定压力。

2. 流量与容积效率

马达入口处的流量为马达的实际流量 q_M。由于马达存在间隙，产生泄漏 Δq，为达到要求转速，则输入马达的实际流量 q_M 必须为

$$q_M = q_{Mt} + \Delta q \tag{4-12}$$

式中，q_{Mt}为马达没有泄漏时，达到要求转速所需的进口流量，称为理论流量。马达的理论流量 q_{Mt}与实际流量 q_M 之比为马达的容积效率 η_{MV}，即

$$\eta_{MV} = \frac{q_{Mt}}{q_M} = \frac{q_M - \Delta q}{q_M} = 1 - \frac{\Delta q}{q_M} \tag{4-13}$$

3. 马达的排量与转速

马达排量 V 是没有泄漏的情况下，马达输出轴旋转一周所需要油液的体积。马达排量 V 不可变的称为定量马达，马达排量 V 可变的称为变量马达。

马达的转速 n

$$n = \frac{q_{Mt}}{V} = \frac{q_M \eta_{MV}}{V} \tag{4-14}$$

4. 转矩、机械效率

马达转矩，即实际输出转矩 T_M。由于马达中各零件间相对运动和流体与零件相对运动而产生的能量损失，使马达的实际输出转矩 T_M 小于理论转矩 T_{Mt}，即

$$T_M = T_{Mt} - \Delta T \tag{4-15}$$

式中　ΔT——由各种摩擦而产生的损失转矩；

T_{Mt}——没有各种摩擦的理论转矩。

马达的实际输出转矩 T_M 与理论转矩 T_{Mt}之比称为马达的机械效率 η_{Mm}，即

$$\eta_{Mm} = \frac{T_M}{T_{Mt}} \tag{4-16}$$

按能量守恒定律可得马达理论转矩 T_{Mt}，即

$$T_{Mt} = \frac{\Delta p V}{2\pi} \tag{4-17}$$

式中　Δp——马达进出口的压差。

5. 功率和总效率

马达输入功率 P_{Mi}为

$$P_{Mi} = \Delta p q_M \tag{4-18}$$

马达输出功率 P_{Mo}为

$$P_{Mo} = T_M \cdot 2\pi n \tag{4-19}$$

马达的总效率 η_M 等于马达的输出功率 P_{Mo}与马达的输入功率 P_{Mi}之比，即

$$\eta_M = \frac{P_{Mo}}{P_{Mi}} = \eta_{Mm}\eta_{MV} \tag{4-20}$$

三、液压马达的工作原理

常用的液压马达的结构与同类型的液压泵很相似，下面以叶片式和径向柱塞式液压马达为例，对其工作原理作简单介绍。

1. 叶片式液压马达

如图 4-8 所示为叶片式液压马达工作原理图，当压力油进入压油腔后，在叶片 1、3（或 5、7）上，一面作用有高压油，另一面为低压油。由于叶片 3 伸出的面积大于叶片 1 伸出的面

积，因此作用于叶片 3 上的总液压力大于作用于叶片 1 上的液压力，于是压力差使叶片带动转子作逆时针方向旋转，作用于其他叶片如 5、7 上的液压力，其作用原理同上。叶片 2、6 两面同时受压力油作用，受力平衡对转子不产生作用转矩。叶片式液压马达的输出转矩与液压马达的排量和液压马达进出油口之间的压力差有关，其转速由输入液压马达的流量大小来决定。

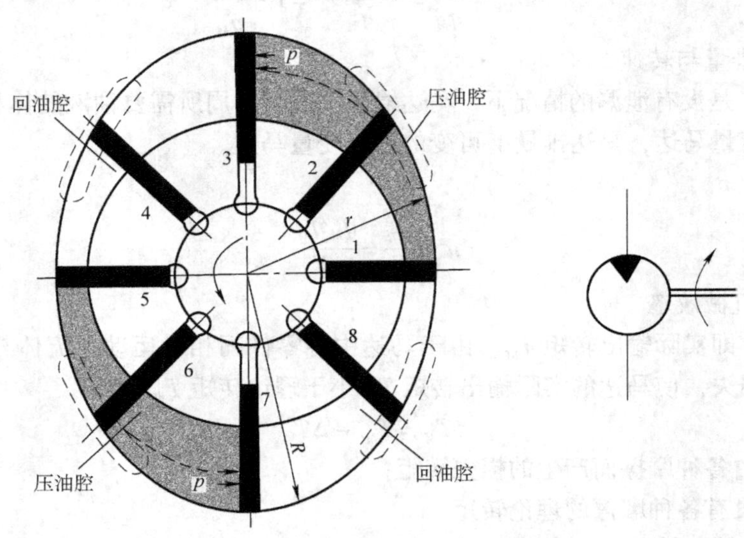

图 4-8　叶片式液压马达工作原理

由于液压马达一般都要求正反转，所以叶片式液压马达的叶片要径向放置。为了使叶片根部始终通有压力油，在回、压油腔通入叶片根部的通路上应设置单向阀，为了确保叶片式液压马达在压力油通入后能正常起动，心须使叶片顶部和定子内表面紧密接触，以保证良好的密封，因此在叶片根部应设置预紧弹簧。

叶片式液压马达体积小，转动惯量小，动作灵敏，可适用于换向频率较高的场合，但泄漏量较大，低速工作时不稳定。因此叶片式液压马达一般用于转速高、转矩小和动作要求灵敏的场合。

2. 径向柱塞式液压马达

图 4-9 所示为径向柱塞式液压马达工作原理图，当压力油经固定的配油轴 4 的窗口进入缸体 3 内柱塞 1 的底部时，柱塞向外伸出，紧紧顶住定子 2 的内壁，由于定子与缸体存在一偏心距 e，在柱塞与定子接触处，定子对柱塞的反作用力为 F_N。力 F_N 可分解为 F_F 和 F_T 两个分力。当作用在柱塞底部的油液压力为 p，柱塞直径为 d，力 F_F 与 F_T 之间的夹角为 φ 时，它们分别为

$$F_F = p\frac{\pi}{4}d^2 \qquad F_T = F_F\cos\varphi$$

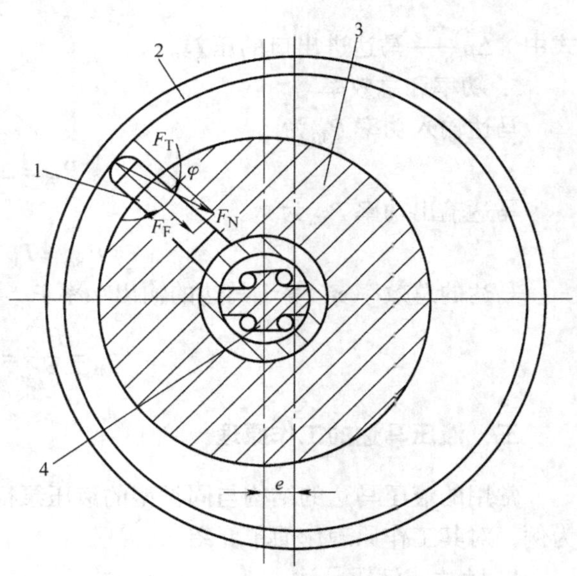

图 4-9　径向柱塞式液压马达二作原理

1—柱塞　2—定子　3—缸体　4—配油轴

力 F_T 对缸体产生一转矩，使缸体旋转。缸体再通过端面连接的传动轴向外输出转矩和转速。

以上分析的是一个柱塞产生转矩的情况，由于在压油区作用有好几个柱塞，在这些柱塞上所产生的转矩都使缸体旋转，并输出转矩。径向柱塞液压马达多用于低速大转矩的情况。

习　题

4-1　已知单活塞杆液压缸的内径 $D=50\text{mm}$，活塞杆直径 $d=35\text{mm}$，泵供油流量为 8L/min。试求：

1）液压缸差动连接时的运动速度。

2）缸在差动阶段能克服的外负载 $F_L=1000\text{N}$，则无杆腔内油液的压力应为多大（不计管路压力损失）？

4-2　已知单活塞杆液压缸的内径 $D=100\text{mm}$，活塞杆直径 $d=50\text{mm}$，工作压力 $p=2\text{MPa}$，流量 $q=10\text{L/min}$，回油背压力 $p_2=0.5\text{MPa}$。试求：活塞往返运动时的推力和运动速度？

4-3　如图 4-10 所示，A_1 和 A_2 分别为两液压缸有效作用面积，$A_1=50\text{cm}^2$，$A_2=20\text{cm}^2$，液压泵流量 $q_p=3\text{L/min}$，负载 $W_1=5000\text{N}$，$W_2=4000\text{N}$，不计损失，试求：两缸工作压力 p_1、p_2 及两活塞运动速度 v_1、v_2。

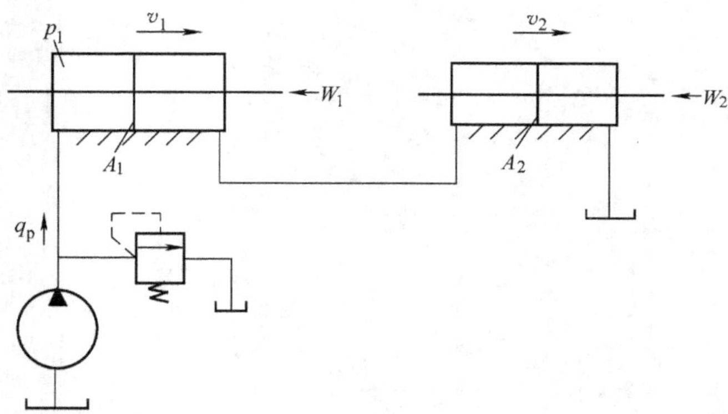

图 4-10　习题 4-3 图

4-4　若要求某液压缸快进速度 v_1 是快退速度 v_2 的 3 倍，试求：活塞面积 A_1 和活塞杆面积 A_2 之比为多少？

4-5　如图 4-11 所示，液压缸活塞直径 $D=100\text{mm}$，活塞直径 $d=70\text{mm}$，进入液压缸的油液流量 $q=25\text{L/min}$，压力 $p_1=20\times10^5\text{Pa}$，回油背压 $p_2=2\times10^5\text{Pa}$，试计算图示 a、b、c 三种情况下的运动速度大小、方向及最大推力。

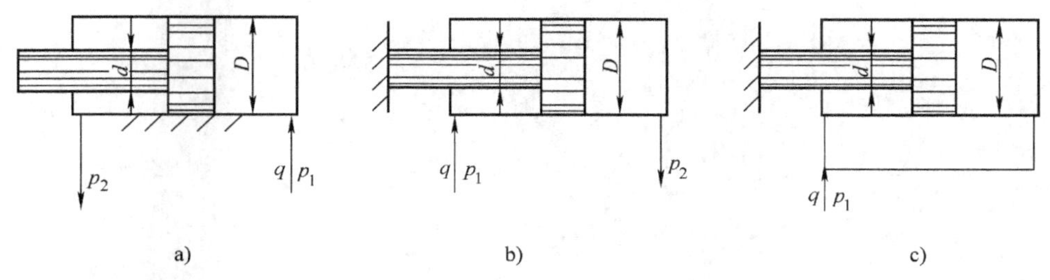

图 4-11　习题 4-5 图

4-6　某液压马达的排量 $V_M = 100\text{mL/r}$，输入压力 $p_M = 10\text{MPa}$，容积效率 $\eta_{MV} = 0.95$，机械效率 $\eta_{Mm} = 0.85$，若输入流量 $q_M = 50\text{L/min}$，试求：马达输出转速、转矩以及输入和输出功率？

4-7　某一减速机要求液压马达的实际输出转矩 $T = 52.5\text{N}\cdot\text{m}$，转速 $n = 30\text{r/min}$。设液压马达的排量 $V_M = 12.5\text{mL/r}$，液压马达的容积效率 $\eta_{MV} = 0.9$，机械效率 $\eta_{Mm} = 0.9$，试求所需的流量和压力各为多少？

第五章　液压控制阀

第一节　液压阀概述

在液压系统中，液压控制阀（简称液压阀）用来控制液流的压力、流量和方向，以保证执行元件按设计的需求进行工作。

一、液压阀的分类

1. 液压阀按用途可以分为：压力控制阀（如溢流阀、顺序阀、减压阀等）、流量控制阀（如节流阀、调速阀等）、方向控制阀（如单向阀、换向阀等）三大类。

2. 液压阀按控制方式可以分为：定值或开关控制阀、比例控制阀、伺服控制阀。

3. 液压阀按操纵方式可以分为：手动阀、机动阀、电动阀、液动阀、电液动阀等。

4. 液压阀按安装方式可以分为：管式连接阀、板式连接阀、集成连接阀等。

液压阀的品种与规格特别繁多，但各类液压阀之间总还是保持着一些基本的共同点：

1）在结构上，所有的阀都是由阀芯、阀体和驱动阀芯动作的元器件组成。

2）在工作原理上，所有的阀都是通过改变阀芯与阀体的相对位置来控制和调节液流的压力、流量及流动方向。

3）所有阀中，通过阀中的流量与阀口通流面积的大小、阀口前后的压差有关，它们之间的关系都符合流体力学中的孔口流量公式（$q = KA\Delta p^m$）。

二、液压阀的性能参数

1. 公称通径

公称通径代表阀的通流能力大小，对应于阀的额定流量。与阀的进出油口连接的油管的规格应与阀的通径相一致。阀工作时的实际流量应小于或等于它的额定流量，最大不得大于额定流量的 1.1 倍。

2. 额定压力

液压控制阀长期工作所允许的最高压力。对压力控制阀，实际最高压力有时还与阀的调压范围有关；对换向阀，实际最高压力还可能受其功率极限的限制。

三、液压阀的基本要求

1）动作灵敏、使用可靠、工作时冲击和振动小。

2）阀口全开时，液流压力损失小；阀口关闭时，密封性能好。

3）所控制的参量（压力或流量）稳定，受外界干扰时变化量小。

4）结构紧凑，安装、调试、维护方便，通用性好。

第二节　方向控制阀

一、单向阀

液压系统中常用的单向阀有普通单向阀和液控单向阀两种。

1. 普通单向阀（单向阀）

普通单向阀是一种只允许液流沿一个方向通过，而反向液流则被截止的方向阀。要求其正向液流通过时压力损失小，反向截止时密封性能好。

图 5-1a 所示为管式普通单向阀的结构，图 5-1b 为普通单向阀的图形符号，压力油从阀体左端的通口流入时，克服弹簧 3 作用在阀芯 2 上的力，使阀芯向右移动，打开阀口，并通过阀芯上的径向孔 *a*、轴向孔 *b* 从阀体右端的通口流出；但是压力油从阀体右端的通口流入时，液压力和弹簧力一起使阀芯压紧在阀座上，使阀口关闭，油液无法通过。

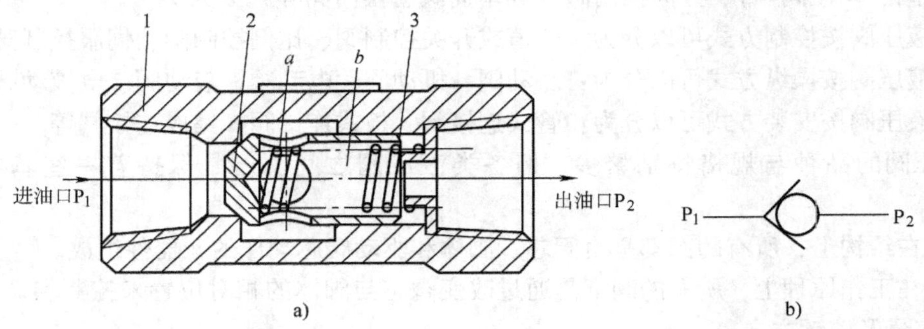

图 5-1　普通单向阀

a）管式普通单向阀　b）图形符号

1—阀套　2—阀芯　3—弹簧

在普通单向阀中，弹簧力很小，仅起复位作用，因此正向开启压力只需 0.03 ~ 0.05MPa；反向截止时，密封力随压力增高而增大，因此密封性能良好。

单向阀常被安装在泵的出口，一方面防止系统的压力冲击而影响泵的正常工作，另一方面在泵不工作时防止系统的油液倒流回油箱。当安装在系统的回油路使回油具有一定背压或安装在泵的卸荷回路使泵维持一定的控制压力时，应更换刚度较大的弹簧，使其正向开启压力达到 0.3 ~ 0.5MPa。

2. 液控单向阀

图 5-2a 所示为液控单向阀的结构，图 5-2b 为液控单向阀的图形符号，当控制口 K 处无压力油通入时，它的工作和普通单向阀一样，压力油只能从进油口 P_1 流向出油口 P_2，不能反向流动。当控制口 K 处有压力油通入时，控制活塞 1 右侧 a 腔通泄油口（图中未画出），在液压力作用下活塞向右移动，推动顶杆 2 顶开阀芯，使油口 P_1 和 P_2 接通，油液就可以从 P_2 口流向 P_1 口。在图示形式的液控单向阀结构中，K 处通入的控制压力最小需为主油路压力的 30% ~50%（而在高压系统中使用的，带泄荷阀芯的液控单向阀其最小控制压力约为主油路压力的 5%）。

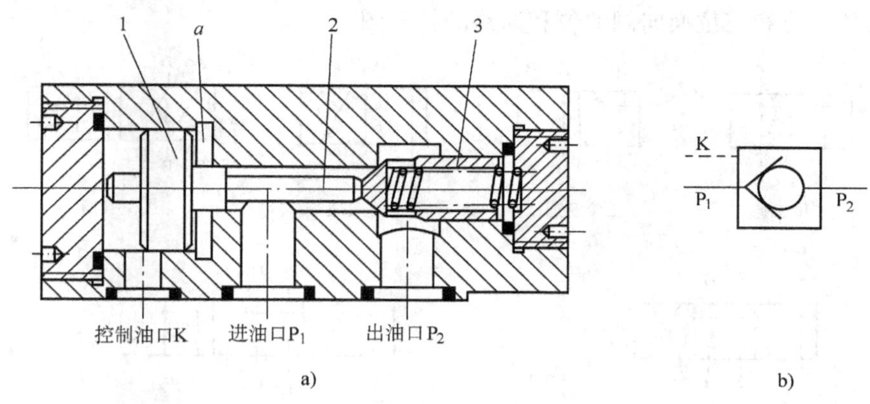

图 5-2 液控单向阀

1—活塞 2—顶杆 3—阀芯

二、换向阀

换向阀是利用阀芯对阀体的相对运动，使油路接通、切断或变换油液的流动方向，从而实现液压执行元件及其驱动机构的启动、停止或变换运动方向。

换向阀的种类很多，一般来说，按阀芯相对于阀体的运动方式分为滑阀式和转阀式两种；按操作方式分为手动、机动、电磁动、液动、电液动等；按阀芯工作时在阀体中所处的位置分为二位和三位阀等；按换向阀所控制的油路不同分为二通、三通、四通和五通阀等。

（一）滑阀式换向阀的工作原理

图 5-3 所示为滑阀式换向阀的工作原理图。当阀芯向右移动时，由液压泵输出的压力油从阀的 P 口经 A 口输向液压缸左腔，液压缸右腔的油液经 B 口流回油箱，液压缸活塞向右运动；反之，若阀芯向左移动，液流反向活塞向左运动。

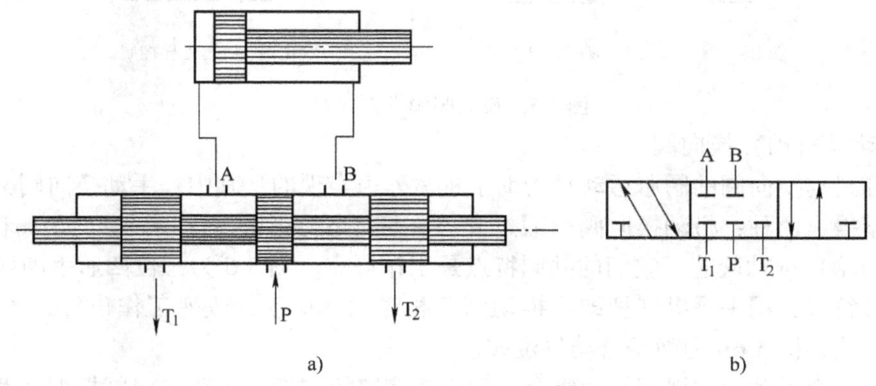

图 5-3 滑阀式换向阀的工作原理

由于该换向阀相对于阀体有三个工作位置，通常用一个粗实线方框符号代表一个工作位置，因而有三个方框；而该换向阀共有 P、A、B、T_1 和 T_2 五个油口，所以每一个方框中表示油路的通路与方框共有五个交点，在中间位置，由于各油口之间互不相通，用“⊥”或“⊤”来表示，而当阀芯向右移动时，表示该换向阀左位工作，即 P 与 A、B 与 T_2 相通；反之，则 P 与 B、A 与 T_1 相通。因此该换向阀被称之为三位五通换向阀（见图 5-3b），图 5-4

所示为常用的二位和三位换向阀的位和通路的符号图。

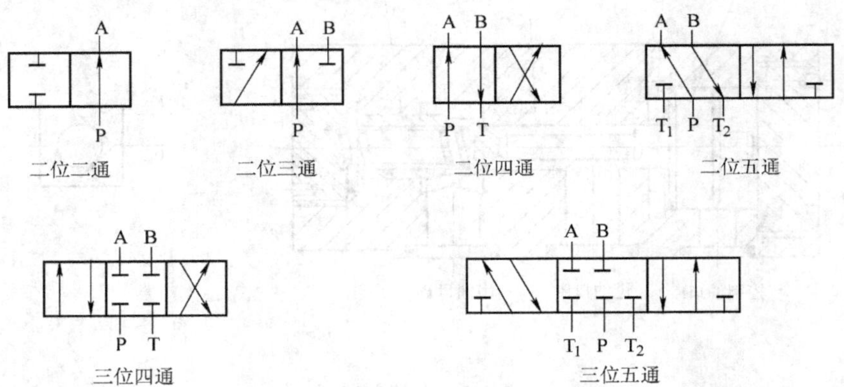

图 5-4　换向阀位和通路符号

（二）换向阀的操纵方式

换向阀中阀芯相对于阀体的运动需要有外力操纵来实现，常用的操纵方式有：手动、机动（行程）、电磁动、液动和电液动，其符号如图 5-5 所示，不同的操纵方式与图 5-4 所示的换向阀的位、通路组合就可以得到不同的换向阀，如三位四通换向阀、三位五通液动换向阀等。

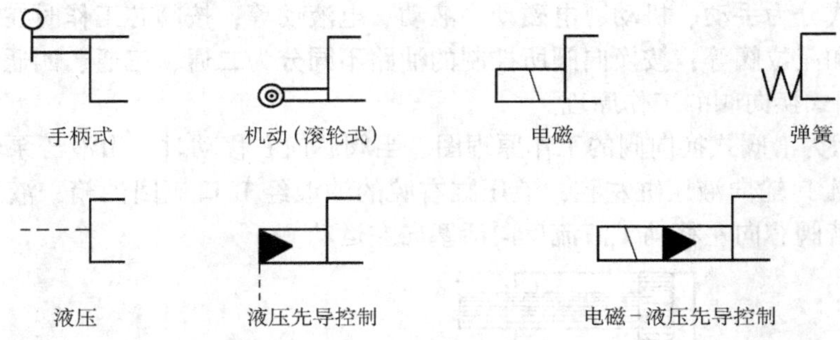

图 5-5　换向阀操纵方式符号

1. 手动（机动）换向阀

手动和机动换向阀的阀芯运动是借助于机械外力实现的。其中：手动换向阀又分为手动操纵和脚踏操纵两种；机动换向阀则通过安装在液压设备中的运动部件（如机床工作台上的撞块或凸轮）推动阀芯。它们的共同特点是工作可靠。图 5-6 为三位四通手动换向阀的结构图和图形符号，用手操纵杠杆即可推动阀芯相对阀体移动，改变工作位置。图 5-6a 为弹簧钢球定位式，图 5-6b 为弹簧自动复位式。

如果将多个手动换向滑阀叠加组合，则构成多路换向阀。多路换向阀根据油路连接方式又分为并联、串联、串并联和复合油路等。

2. 电磁换向阀

图 5-7 所示为二位三通电磁换向阀。阀体左端安装的电磁铁可以是直流或交流。在电磁铁断电时，无电磁吸力，阀芯在右端弹簧力的作用下处于左端位置（常位），油口 P 与 A 通、B 不通。若电磁铁得电产生一个向右的电磁吸力通过推杆推动阀芯右移，则阀左位工作，油口 P 与 B 通，A 不通。

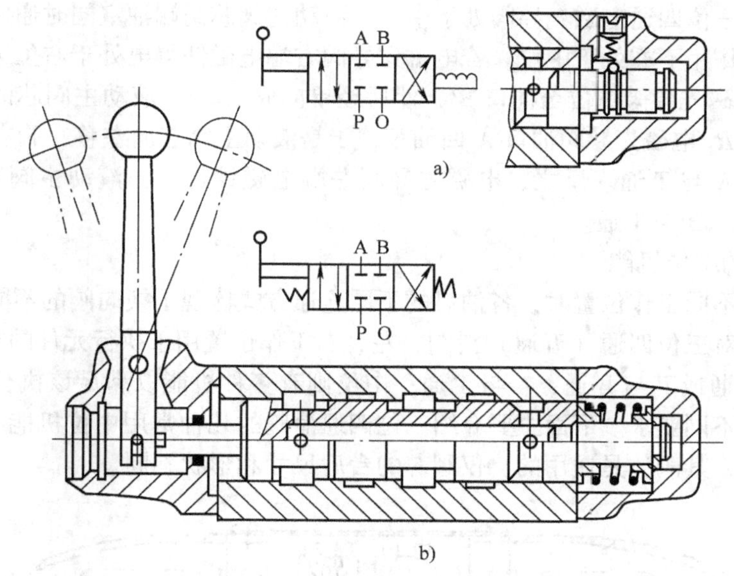

图 5-6　三位四通手动换向阀

a）弹簧钢球定位结构　b）弹簧自动复位结构

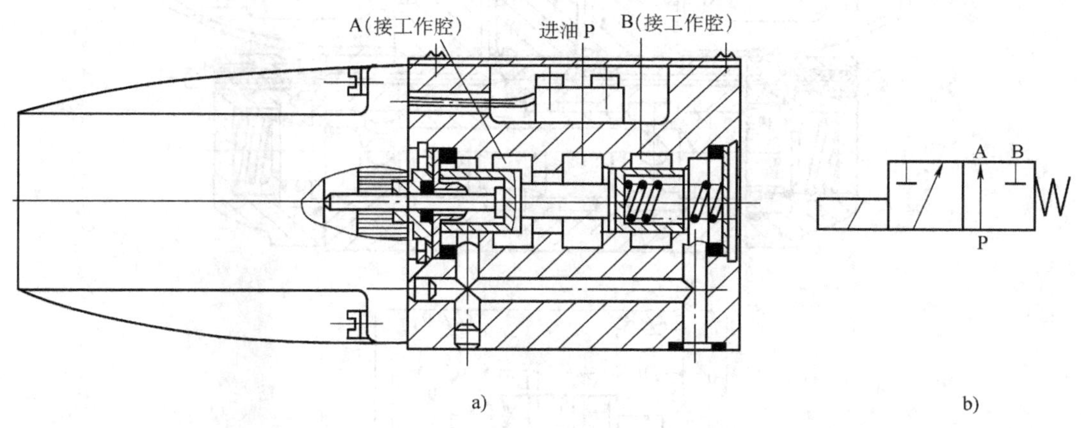

图 5-7　二位三通电磁换向阀

二位电磁换向滑阀除图 5-7 所示的弹簧复位式外，还有阀体两端均安装电磁铁的钢球定位式，左端（右端）电磁铁得电，推动阀芯向右（左）运动，到位后电磁铁失电，由钢球定位在左位（右位）下工作。如果将两端电磁铁与弹簧对中机构组合，又可组成三位电磁换向阀，电磁铁得电分别为左、右位，不得电为中位（常位）。

因电磁吸力有限，电磁换向阀的最大通流量小于 100L/min，对液动力较大的大流量阀则应选用液动换向阀或电液动换向阀。

3. 电液换向阀

电液换向阀由电磁换向阀和液动换向阀组合而成。其中，液动换向阀实现主油路的换向，称为主阀；电磁换向阀改变液动换向阀的控制油路方向，称为先导阀。因电液换向阀包含有液动换向阀，因此液动换向阀不另作介绍。

图 5-8 所示为电液换向阀的结构图、详细图形符号和简化图形符号。当电磁先导阀的电

磁铁不得电时，三位四通电磁先导阀处于中位，液动主阀芯两端油室同时通回油箱，阀芯在两端对中弹簧的作用下亦处于中位。若电磁先导阀右端电磁铁得电处于右位工作时，控制压力油 P'将经过电磁先导阀右位至油口 B′，然后经单向阀 I_1 进入液动主阀芯的右端，而左端油室则经过阻尼 R_2 电磁先导阀油口 A′回油箱，于是液动主阀芯向左移，阀右位工作，主油路的 P 与 B 通、A 与 T 通。反之，电磁先导阀左端电磁铁得电，液动主阀则在左位工作，主油路 P 与 A 通、B 与 T 通。

（三）滑阀的中位机能

多位阀处于不同工作位置时，各油口的不同连通方式体现了换向阀的不同控制机能，称之为滑阀机能。对三位四通（五通）滑阀，左、右工作位置用于执行元件的换向，一般为 P 与 A 通、B 与 T 通或 P 与 B 通、A 与 T 通；中位则有多种机能以满足该执行元件处于非运动状态时系统的不同要求。下面主要介绍三位四通滑阀的几种常用中位机能（表 5-1）不同中位机能的滑阀，其阀体是通用的，仅阀芯的台肩尺寸和形状不同。

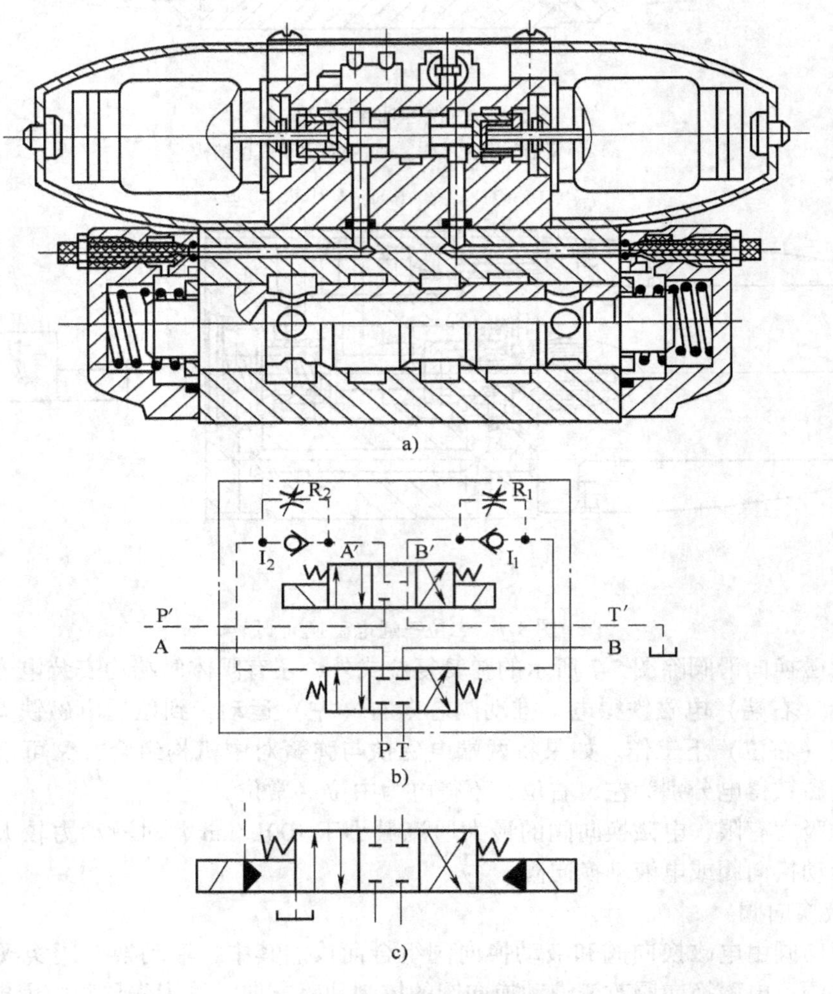

图 5-8　三位四通电液换向阀

a）结构　b）详细图形符号　c）简化图形符号

表 5-1　三位四通滑阀的中位机能

机能代号	符　号	中位油口连通状况，特点及应用
O 型	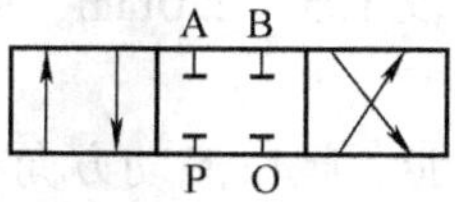 A B P O	各油口全部封闭，液压缸两腔闭锁、液压泵不卸载，可用于多个换向阀并联工作
H 型	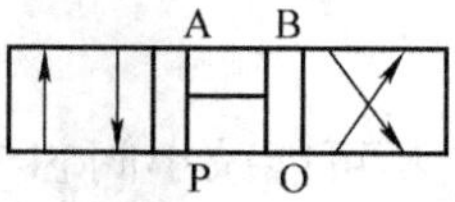 A B P O	各油口互通，液压缸浮动，液压泵卸载
P 型	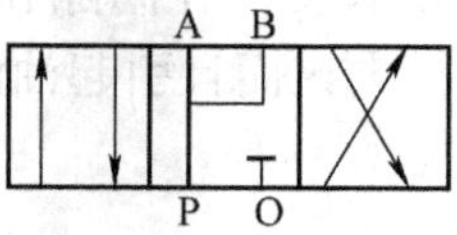 A B P O	压力油 P 与 A、B 油口连通、T 口封闭，可组成液压缸的差动回路
Y 型	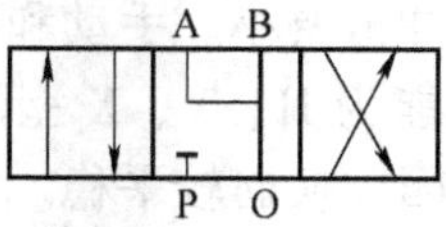 A B P O	油口 A、B 通回油 T、油口 P 封闭，液压泵不卸载，液压缸成浮动状态
K 型	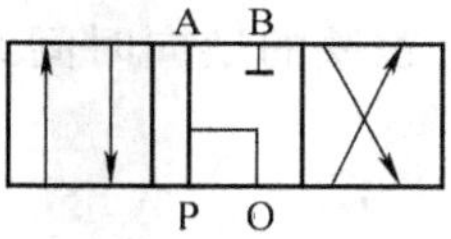 A B P O	油口 P、A、T 互通，油口 B 封闭，液压泵卸载，液压缸一腔闭锁
d 型	 A B P O	油口 P、B、T 互通、油口 A 封闭，液压泵卸载，液压缸一腔闭锁
C 型	 A B P O	油口 P 与 A 通、B 和 T 封闭，液压泵不卸载，液压缸一腔闭锁
M 型	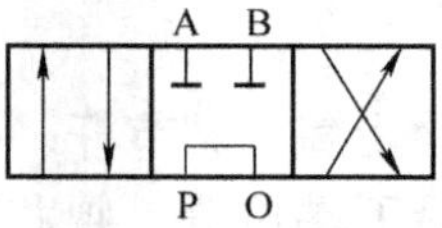 A B P O	油口 P 和 T 通、油口 A、B 封闭，液压泵卸载，液压缸两腔闭锁
X 型	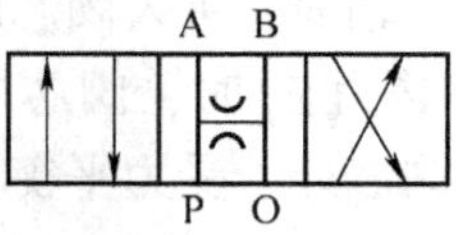 A B P O	各油口半开启接通，液压泵压力油在一定压力下回油箱

（四）换向阀的性能

1. 换向可靠性

换向阀的换向可靠性包括两个方面：换向信号发出后，阀芯能灵敏地移到预定的工作位置；换向信号撤出后，阀芯能在弹簧力作用下自动恢复到常位。

2. 压力损失

换向阀的压力损失包括阀口压力损失和流道压力损失。当阀体采用铸造流道，流道压力损失可降到很小。

对电磁换向阀，因电磁铁行程较小，因此阀口开度仅1.5～2.0mm，阀口流速较高，阀口压力损失较大。

换向阀的压力损失除与通流量有关外，还与阀的机能、阀口流动方向有关，一般不超过1MPa。

3. 内泄漏量

滑阀式换向阀为间隙密封，内漏不可避免。一般应尽可能减小阀芯与阀体孔的径向间隙，并保证其同心，同时阀芯台肩与阀体孔有足够的封油长度。在间隙和封油长度一定时，内泄漏量随工作压力的增高而增大。泄漏不仅带来功率损失，而且引起油液发热，影响系统的正常工作。

4. 换向平稳性

要求换向阀换向平稳，实际上就是要求换向时压力冲击要小。手动和电液动换向可通过控制换向时间来改变压力冲击。电磁换向阀中，中位机能为H、Y、X型的，因液压缸的两腔同时通回油，轴向经过中位时压力冲击值迅速下降，因此换向较平稳。

5. 换向时间和换向频率

电磁换向阀的换向时间与换向电磁铁有关。交流电磁铁的换向时间约为0.03～0.15s，直流电磁铁的换向时间约为0.1～0.3s。

第三节　压力控制阀

普通的压力控制阀包括溢流阀、减压阀、顺序阀和压力继电器，用来控制液压系统中的油液压力或通过压力信号实现控制。

一、溢流阀

溢流阀按结构型式分为直动式溢流阀和先导式溢流阀。

（一）结构及工作原理

1. 直动式溢流阀

图5-9所示为直动式溢流阀，由阀芯、阀体、弹簧、上盖、调节杆、调节螺母等零件组成。如图示位置，阀芯在上端弹簧力F_t的作用下处于最下端位置，阀芯台肩的封油长度L将进、出油口隔断，阀的进口压力油经阀芯下端径向孔、轴向孔进入阀芯底部油室，油液受压形成一个向上的液压力F。当液压力F等于或大于弹簧力F_t时，阀芯向上运动，上移行程L后阀口开启，进口压力油经阀口溢流回油箱。此时阀芯处于受力平衡状态，阀口开度为x，通流量为q，进口压力为p。

综上所述，直动式溢流阀具有下列特点：

1）调节弹簧的预压缩量，可以改变阀口的开启压力，进而调节控制阀的进口压力，即对应于一定弹簧预压缩量，阀的进口压力基本为定值。

2）因阀开口大小变化和液动力的影响，当流经溢流阀的流量变化时，阀进口压力有所波动。

3）直动式溢流阀因液压力直接与弹簧力相比较而得名。若阀的压力较高、流量较大，则要求调压弹簧具有很大的弹簧力，这不仅使调节性能变差，而且结构上也难以实现。

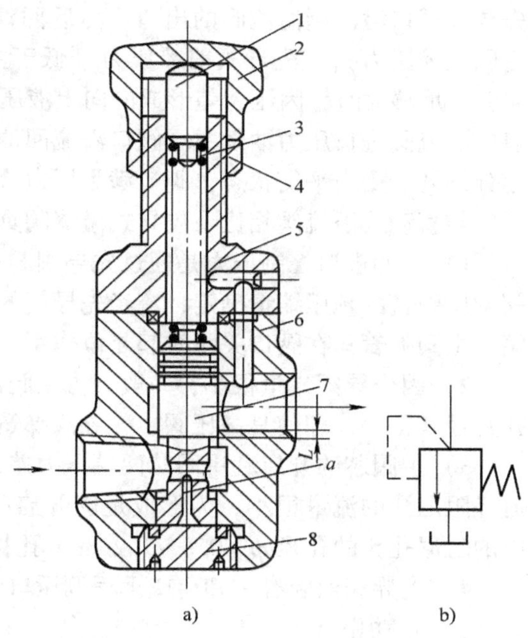

图 5-9 直动式溢流阀

a）结构图 b）图形符号

1—调节杆 2—调节螺母 3—调压弹簧 4—锁紧螺母 5—上盖 6—阀体 7—阀芯 8—底盖

2. 先导式溢流阀

先导式溢流阀常见的结构如图 5-10a 所示，图 5-10b 为图形符号。先导式溢流阀由先导阀和主阀两部分组成。先导阀为一锥阀，实际上是一个小流量的直动式溢流阀；主阀亦为锥阀。当先导式溢流阀的进口（即主阀进口）接压力油时，压力油除直接作用在主阀芯的下腔外，还分别经过主阀芯上的阻尼孔 5 或 2 和 4 上的阻尼孔引到先导阀芯的前端，对先导阀芯形成一个液压力 F_x。若液压力 F_x 小于阀芯另一端弹簧力 F_{t2}，先导阀关闭，主阀内腔为密闭静止容腔，主阀芯上下两腔压力相等。因上腔作用面积 A_1 大于下腔作用面积 A，所形成的向下液压力与弹簧力共同作用，将主阀芯紧压在阀座孔上，主阀阀口关闭。随着溢流阀的进口压力增大，作用在先导阀芯上的液压力 F_x 随之增大，当 $F_x \geqslant P_{t2}$ 时，先导阀阀口开启，溢流阀的进口压力油经阻尼孔、

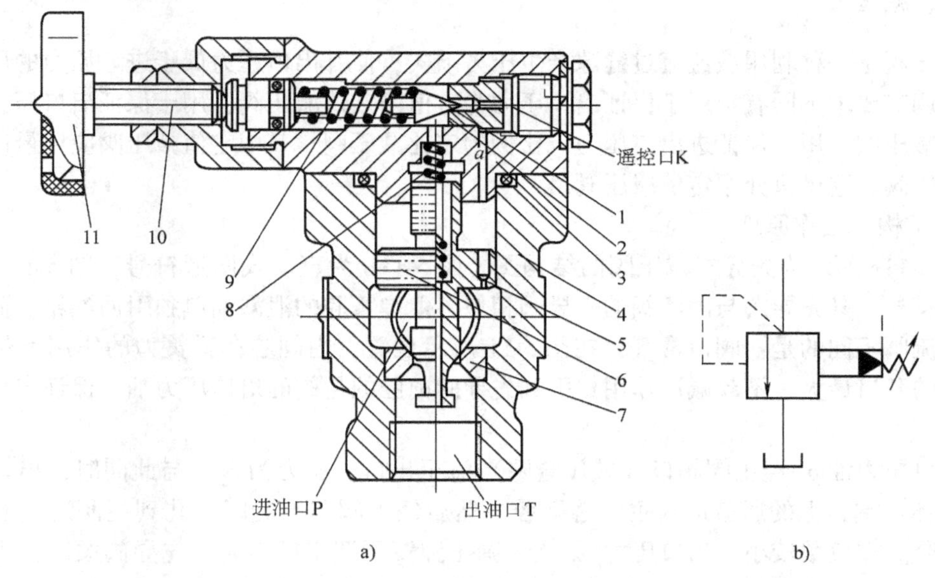

图 5-10 先导式溢流阀

a）结构图 b）图形符号

1—先导锥阀 2—先导阀座 3—阀盖 4—阀体 5—阻尼孔 6—主阀芯 7—主阀座 8—主阀弹簧 9—调压弹簧 10—调节螺钉 11—调节手轮

先导阀阀口溢流到溢流阀的出口，然后回油箱。由于阻尼孔前后出现压力差（压力损失），主阀上腔压力 p_1（先导阀前腔压力）低于主阀下腔压力 p（主阀进口压力）。当压力差（$p-p_1$）足够大时，因压力差形成的向上液压力克服主阀弹簧力，推动阀芯上移，主阀阀口开启，溢流阀进口压力油经主阀阀口溢流回油箱。主阀阀口开度一定时，先导阀阀芯和主阀阀芯分别处于受力平衡状态，阀口满足压力流量方程，主阀进口压力为一确定值。

与直动式溢流阀相比，先导式溢流阀具有以下特点：

1）阀的进口控制压力是通过先导阀芯和主阀阀芯两次比较得来的，压力值主要由先导阀调压弹簧的预压缩量确定，流经先导阀的流量很小，溢流流量的大部分经主阀阀口流回油箱，主阀弹簧只在阀口关闭时起复位作用，弹簧力很小。

2）因先导阀流量很小，一般仅占主阀额定流量的1%，约1～5L/min，因此先导阀阀座孔直径 d 很小，即使是高压阀，先导阀弹簧刚度也不大，因此阀的调节性能有很大改善。

3）主阀芯的开启利用阀芯两端压力差，该压力差即液流流经阻尼孔的压力损失。由于流经阻尼孔的流量很小，为形成足够开启阀芯的压力差，阻尼孔一般为细长小孔，图5-10中的阻尼孔5的孔径 $\phi=0.8\sim1.2$mm，孔长 $l=8\sim12$mm。

4）先导阀前腔有一卸荷或远程调压口，接远程调压阀则可以实现远控或多级调压。

（二）功用

溢流阀通常并接在液压泵的出口，用来保证液压系统即泵的出口压力恒定或限制系统压力的最大值。前者称为定压阀，主要用于定量泵的进油路、回油路节流调速系统；后者称为安全阀，对系统起保护作用，有时也并接在执行元件的进口，限制执行元件的最高压力。电磁溢流阀除完成溢流阀的功能外，还可以在执行元件不工作时使液压泵卸载。

二、减压阀

减压阀是一种利用液流流过缝隙产生压力损失，使其出口压力低于进口压力的压力控制阀。按调节要求不同有：用于保证出口压力为定值的定值减压阀；用于保证出口压力差不变的定差减压阀；用于保证进出口压力成比例的定比减压阀。其中定值减压阀应用最广，又简称为减压阀。这里只介绍定值减压阀。

1. 结构及工作原理

图5-11a所示为先导式减压阀的结构图，图5-11b为直动式图形符号，图5-11c为先导式图形符号。其先导阀与溢流阀的先导阀相似，但弹簧腔的泄漏油单独引回油箱。而主阀部分与溢流阀不同的是：阀口常开，在图5-11所示位置，主阀芯在弹簧力的作用下位于最下端，阀的开口最大，不起减压作用；引到先导阀前腔的是阀的出口压力油，保证出口压力为定值。

进口压力油 p_1 经主阀阀口（减压缝隙）流至出口，压力为 p_2。与此同时，出口压力油 p_2 经阀体、端盖上的通道进入主阀芯下腔，然后经主阀芯上的阻尼孔到主阀芯上腔和先导阀的前腔。在负载较小、出口压力 p_2 低于调压弹簧所调定压力时，先导阀关闭，主阀芯阻尼孔无液流通过，主阀芯上、下两腔压力相等，主阀芯在弹簧作用下处于最下端，阀口全开，不起减压作用。若出口压力 p_2 随负载增大超过调压弹簧调定的压力时，先导阀阀口开启，主阀出口压力油 p_2 经主阀芯阻尼孔到主阀芯上腔、先导阀口，再经泄油口回油箱。因阻尼孔的阻尼作用，主阀上下两腔出现压力差（p_2-p_3），主阀芯在压力差作用下克服上端弹簧力向上运动，主阀阀口减小起减压作用。当出口压力 p_2 下降到调定值时，先导阀芯和主阀芯同时处于受力平衡状态，出口压力稳定不变。调节调压弹簧的预压缩量即可调节阀的出口压力。

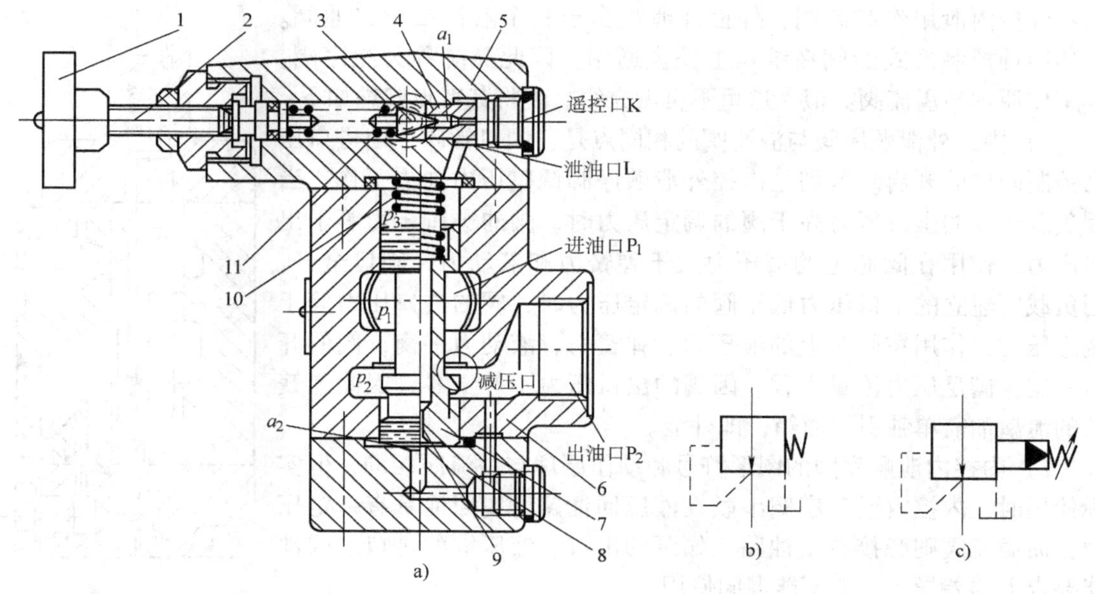

图 5-11　先导式减压阀

a）结构图　b）直动式图形符号　c）先导式图形符号

1—调压手轮　2—调节螺钉　3—锥阀　4—锥阀座

5—阀盖　6—阀体　7—主阀芯　8—端盖　9—阻尼孔　10—主阀弹簧　11—调压弹簧

2. 功用与特点

减压阀用在液压系统中获得压力低于系统压力的二次油路，如夹紧油路、润滑油路和控制油路。必须说明的是，减压阀的出口压力还与出口的负载有关，若因负载建立的压力低于调定压力，则出口压力由负载决定，此时减压阀不起减压作用，进出口压力相等，即减压阀保证出口压力恒定的条件是先导阀开启。

比较减压阀与溢流阀的工作原理和结构，可以将二者的差别归纳为以下三点：

1）减压阀为出口压力控制，保证出口压力为定值；溢流阀为进口压力控制，保证进口压力恒定。

2）减压阀阀口常开，进出油口相通；溢流阀阀口常闭，进出油口不通。

3）减压阀出口压力油压力不等于零，先导阀弹簧腔的泄漏油需单独引回油箱；溢流阀的出口直接接回油箱，因此先导阀弹簧腔的泄漏油经阀体内流道内泄至出口。

与溢流阀相同的是，减压阀亦可以在先导阀的远程调压口接远程调压，以实现远控或多级调压。

三、顺序阀

顺序阀是一种利用压力控制阀口通断的压力阀，因用于控制多个执行元件的动作顺序而得名。顺序阀有直动式和先导式两种，图 5-12 为直动式顺序阀的结构图。实际上，除用来实现顺序动作的内控外泄形式外，还可以通过改变上盖或底盖的装配位置得到内控内泄、外控外泄、外控内泄等三种类型。它们的图形符号如图 5-13 所示，其中内控内泄用在系统中作平衡阀或背压阀；外控内泄用作卸载阀；外控外泄相当于一个液控二位二通阀。上述四种控制形式的阀在结构上完全通用，因此又统称为顺序阀，其工作原理与溢流阀类似，这里不再做介绍。现将其特点归纳如下：

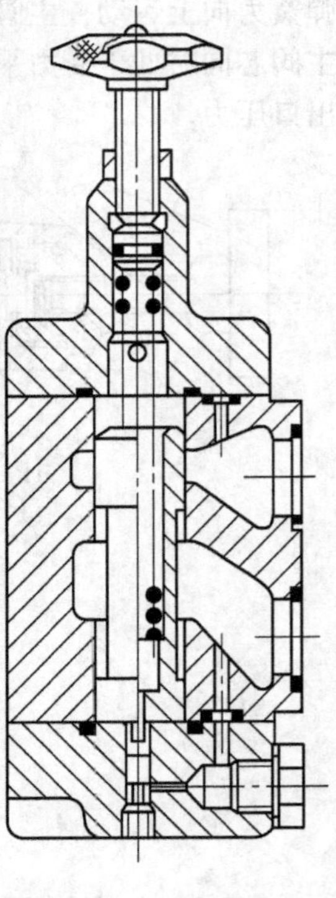

1）内控外泄顺序阀与溢流阀的相同点是：阀口常闭，由进口压力控制阀口的开启。区别是内控外泄顺序阀调整压力油去工作，当因负载建立的出口压力高于阀的调定压力时，阀的进口压力等于出口压力，作用在阀芯上的液压力大于弹簧力和液动力，阀口全开；当负载所建立的出口压力低于阀的调定压力时，阀的进口压力等于调定压力，作用在阀芯上的液压力、弹簧力、液动力平衡，阀的开口一定，满足压力流量方程。因阀的出口压力不等于零，因此弹簧腔的泄漏油需单独引回油箱，即外泄。

2）内控内泄顺序阀的图形符号和动作原理与溢流阀相同，但实际使用时，内控内泄顺序阀串联在液压回油路，使回油具有一定压力，而溢流阀则旁接在主油路，如泵的出口、液压缸的进口。因性能要求上的差异，二者不能混同使用。

图 5-12　直动式顺序阀

3）外控内泄顺序阀在功能上等同于液动二位二通阀，且出口接回油箱，因作用在阀芯上的液压力为外力，而且大于阀芯的弹簧力，因此工作时阀口全开，用于双泵供油回路，使大泵卸载。

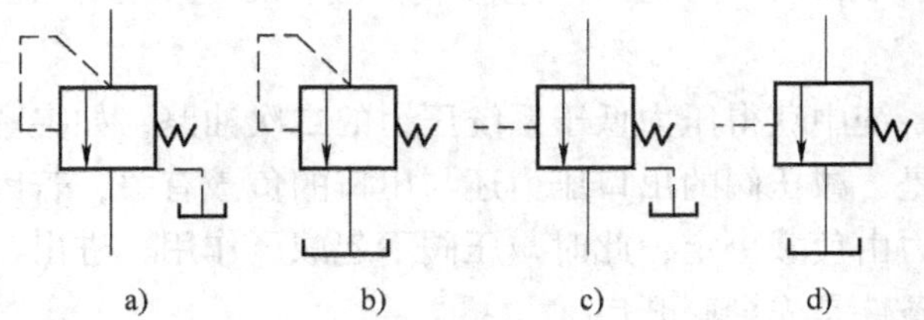

图 5-13　顺序阀的四种控制形式

a）内控外泄　b）内控内泄　c）外控外泄　d）外控内泄

四、压力继电器

压力继电器是一种将液压系统的压力信号转换为电信号输出的元件。其作用是：根据液压系统压力的变化，通过压力继电器内的微动开关，自动接通或断开电气线路，实现执行元件的顺序控制或安全保护。

压力继电器按结构特点可分为柱塞式、弹簧管式和膜片式等。图 5-14 为单触点柱塞式压力继电器，主要零件包括柱塞 1、调节螺母 2 和电气微动开关 3。如图 5-14 所示，压力油作用在柱塞的下端，液压力直接与上端弹簧力相比较。当液压力大于或等于弹簧力时，柱塞向上移压微动开关触头，接通或断开电气线路。当液压力小于弹簧力时，微动开关触头复位。显然，柱塞上移将引起弹簧的压缩量增加，因此压下微动开关，触头的压力（开启压

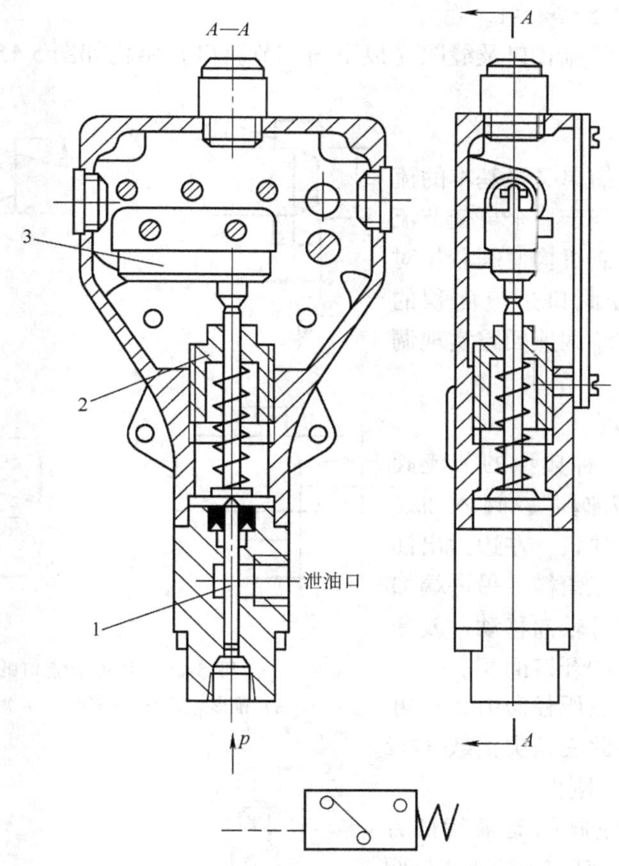

图 5-14　单触点柱塞式压力继电器

1—柱塞　2—调节螺母　3—微动开关

力）与微动开关复位的压力（闭合压力）存在一个差值，此差值对压力继电器的正常工作是必要的，但不易过大。

第四节　流量控制阀

流量控制阀是通过改变阀口大小，改变液阻，实现流量调节的阀。普通流量控制阀包括节流阀、调速阀等。

一、流量控制原理

根据流体力学知识，流经孔口及缝隙的流量与其前后压力差和孔口、缝隙面积有关。它可以用通用节流方程表示

$$q = KA\Delta p^m \tag{5-1}$$

式中　K——节流系数；

A——孔口或缝隙的过流面积；

Δp——孔口或缝隙的前后压力差；

m——指数，$0.5 \leqslant m \leqslant 1$。

节流元件常用的节流孔口及缝隙（以下简称节流口）结构如图 5-15 所示。

二、节流阀

节流阀是一个最简单又最基本的流量控制阀，其实质相当于一个可变节流口，即一种借助于控制机构使阀芯相对于阀体孔运动，改变阀口过流面积的阀。常用在定量泵节流调速回路实现调速。

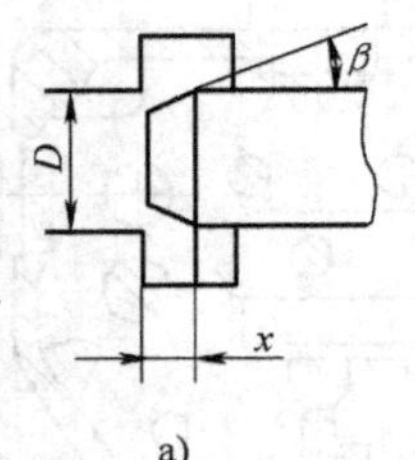

a)

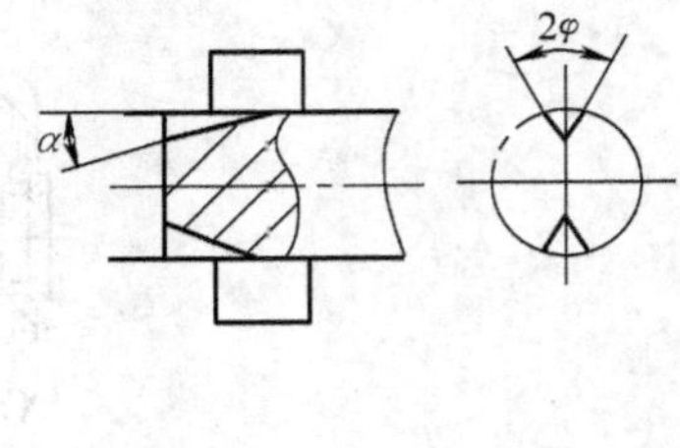

b)

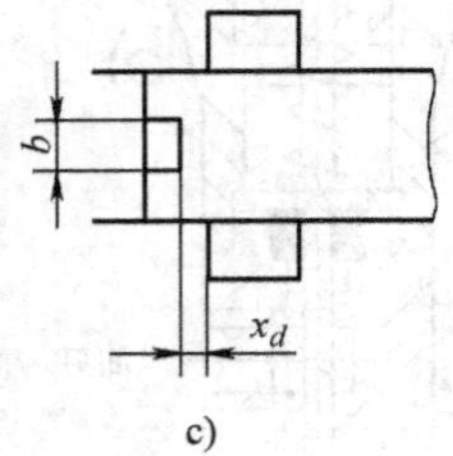

c)

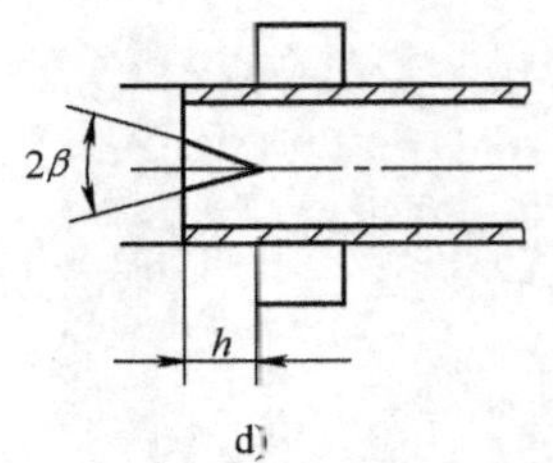

d)

图 5-15　几种节流口的结构形式

a）锥形　b）三角槽形　c）矩形　d）三角形

（一）结构与原理

图 5-16 所示为一种典型的节流阀结构图，主要零件为阀芯、阀体和螺母。阀体上右边为进油口，左边为出油口。阀芯的一端开有三角槽，另一端加工螺纹，旋转阀芯即可轴向移动，改变阀口过流面积，即阀的开口面积。

为平衡阀芯上的液压径向力，三角尖槽须对称布置，因此三角尖槽数 $n \geqslant 2$。

（二）流量特性与刚性

式（5-2）即节流阀的流量特性方程，它反映了流经节流阀的流量 q 与阀前后压力差和开口面积 A 之间的关系。显然，在 Δp 一定时，改变 A 可以调节流量 q，即阀的开口面积 A 一定，通过的流量 q 一定。

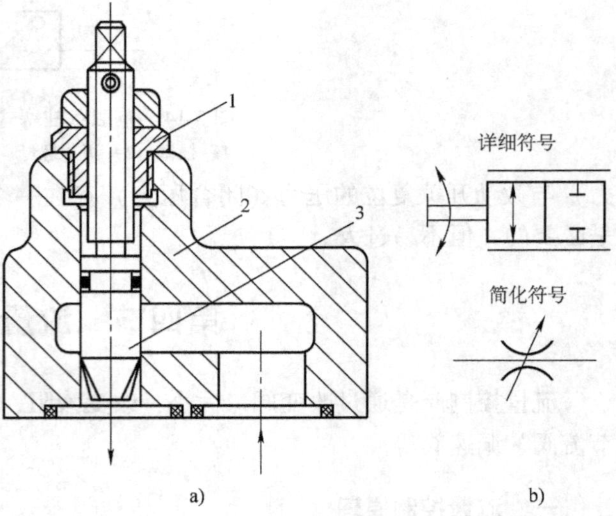

图 5-16　节流阀

a）结构图　b）图形符号

1—螺母　2—阀体　3—阀芯

当节流阀用作系统调速时，往往会因外负载的波动引起阀前后压力差 Δp 变化。此时即使阀开口面积 A 不变，也会导致流经阀口的流量 q 变化，即流量不稳定。一般定义节流阀开口面积 A 一定时，节流阀前后压力差 Δp 的变化量与流经阀的流量变化量之比为节流阀的刚性 T，用公式表示为

$$T = \Delta p^{1-m} / K_L A m \qquad (5\text{-}2)$$

显然，刚性 T 越大，节流阀的性能越好。因薄壁孔型的 $m=0.5$，故多作节流阀的阀口。另外，Δp 大有利于提高节流阀的刚性，但 Δp 过大，不仅造成压力损失的增大，而且可能导致阀口因面积太小而堵塞，因此一般取 $\Delta p =（0.15 \sim 0.4）$MPa。

（三）最小稳定流量

实验表明，当节流阀在小开口面积下工作时，虽然阀的前后压力差 Δp 和油液粘度 μ 均不变，但流经阀的流量 q 会出现时多时少的周期性脉动现象，随着开口继续减小，流量脉动现象加剧，甚至出现间歇式断流，使节流阀完全丧失工作能力。上述这种现象称为节流阀的堵塞现象。节流阀的堵塞现象使节流阀在很小流量下工作时流量不稳定，以致执行元件出现爬行现象。因此，对节流阀有一个能正常工作的最小流量限制。这个限制值称为节流阀的最小稳定流量，用于系统则限制了执行元件的最低稳定速度。

二、调速阀

节流阀因为刚性差，通过阀口的流量因阀口前后压力差变化而波动，因此仅适用于执行元件工作负载不大且对速度稳定性要求不高的场合。为解决负载变化大的执行元件的速度稳定性问题，应采取措施保证负载变化时，节流阀的前后压力差不变。具体结构有节流阀与定差减压阀组成的调速阀，节流阀与压差式溢流阀组成的溢流节流阀。溢流节流阀又称为旁通型调速阀。

（一）调速阀的工作原理

图 5-17 所示为调速阀的工作原理图，压力油 p_1 进入调速阀后，先经过定差减压阀的阀口 x（压力由 p_1 减至 p_2），然后经过节流阀阀口 y 流出，出口压力为 p_3。从图 5-17 中可以看到，节流阀进出口压力 p_2、p_3 经过阀体上的流道被引到定差减压阀阀芯的两端（p_3 引到阀芯弹簧端，p_2 引到阀芯无弹簧端），作用在定差减压阀阀芯上的力包括液压力、弹簧力和液动力。调速阀工作时，定差减压阀芯上的力平衡为

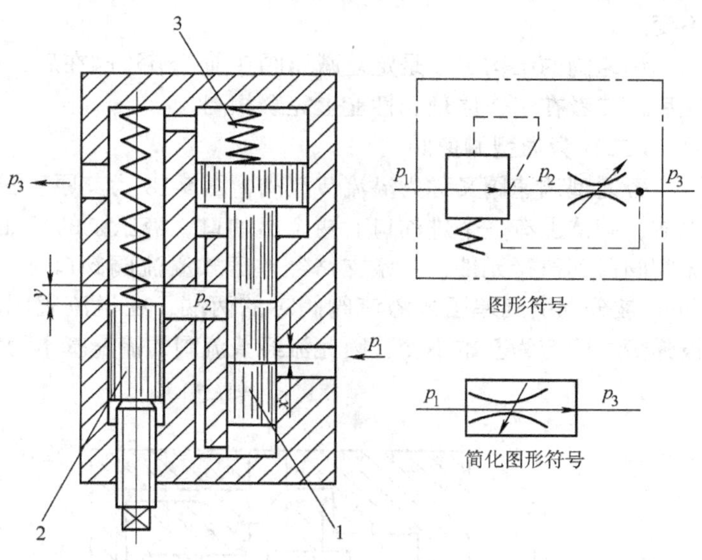

图 5-17　调速阀的工作原理

1—定差减压阀阀芯　2—节流阀阀芯　3—弹簧

$$p_2A = p_3A + F_t - F_s \tag{5-3}$$

$$q_1 = C_{d1}\pi dx\sqrt{\frac{2}{\rho}(p_1 - p_2)} \tag{5-4}$$

$$q_2 = C_{d2}A(y)\sqrt{\frac{2}{\rho}(p_2 - p_3)} \tag{5-5}$$

$$q_1 = q_2 = q \tag{5-6}$$

式中　A——定差减压阀阀芯作用面积；

d——定差减压阀阀口处台肩直径；

q_1——流经定差减压阀阀口的流量；

q_2——流经节流阀阀口的流量；

$A(y)$——节流阀开口面积；

F_t——弹簧力；

F_s——液动力。

当上述方程成立时，对应于一定的节流阀开口面积 $A(y)$、流经阀的流量 q 一定，而节流阀的进、出压力差 (p_2-p_3) 由定差减压阀阀芯受力方程确定为定值，即 $p_2-p_3=(F_t+F_s)/A$ = 常量。

假定调速阀的进口压力 p_1 为定值，当出口压力 p_3 因负载增大而增加导致调速阀中的进出口压力差 (p_2-p_3) 突然减小的同时，因 p_3 的增大势必破坏定差减压阀阀芯原有的受力平衡，于是阀芯向阀口增大的方向运动，定差减压阀的减压作用削弱，节流阀进口压力 p_2 随之增大，当 $p_2-p_3=F_t/A$ 时，定差减压阀阀芯在新的位置平衡。由此可知，因定差减压阀的压力补偿作用，可保证节流阀前后压力差 (p_2-p_3) 不受负载的干扰而基本保持不变。

调速阀的结构可以是定差减压阀在前、节流阀在后，也可以是节流阀在前、定差减压阀在后，二者在工作原理和性能上完全相同。

（二）旁通型调速阀

旁通型调速阀又称为溢流节流阀，图 5-18 为其原理图。它由差压式溢流阀 1 和节流阀 2 组成，阀体上有一个进油口、两个出油口。液压泵的来油 p_1 引到进油口后，一条支路经节流阀阀口到执行元件，一条支路经差压式溢流阀阀口 x 回油箱。因节流阀的进出口压力 p_1 和 p_2 被分别引到差压式溢流阀阀芯的两端，在溢流阀阀芯受力平衡时，压力差 (p_1-p_2) 被弹簧力确定为基本不变，因此流经节流阀的流量基本稳定。

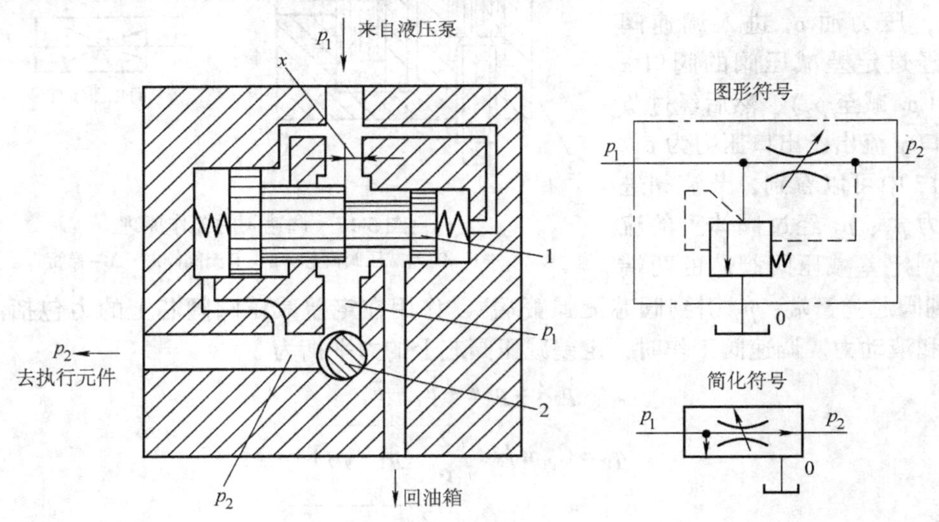

图 5-18　旁通型调速阀

1—差压式溢流阀　2—节流阀

若因负载变化引起节流阀出口压力 p_2 增大，差压式溢流阀阀芯弹簧端的液压力将随之增大，阀芯原有的受力平衡被破坏，阀芯向阀口减小的方向移动，阀口减小使其阻尼作用增强，于是进口压力 p_1 增大，阀芯受力重新达到平衡。因定差溢流阀的弹簧刚度很小，因此阀芯的位移对弹簧力影响不大，即阀芯在新的位置平衡后，阀芯两端的压力差，也就是节流阀前后压力差 (p_1-p_2) 保持不变。在负载变化引起节流阀出口压力 p_2 减小时，类似上面的分析，同样可保证节流阀前后压力差（p_1-p_2）基本不变。

旁通型调速阀用于调速时只能安装在执行元件的进油路上，其出口压力 p_2 随执行元件的负载而变。因工作时，节流阀进出口压力差不变，因此阀的进口压力，即系统压力 $p_1=p_2+p_t/A$ 随之变化，系统为变压系统。与调速阀调速回路相比，旁通型调速阀的调速回路效率较高。

第五节　其他液压控制阀

本节简要介绍近20年来出现的新型液压元件：比例阀、插装阀和数字阀。

一、比例阀

比例阀的全称为电液比例控制阀，它可以根据电信号的强弱，成比例地控制液压系统的压力、流量和方向。

比例阀由两部分组成：液压部分和电气部分。液压部分的结构原理和普通阀基本上是一样的，而电气操纵部分是一种比例电磁铁（又称电磁力马达），这种电磁铁的吸力或行程与通过电流的大小成正比（与普通电磁铁通电吸合、失电断开的情况不同）。当通入电磁铁的电流大小受到控制时，阀芯所受的力或位移也就按比例地得到了控制，这样就能很方便地对系统中的压力、流量和方向实行自动连续的调节。

将普通压力阀的调压螺钉换成比例电磁铁，就成比例压力阀；将普通流量阀的调节螺钉换成比例电磁铁，就成比例流量阀；用比例减压阀作液动换向阀的先导阀，就成比例换向阀。

图5-19所示为直动式比例溢流阀的结构原理图。当输入电信号时，比例电磁铁产生相应的电磁力，通过推杆压缩弹簧，用以控制锥阀打开的压力。将这种直动式比例溢流阀作为先导阀与普通压力阀的主阀相结合，便可组成具有先导式结构的比例溢流阀、比例减压阀和比例顺序阀。

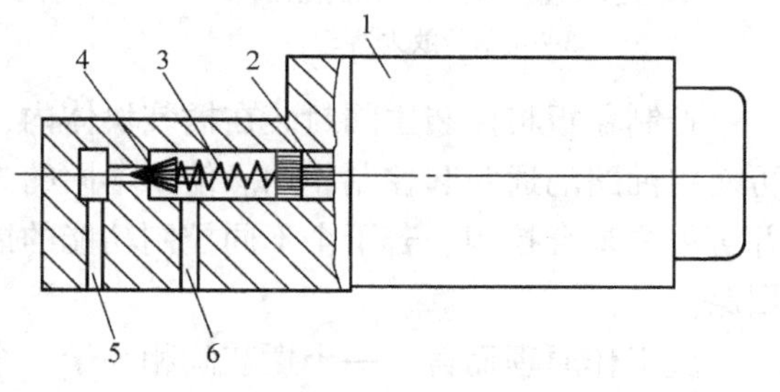

图5-19　直动式比例溢流阀的结构原理图

1—比例电磁铁　2—推杆　3—弹簧　4—锥阀　5—进油口　6—回油口

在液压系统中应用比例阀，可以实现电液比例控制，与使用普通液压元件的控制系统相比较，电液比例控制的好处是：

1）电信号便于传送，能简单地实现远距离控制。

2）能连续地、按比例地控制液压系统的压力和流量，因而比较方便地实现对执行机构的力和速度的控制，并减少压力变换时的冲击。

3）减少了元件数量，简化了油路。

比例阀目前已在普通机床的进给系统中的油压机、注塑机、薄板轧机上得到了应用，可以预见，随着生产的飞速发展，比例阀的应用将日趋广泛。

图5-20为应用比例溢流阀的自动连续调压回路，这里用了两个溢流阀：一个是先导式溢流阀；另一个是比例溢流阀。当电信号 I 输入经放大器以后，送到比例溢流阀，就能使先导式溢流阀的外控油压得到按电信号变化的自动控制，因此系统的压力得到自动连续的

调节。

二、插装阀（又称插装式锥阀或逻辑阀）

图 5-21a 所示为插装阀的结构原理，图 5-21b 为图形符号。它由控制盖板、插装主阀（由阀套、弹簧、阀芯及密封件组成）、插装块体和先导控制元件（置于控制盖板上，图 5-21 中未画）组成。主阀采用插装式连接，阀芯为锥形。根据不同的需要，阀心的锥端可开阻尼孔或三角节流槽，也可做成圆柱形阀芯。

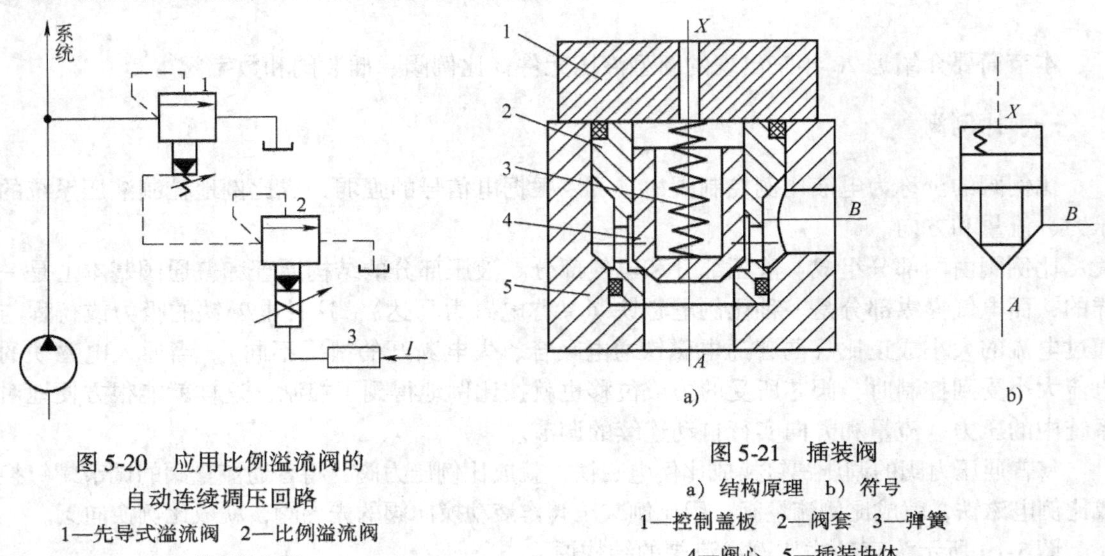

图 5-20　应用比例溢流阀的自动连续调压回路
1—先导式溢流阀　2—比例溢流阀　3—电信号放大器

图 5-21　插装阀
a）结构原理　b）符号
1—控制盖板　2—阀套　3—弹簧　4—阀心　5—插装块体

控制盖板将插装主阀封装在插装块体内，并沟通先导阀和主阀。通过主阀阀芯的启闭，可对主油路的通断起控制作用。使用不同的先导阀可构成压力控制、方向控制或流量控制，并可组成复合控制。若干个不同控制功能的插装阀组装在一个或多个插装块体内便组成液压回路。

就工作原理而言，一个插装阀相当于一个液控单向阀。A 和 B 为主油路的二个工作油口（故又称为二通插装阀），X 为控制油口。通过控制油口的启闭和对压力大小的控制，即可控制主阀阀芯的启闭和油口 A、B 的油液流向与压力。

插装阀及其集成系统具有如下特点：

1）插装主阀结构简单，通流能力大，故用通径很小的先导阀与之配合便可构成通径很大的各种插装阀，最大流量可达 10000L/min。

2）不同的阀有相同的插装主阀，一阀多能，便于实现标准化。

3）泄漏小，又便于实现无管连接，先导阀功率又很小，具有明显的节能效果。

三、数字阀

用计算机对电液系统进行控制是今后技术发展的必然趋向。但电液比例阀或伺服阀能接受的信号是连续变化的电压或电流，而计算机的指令是“开”或“关”的数字信息，要用计算机控制必须进行“数—模”转换，结果使设备复杂、成本提高及可靠性降低。在这种技术要求下，20 世纪 80 年代初期出现了数字阀，全面解决了上述问题。

数字阀的全称为电液数字控制阀。当今技术较成熟的是增量式数字阀，即用步进电动机驱动的液压阀，已有数字流量阀、数字压力阀和数字方向流量阀等系列产品。步进电动机能接受计算机发出的经过放大的脉冲信号，每接受一个脉冲其转子便转动一定的角度。步进电动机的转动又通过凸轮或丝杠等机构转换成直线位移量，从而推动阀芯或压缩弹簧，实现液压阀对方向、流量或压力的控制。

图 5-22 所示为增量式数字流量阀。计算机发出信号后，步进电动机 1 转动，通过滚珠丝杠 2 转化为轴向位移，带动节流阀阀芯 3 移动。该阀有两个节流口，阀心移动时首先打开右边的非全周节流口，流量较小；继续移动则打开左边的全周节流口，流量较大，可达 3600L/min。该阀的流量由阀芯 3、阀套 4 及连杆 5 的相对热膨胀取得温度补偿，维持流量恒定。

该阀无反馈功能，但装有零位移传感器 6，在每个控制周期终了时，阀芯都可在它的控制下回到零位。这样就保证了每个工作周期都在相同的位置开始，使阀有较高的重复精度。

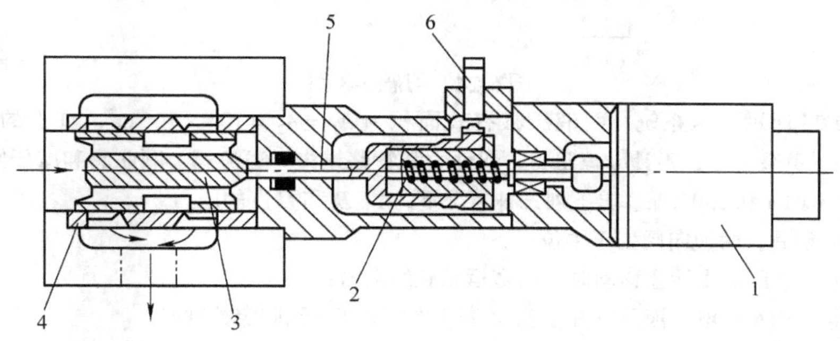

图 5-22　数字流量阀

1—步进电动机　2—滚珠丝杠　3—阀芯　4—阀套　5—连杆　6—传感器

习　　题

5-1　如图 5-23 所示液压缸，$A_1=30\times10^{-4}\text{m}^2$，$A_2=12\times10^{-4}\text{m}^2$，$F=30\times10^3\text{N}$，液控单向阀用作闭锁以防止液压缸下滑，阀内控制活塞面积 A_K 是阀芯承压面积 A 的 3 倍，若摩擦力、弹簧力均忽略不计，试计算需要多大的控制压力才能开启液控单向阀？开启前液压缸中最高压力为多少？

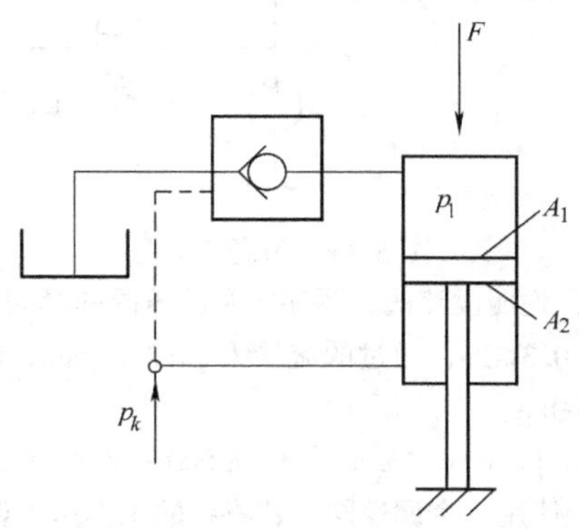

图 5-23　习题 5-1 图

5-2　弹簧对中型三位四通电液换向阀，其先导阀的中位机能及主阀的中位机能能否任意选定？

5-3　如图 5-24 所示回路中，溢流阀的调整压力为 5.0MPa，减压阀的调整压力为 2.5MPa。试分析下列各情况，并说明减压阀阀口处于什么状态。

1）当泵压力等于溢流阀调定压力时，夹紧缸使工件夹紧后，*A*、*B*、*C* 点的压力各为多少？

2）当泵压力由于工作缸快进，压力降到 1.5MPa 时（工件原来处于夹紧状态）*A*、*C* 点的压力为多少？

3）夹紧缸在夹紧工件前作空载运动时，*A*、*B*、*C* 三点的压力各为多少？

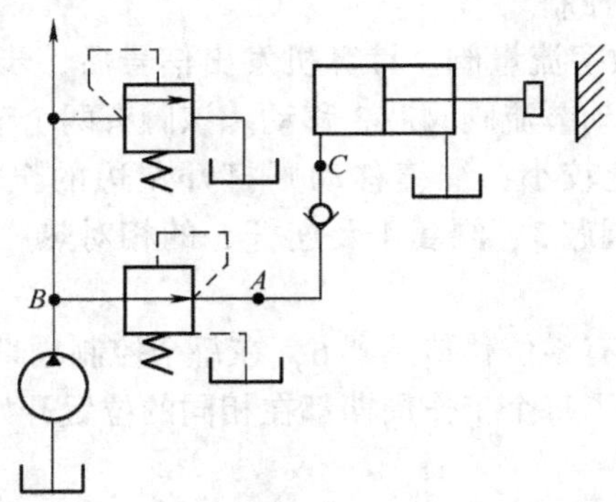

图 5-24　习题 5-3 图

5-4　如图 5-25 所示液压系统，两液压缸有效面积为 $A_1 = A_2 = 100 \times 10^{-4}\,\mathrm{m}^2$，缸 Ⅰ 的负载 $F = 3.5 \times 10^4\,\mathrm{N}$，缸 Ⅱ 运动时负载为零，不计摩擦阻力、惯性力和管路损失。溢流阀、顺序阀和减压阀的调整压力分别为 4.0MPa，3.0MPa 和 2.0MPa。求下列三种情况下，*A*、*B* 和 *C* 点的压力。

1）液压泵启动后，两换向阀处于中位；

2）IYA 通电，液压缸 Ⅰ 活塞移动时及活塞运动到终点时；

3）IYA 断电，2YA 通电，液压缸 Ⅱ 活塞运动时及活塞杆碰到固定挡铁时。

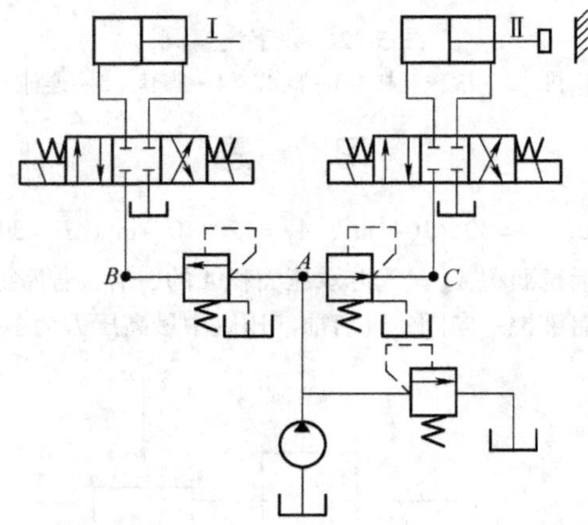

图 5-25　习题 5-4 图

5-5　由结构原理图和符号图，说明溢流阀、顺序阀和减压阀的异同点和各自的特点。

5-6　节流阀前后压力差 $\Delta P = 0.3\mathrm{MPa}$，通过的流量为 $q = 25\mathrm{L/min}$，假设节流孔为薄壁小孔，油液密度为 $\rho = 900\mathrm{kg/m^3}$，试求通流截面面积 *A*。

5-7　液压缸的活塞面积为 $A = 100 \times 10^{-4}\,\mathrm{m}^2$，负载在 500 ~ 40000N 的范围内变化，为使负载变化时活塞运动速度稳定，在液压缸进口处使用一个调速阀，若将泵的工作压力调到泵的额定压力 6.3MPa，问是否适宜？为什么？

第六章 液压辅件

液压辅件是液压系统的一个重要组成部分，它包括油箱、过滤器、压力表装置、蓄能器和密封装置等。液压辅件的合理设计与选用，将在很大程度上影响液压系统的效率、噪声、温升以及工作可靠性等技术性能，应给予充分的重视。

第一节 油 箱

一、油箱的功用和结构

油箱在液压系统中的主要功用是储存液压系统所需的足够油液，散发油液中的热量，分离油液中的气体及沉淀污物。

油箱有总体式和分离式两种。总体式油箱是与机械设备机体做在一起，利用机体空腔部分作为油箱。此种形式结构紧凑，各种漏油易于回收。但散热性差，易使邻近构件发生热变形，从而影响机械设备精度；再则维修不方便。分离式油箱是一个单独的与主机分开的装置，它布置灵活，维修保养方便，可减少油箱发热和液压振动对工作精度的影响，便于设计成通用化、系列化的产品，因而得到广泛的应用，特别是组合机床、自动线和精密设备，大多采用分离式油箱。

图6-1所示为小型分离式油箱。通常油箱用2.5 ~5mm钢板焊接而成。

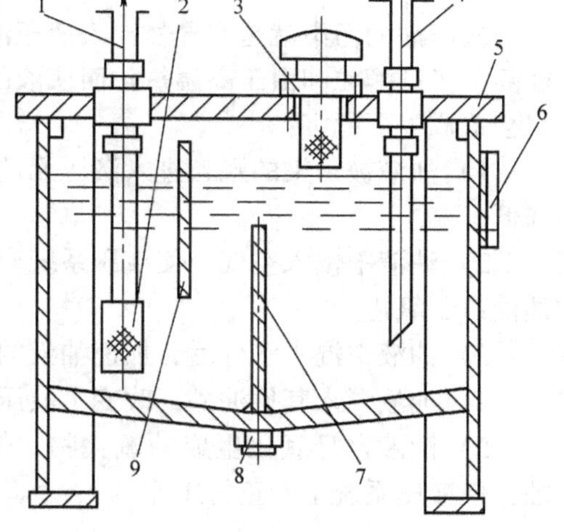

图6-1 分离式油箱

1—吸油管 2—网式过滤器 3—空气过滤器 4—回油管 5—顶盖 6—液面指示器 7、9—隔板 8—放油塞

二、油箱设计时应注意的问题

1）油箱容量的确定，是油箱设计的关键。主要根据热平衡来确定（详见第八章）。通常油箱的容量取液压泵每分钟流量的3 ~8倍进行估算。此外，还要考虑到液压系统回油到油箱不至溢出，油面高度一般不超过油箱高度的0.8倍。

2）油箱中应设吸油过滤器，要有足够的通流能力。因需经常清洗过滤器，所以在油箱结构上要考虑拆卸方便。

3）油箱底部做成适当斜度，并安放油塞。大油箱为清洗方便应在侧面设计清洗窗孔。油箱箱盖上应安装空气滤清器，其通气流量不小于泵流量的1.5倍，以保证具有较好的抗污能力。

4）在油箱侧壁安装油位指示器，以指示最低、最高油位。为了防锈、防凝水，新油箱内壁经喷丸、酸洗和表面清洗后，可涂一层与工作油液相容的塑料薄膜或耐油清漆。

5）吸油管及回油管要用隔板分开，增加油液循环的距离，使油液有足够时间分离气泡，沉淀杂质。隔板高度一般取油面高度的3/4。吸油管离油箱底距离 $H \geqslant 2D$（D 吸油管内径），距油箱壁不小于 $3D$，以利吸油通畅。回油管插入最低油面以下，防止回油时带入空气，距油箱底 $h \geqslant 2d$（d 回油管内径），回油管排油口应面向箱壁，管端切成45°，以增大通流面积。泄漏油管则应在油面以上。

6）大、中型油箱应设起吊钩。

第二节　过　滤　器

理论分析和实践表明，液压油的污染程度直接影响到液压元件和系统的正常工作及可靠性。据统计，液压系统的故障中，至少有70%～80%以上是由于液压油被污染而造成的，所以液压油的污染是一个重要的问题。

一、液压油的污染及危害

液压油的污染就是有异物混入液压油中。通常是指在液压油中混入水分、空气以及其他油品，机械颗粒和由于高温氧化而使液压油自身生成氧化物等类型的污染。液压油被污染后将会造成以下危害：

1）油液被污染的颗粒进入液压元件后，加速元件的磨损，破坏密封，性能下降，寿命降低。

2）油液中侵入空气，使液压系统产生噪声和气蚀，降低油液的弹性模量和润滑性，使油液易于氧化。

3）油液中混入水分后，加速油液的氧化、腐蚀金属，也会降低润滑性。

4）油液混入其他油品，改变了液压油的化学成分，从而影响液压系统的工作性能。

5）油液自身氧化生成的氧化物，使油变质，堵塞元件阻尼孔或节流孔，加速元件腐蚀，使液压系统不能正常工作。

二、过滤器的功用和类型

过滤器的功用是滤去油液中杂质，维护油液的清洁，防止油液污染，保证液压系统正常工作。过滤器按过滤材料的过滤原理分为表面型、深度型和磁性滤油器三种。

1. 表面型过滤器

被这种过滤器滤除的微粒污物截留在滤芯元件油液上游一面，整个过滤作用是由一个几何面来实现的，就象丝网一样把污物阻留在其外表面。滤芯材料具有均匀的标定小孔，可以滤除大于标定小孔的污物杂质。由于污物杂质积聚在滤芯表面，所以此种过滤器极易堵塞。最常用的有网式和线隙式过滤器两种。图6-2a所示是网式过滤器，它是用细铜丝网1作为过滤材料，包在周围开有很多窗孔的塑料或金属筒形骨架2上。一般滤去杂质颗料 $d > 0.08 \sim 0.18\text{mm}$，阻力小，其压力损失不超过0.01MPa，安装在液压泵吸油口处，保护泵不受大粒度机械杂质的损坏。此种过滤器结构简单，清洗方便。图6-2b所示是线隙式过滤器，1是壳体，滤芯是用铜或铝线3绕在筒形骨架2的外圆上，利用线间的缝隙进行过滤。一般滤

去杂质颗粒 $d \geqslant 0.03 \sim 0.1$mm，压力损失约为 0.07 ~ 0.35 MPa，常用在回油低压管路或泵吸油口。此种过滤器结构简单，滤芯材料强度低，不易清洗。

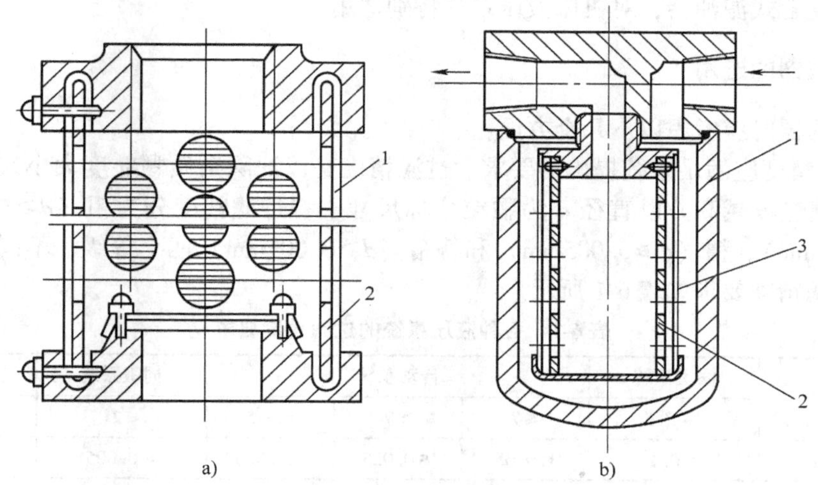

图 6-2 表面型过滤器
a）网式过滤器 b）线隙式过滤器

2. 深度型过滤器

这种过滤器的滤芯由多孔可透性材料制成，材料内部具有曲折迂回的通道，大于表面孔径的粒子直接被拦截在靠油液上游的外表面，而较小污染粒子进入过滤材料内部，撞到通道壁上，滤芯的吸附及迂回曲折通道有利于污染粒子的沉积和截留。这种滤芯材料有纸芯、烧结金属、毛毡和各种纤维类等。图 6-3a 所示为纸芯式过滤器，它是由做成折叠形以其增加过滤面积的微孔纸芯 1 包在由铁皮制成的骨架 2 上。油液从外进入滤芯 1 后流出。它可滤去 $d \geqslant 0.05 \sim 0.03$mm 颗粒，压力损失约为 0.08 ~ 0.4MPa，常用于对油液要求较高的场合。此种过滤器过滤效果好，滤芯堵塞后无法清洗，要更换纸芯。图 6-3b 所示为烧结式过滤器。它的滤芯 3 是用颗粒状青铜粉烧结而成。油液从左侧油孔进入，经杯状滤芯过滤后，从下部油孔流出。它可滤去 $d \geqslant 0.01 \sim 0.1$mm 颗粒，压力损失较大，约为 0.03 ~ 0.2 MPa，多用在排油或回油路上。此种过滤器制造简单，耐腐蚀，强度高。金属颗粒有时脱落，堵塞后清洗困难。

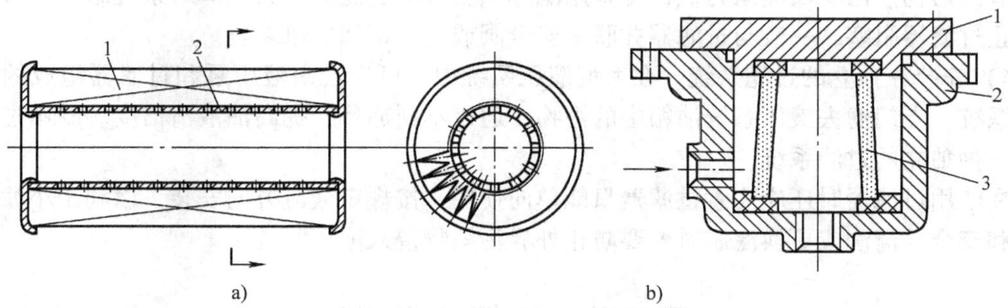

图 6-3 深度型过滤器
a）纸芯式过滤器 b）烧结式过滤器

3. 磁性过滤器

滤芯采用永磁性材料，将油液中对磁性敏感的金属颗粒吸附到上面。它常与其他形式滤芯一起制成复合式滤油器，对机床液压系统特别适用。

三、过滤器的选用

选用过滤器时应考虑以下几个方面：

1）过滤精度应满足系统提出的要求。过滤精度是以滤除杂质颗粒度大小来衡量，颗粒度越小则过滤精度越高。以直径 d 为颗粒公称尺寸，将过滤精度分为粗（$d \geqslant 0.1$mm），普通（$d \geqslant 0.01$mm）、精（$d \geqslant 0.005$mm）和特精（$d \geqslant 0.001$mm）四个等级，不同液压系统对过滤器的过滤精度要求如表 6-1 所示。

表 6-1　各种液压系统的过滤精度要求

系统类别	润滑系统	传动系统			伺服系统	特殊要求系统
压力/MPa	0 ~ 2.5	≤7	>7	≤3.5	≤21	≤35
颗粒度/mm	≤0.1	≤0.05	≤0.025	≤0.005	≤0.005	≤0.001

2）要有足够的通流能力。通流能力指在一定压降下允许通过过滤器的最大流量，应结合过滤器在液压系统中的安装位置，根据过滤器样本来选取。

3）要有一定的机械强度，不因液压力而破坏。

4）考虑过滤器其他功能。对于不能停机的液压系统，必须选择切换式的过滤器，可以不停机更换滤芯；对于需要滤芯堵塞报警的场合，则可选择带发讯装置的过滤器。

四、过滤器的安装

过滤器在液压系统中有以下几种安装位置：

1）安装在泵的吸油口。在泵的吸油口安装网式或线隙式过滤器，防止大颗粒杂质进入泵内，同时有较大通流能力，防止空穴现象。

2）安装在泵的出口。安装在泵的出口可保护除泵以外的元件，但须选择过滤精度高、能承受油路上工作压力和冲击压力的过滤器，压力损失一般小于 0.35MPa。此种方式常用于过滤精度要求高的系统及伺服阀和调速阀前，以确保它们的正常工作。

3）安装在系统的回油路上。将过滤器安装在回油路可滤去油液回油箱前侵入系统或系统生成的污物。由于回油压力低，可采用滤芯强度低的过滤器，其压降对系统影响不大，为了防止过滤器阻塞，一般与过滤器并联一安全阀或安装堵塞发讯装置。

4）安装在独立的过滤系统。在大型液压系统中，可专设由液压泵和过滤器组成的独立过滤系统，专门滤去液压系统油箱中的污物，通过不断循环，提高油液清洁度。专用过滤车也是一种独立的过滤系统。

在使用过滤器时还应注意过滤器只能单向使用，按规定液流方向安装，以利于小滤芯的清洗和安全。清洗或更换滤芯时，要防止外界污染物侵入液压系统。

第三节　油管及管接头

油管及管接头是用来连接液压元件，输送液压油的连接件。因此应保证管件有足够的强度，没有泄漏，密封性能好，压力损失小，拆装方便等。

一、油管

1. 油管的种类

液压系统常用的油管有钢管、紫铜管、塑料管、尼龙管、橡胶软管等。应当根据液压装置的工作条件和压力大小来选择油管，油管的特点及适用场合如表6-2所示。

2. 油管尺寸的确定

油管尺寸主要指内径 d 和壁厚 δ。内径 d 的选取以降低流速、减少压力损失为前提。内径过小，流速过高，压力损失大，易产生振动和噪声；内径过大，会使液压装置不紧凑。管的壁厚 δ 不仅与工作压力有关，而且与管子材料有关。一般根据有关标准，查手册确定 d 和 δ。

表6-2　各种油管的特点及适用场合

种　类		特点及适用场合
硬管	钢管	耐油、耐高压、强度高、工作可靠，但装配时不便弯曲，常在装拆方便处作压力管道。中压以上用无缝管道，低压用焊接管道
	紫铜管	价高、承压能力低（6.5～10MPa），抗冲击和抗振能力差，易使油液氧化，但易弯曲成各种形状，常用在仪表和液压系统装配不便处
软管	塑料管	耐油、价低、装配方便，长期使用易老化，只适用于压力低于0.5MPa的回油管和泄油管
	尼龙管	乳白色透明、可观察流动情况，价低，加热后可随意弯曲，扩口、冷却后定形，安装方便，承压能力因材料而异（2.5～8MPa），今后有扩大使用的可能
	橡胶软管	用于相对运动间的连接，分高压和低压两种。高压软管由夹有几层钢丝编织网（层数越多耐压越高）的耐油橡胶制成，价高，用于压力管道。低压油管由耐油橡胶夹帆布制成，用于回油管道

二、管接头

管接头是油管与液压元件、油管与油管之间可拆卸的连接件。管接头必须在强度足够的前提下，在压力冲击和振动下要满足管路的密封性好、连接牢固、外形尺寸小、加工工艺性好、压力损失小等要求。

管接头种类繁多，具体规格品种可查阅有关手册。管接头与其他元件用国家标准米制锥螺纹和普通细牙螺纹联接。下面介绍在液压系统中常用的几种管接头。

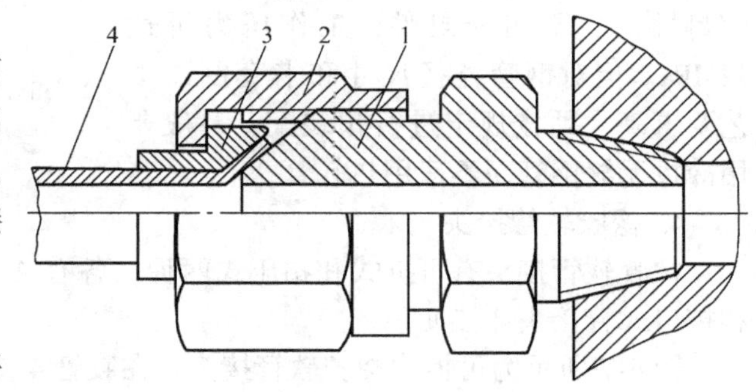

图6-4　扩口式管接头

1—接头体　2—螺母　3—导套　4—接管

1. 扩口式管接头

图6-4所示为扩口式管接头。先将接管4的端部用扩口工具扩成74°～90°的喇叭口，拧紧螺母2，通过导套3压

紧接管4扩口和接头体1相应锥面连接与密封。结构简单，重复使用性好，适用于薄壁管件连接一般不超过8MPa的中低压系统。

2. 焊接式管接头

图6-5所示为焊接式管接头。螺母4套在接管5上，把油管端部焊上接管5，旋转螺母4将接管5与接头体2连接在一起。接管5与接头体2接合处可采用O形圈密封，也可以采用球面密封，图6-5中采用O形圈密封。接头体2和本体（指与之连接的阀、阀块、泵或马达）若用圆柱螺纹联接，为提高密封性能，要加组合密封圈1进行密封。若采用锥螺纹联接，在螺纹表面包一层聚四氟乙烯旋入形成密封。焊接管式管接头装拆方便，工作可靠，工作压力可达32MPa或更高。但装配工作量大，要求焊接质量高。

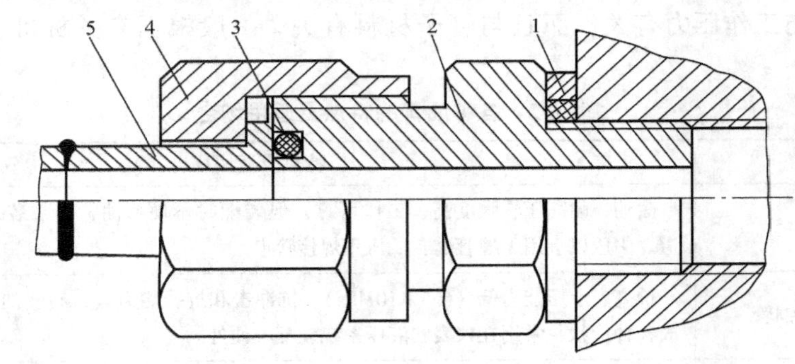

图6-5　焊接式管接头

1—组合密封圈　2—接头体　3—O形密封圈　4—螺母　5—接管

3. 卡套式管接头

图6-6所示为卡套式管接头。它由接头体2、螺母3和卡套4组成。卡套是一个内圆带有锋刃口的金属环。当螺母3旋紧时，卡套4变形，一方面螺母3锥面与卡套4尾部、锥面相接触形成密封，另一方面使卡套4内圆刃口切入被连管路5，卡住管子，卡套4内表面与接头体2内锥面配合形成球面接触密封。这种结构连接方便，密封性好，不用密封件，工作压力可达32MPa。但对钢管外径尺寸和卡套制造工艺要求高，须按规定进行预装配，一般要用冷拔无缝钢管而不适用热轧管。

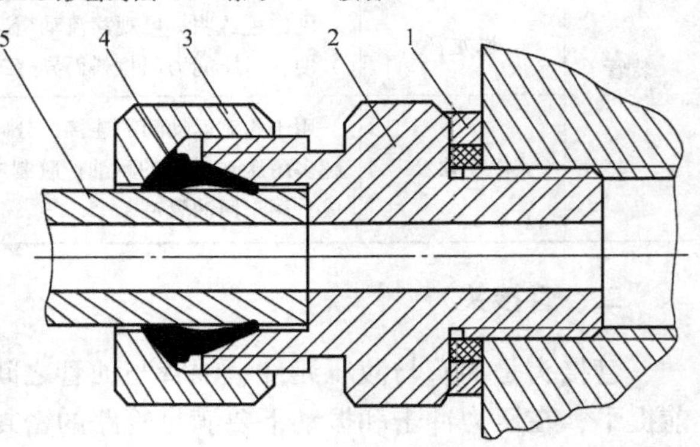

图6-6　卡套式管接头

1—组合密封圈　2—接头体　3—螺母　4—卡套　5—接管

4. 橡胶软管接头

橡胶软管接头有可拆式和扣压式两种，各有A、B、C三种形式分别与焊接式、卡套式和扩口式管接头连接使用。

图6-7所示为可拆式橡胶软管接头。在胶管4上剥去一段外层胶，将六角形接头外套3套装在胶管4上，再将锥形接头体2拧入，由锥形接头体2和外套3上带锯齿形倒内锥面把胶管4夹紧。图6-8为扣压式橡胶软管接头。扣压式装配工序和可拆式相同，与可拆式的区

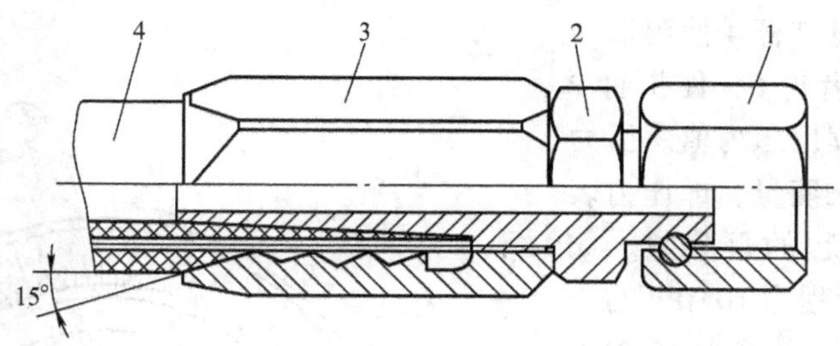

图 6-7　可拆式橡胶软管接头

1—接头螺母　2—接头体　3—外套　4—胶管

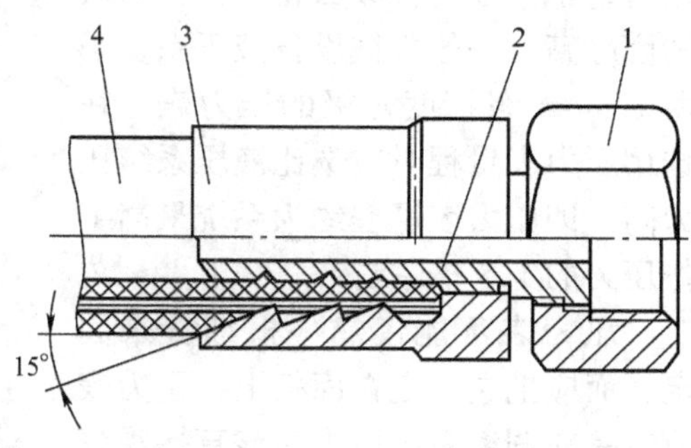

图 6-8　扣压式橡胶软管接头

1—接头螺母　2—接头体　3—外套　4—胶管

别是外套 3 是圆柱形，另外扣压式接头最后要用专门模具在压力机上将外套 3 进行挤压收缩，使外套变形后紧紧地与橡胶管和接头连成一体。随管径不同可用于工作压力在（6～40MPa）的系统。一般橡胶软管与接头集成供应，橡胶管的选用根据使用压力和流量大小确定。

5. 快速管接头

图 6-9 所示为一种快速管接头，它用橡胶软管连接，适用于经常接通或断开处。图示是油路接通的工作位置，当需要断开油路时，可用力将外套 6 向左移，钢球 8 从槽中滑出，拉出接头体 10，同时单向阀阀芯 4 和 11 分别在弹簧 3 和 12 的作用下封闭阀口，油路断开。此种管接头结构复杂，压力损失大。

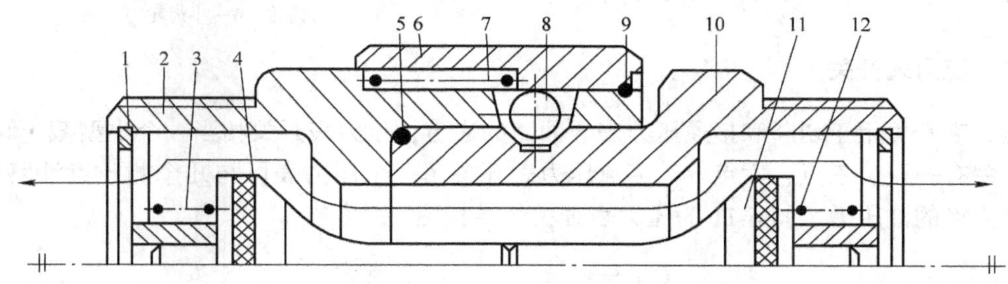

图 6-9　快速管接头

1—挡圈　2、10—接头体　3、7、12—弹簧　4、11—单向阀阀芯　5—O 型密封圈　6—外套　8—钢球　9—弹簧圈

液压系统的泄漏问题大都出现在管路的接头上，所以对接头形式、材料，管路的设计以及管路的安装都要认真对待，否则将影响液压系统的工作性能。

第四节　压力表及压力表开关

一、压力表

液压系统各工作点的压力一般都用压力表来观测，以调整到要求的工作压力。在液压系统中最常用的是弹簧管式压力表，其工作原理如图 6-10 所示。当压力油进入弹簧弯管 1 时，产生管端变形，通过杠杆4使扇形齿轮5摆转，带动小齿轮6，使指针2偏转，由刻度盘3读出压力值。压力表精度用精度等级来衡量，即压力表最大误差占整个量程的百分数。如1.5级精度等级的量程为10MPa的压力表，最大量程时的误差为10 MPa ×1.5% =0.15 MPa。压力表最大误差占整个量程的百分数越小，压力表精度越高。一般机械设备液压系统采用1.5～4级精度等级的压力表。在选用压力表量程时应选比液压系统压力高，即压力表量程约为系统最高工作压力的1.5倍左右。

压力表不能仅靠一根细管来固定，而应把它固定在面板上，压力表应安装在调整系统压力时能直接观察到的部位。压力表接入压力管道时，应通过阻尼小孔以及压力表开关，以防止系统压力突变或压力脉动而损坏压力表。

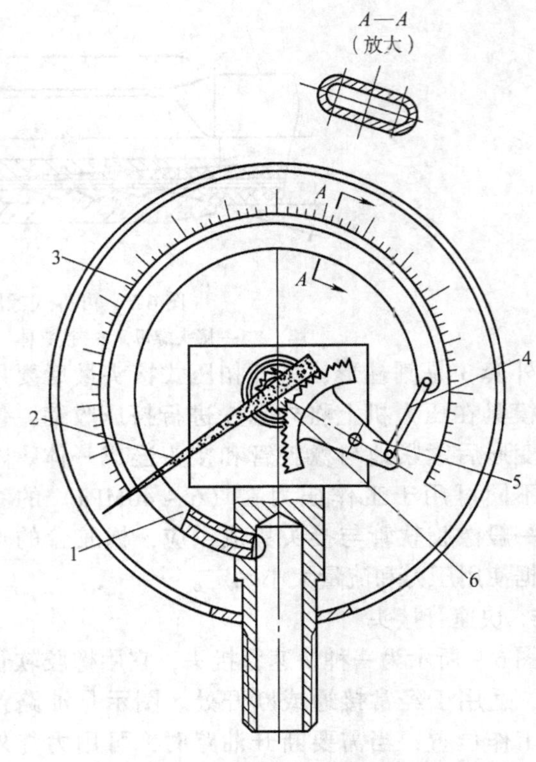

图6-10　弹簧管式压力表

1—弹簧弯管　2—指针　3—刻度盘　4—杠杆　5—扇形齿轮　6—小齿轮

二、压力表开关

压力表开关用于切断和接通压力表与油路的通道，压力表开关相当一个小型截止阀。压力表开关有一点、三点、六点等。多点压力表开关用一个压力表可与几个测压点油路相通，测出相应点的油压力。图6-11为压力表开关的结构图。

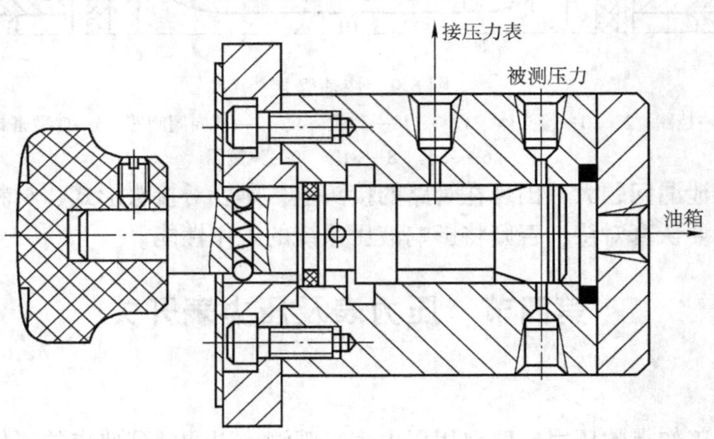

图6-11　压力表开关

第五节 蓄 能 器

蓄能器是液压系统中用以储存压力能的装置。它应用于间歇需要大流量的系统中，达到节约能量、减少投资的目的；也可应用于液压系统中，起吸收压力脉动及减小液压冲击的作用。

一、蓄能器的分类和选用

蓄能器有弹簧式、重锤式和充气式三类。常用的是充气式，它利用气体的压缩和膨胀储存、释放压力能，在蓄能器中，气体和油液被隔开，而根据隔离的方式不同，充气式又分为活塞式、皮囊式和气瓶式三种，下面主要介绍常用的活塞式和皮囊式两种。

1. 活塞式蓄能器

图6-12a 为活塞式蓄能器，它是利用在缸筒2内浮动的活塞1将气体与油液隔开，气体（一般为惰性气体氮气）经充气阀3进入上腔，活塞1的凹部面向充气，以增加气室的容积，蓄能器的下腔油口 *a* 充压力油。活塞式结构简单，安装和维修方便，寿命长，但由于活塞惯性和密封件的摩擦力影响，其动态响应较慢，缸体与活塞之间有密封性能要求，所以制造费用较高。适用于压力底于20MPa的系统储能或吸收压力脉动。

2. 皮囊式蓄能器

图6-12b 为皮囊式蓄能器，采用耐油橡胶制成的气囊5内腔充入一定压力的惰性气体，气囊外部压力油经壳体4底部的限位阀6通入，限位阀还保护皮囊不被挤出容器之外。此蓄能器的气液完全隔开，皮囊受压缩储存压力能，其惯性小、动作灵敏，适用于储能和吸收压力冲击，工作压力可达32MPa，是当前应用最广泛的一种蓄能器。但气囊和壳体制造困难，气囊的使用寿命也较短。

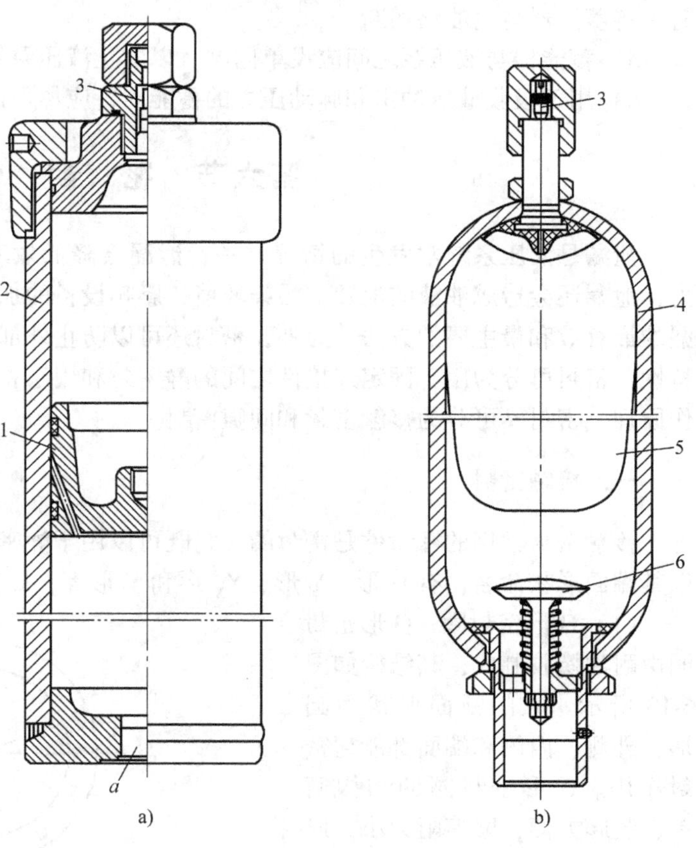

图6-12 充气式蓄能器

a）活塞式蓄能器 b）皮囊式蓄能器

1—活塞 2—缸筒 3—充气阀 4—壳体 5—气囊 6—限位阀

二、蓄能器的功用

（1）短期大量供油 如果在液压系统的一个工作循环中，只在很短时间内需要大流量，便可采用蓄能器来供油。这样，系统中可选用流量较小的液压泵和功率较小的电动机，从而节约能耗和降低温升。

(2) 系统保压　某些系统中，要求液压缸到达某一位置时保持一定的压力，这时可使泵卸载（停止供油），用蓄能器提供压力油来补偿系统中的泄漏并保持一定的压力，以节约能耗和降低温升。

(3) 应急能源　在停电或原动机发生故障时，蓄能器可作为液压缸的应急能源。

(4) 缓和冲击压力　当阀门突然启、闭时，可能在液压系统中产生冲击压力。在产生冲击压力的部位加接蓄能器，可使冲击压力得到缓和。

(5) 吸收脉动压力　泵的输出口并接一蓄能器，可使泵的流量脉动以及因之而引起的压力脉动减小。

三、蓄能器的安装及使用

1）在安装蓄能器时，应将油口朝下垂直安装。

2）装在管路上的蓄能器必须用支架固定。

3）蓄能器是压力容器，搬运和装拆时应先排除内部的气体，工作要注意安全。

4）蓄能器与管路系统之间应安装截止阀，这便于系统在长期停止工作或充气、检修时，将蓄能器与主油路切断。

5）蓄能器与液压泵之间应设单向阀，以防止液压泵停转时蓄能器内的压力油倒流。

6）用于吸收液压冲击和脉动压力的蓄能器，应尽可能装在振源附近，并便于检修。

第六节　密　封　件

泄漏是液压系统常发生的情况之一，泄漏会降低效率，严重时甚至不能建立必要的压力；泄漏还会造成油液的浪费，污染环境，影响设备的加工精度和使用寿命。密封是防止泄漏的最有效和最主要的方法，此外，密封还可以防止外部杂质侵入系统。按密封部分的运动特性，密封可分为用于固定连接件之间的静密封和用于相对运动件之间的动密封两类；按工作原理，密封又可分为接触密封和间隙密封。

一、接触密封

接触密封常用的密封件是密封圈，它既可以用于静密封，也可以用于动密封。密封件常以其端面形状命名，有O形、Y形、Y_X形和V形等，后三种又称为唇形密封圈。

(1) O形密封圈　O形密封圈由耐油橡胶制成，其结构如图6-13所示。它的断面形状为圆形，外侧、内侧和端面都能起密封作用。O形密封圈的结构简单，装卸方便，摩擦阻力小，广泛用于静密封和动密封。

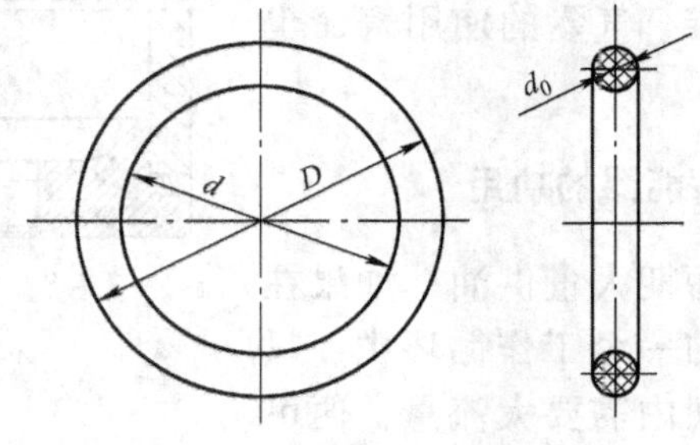

图6-13　O形密封圈

图6-14a为O形密封圈装入密封槽的情形，δ_1、δ_2为O形

密封圈装配后的预压缩量，通常用压缩率 W 表示，即 $W=[(d_0-h)/d_0]\times100\%$，对于固定密封、往复运动密封和回转运动密封，应分别达到 15%～20%、10%～20%、5%～10%，才能取得可靠的密封效果。O 形密封圈随压力的增加还能自动地提高密封件与密封表面的接触应力，从而提高密封作用，并在磨损后具有自动补偿的能力。

O 形密封圈损坏的主要原因之一是被挤入间隙，如图6-14b所示。这会使密封件挤裂而造成漏油，甚至使密封件不能工作。为了防止这种现象发生，要在 O 形密封圈的侧面设置挡圈，单向受压时，在不承受压力的一侧设置一个挡圈，双向受压时，在两侧各设置一个挡圈，如图 6-15 所示。挡圈常用聚四氟乙烯制造。

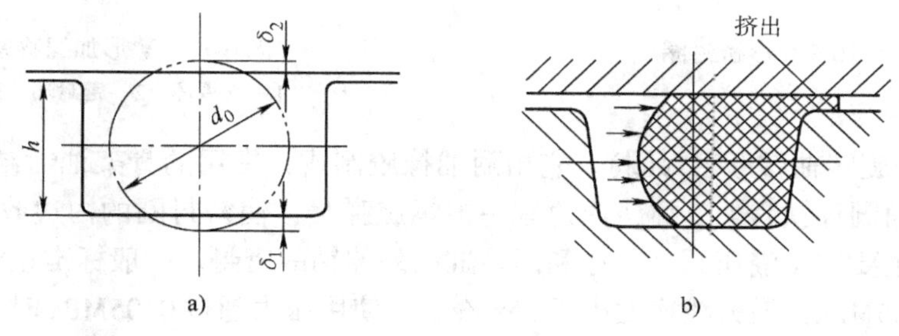

图 6-14　O 形密封圈的工作原理

a）O 形密封圈装入沟槽的情况　b）O 形密封圈的挤出现象

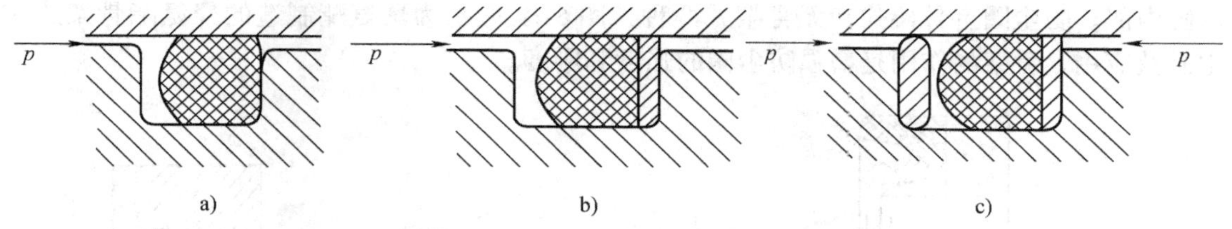

图 6-15　O 形密封圈加挡圈

a）单向受压（$p\leqslant10$MPa）　b）单向受压（$p>10$MPa）　c）双向受压（$p>10$MPa）

（2）唇形密封圈　这类密封圈的共同特点是都具有一个与密封面接触的唇边，安装时唇口对着压力油，安装时的预压缩使唇边和被密封面紧贴，低压时唇边靠自身的预压缩弹性力来密封；当压力升高时，唇口在压力油压力的作用下张开，使唇边与被密封面贴得更紧，压力越大，密封能力越高，并能对磨损自行补偿。下面介绍几种常用的唇形密封圈。

1）Y 形密封圈。Y 形密封圈的结构如图 6-16 所示。密封侧呈唇形，其材料为耐油橡胶。Y 形密封圈的结构简单，摩擦阻力小，适用于压力小于 21MPa 时作内径或外径的滑动密封。其缺点是在滑动速度高，压力变化大时，易产生“翻转”现象。

2）V 形加织物密封圈。它由支承环、密封环和压环三个形状不同的零件组成，三个环叠在一起使用，结构如图 6-17 所示。三个环可以都用加织物耐油橡胶制成，也可用金属做支承环和压环。密封环的数量随工作压力增高而增加，以保证其密封性，并可通过调节轴向压紧力来获得最佳的密封效果。V 形加织物密封圈可用于内径和外径的密封。V 形加织物密封圈的密封性好，耐高压，寿命长，在直径、压力高、行程长的情况下多采用，其缺点是摩擦阻力大，轴向尺寸长。

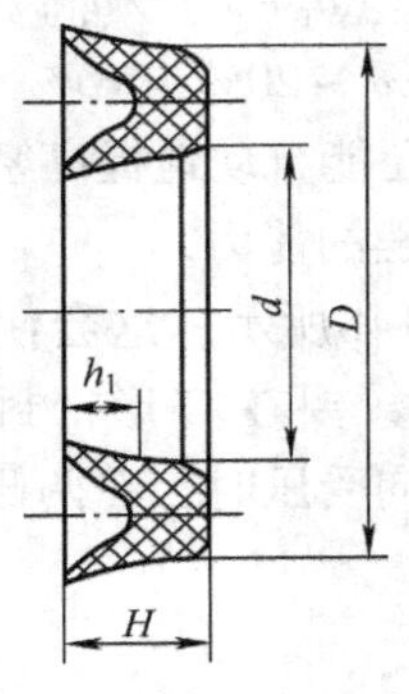

图 6-16　Y 形密封圈

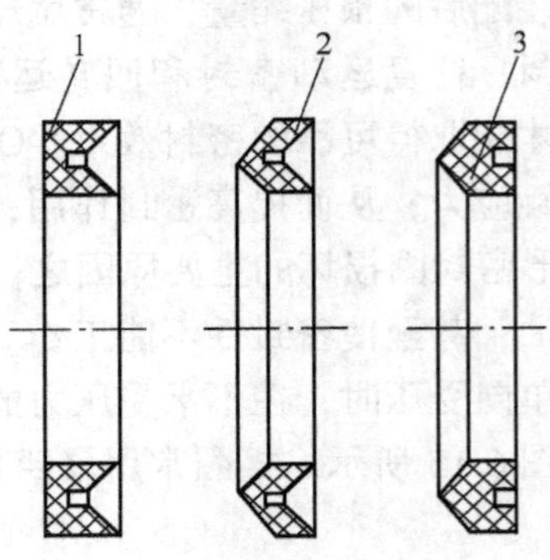

图 6-17　V 形加织物密封圈

1—支承环　2—密封环　3—压环

3）油封（旋转轴唇形密封圈）。它由耐油橡胶制成，常用的骨架油封结构如图 6-18 所示。内部由直角圆环铁骨架支撑，内边有一根螺旋弹簧，使密封圈的内边收缩紧贴在轴上，起密封作用。主要用于液压泵、马达和回转缸的外伸轴的密封。一般标准型油封的压力使用范围不超过 0. 05MPa，最大线速度小于 15m/s。当使用压力超过 0. 05MPa 时，应选用耐压型油封，其使用压力约为 1 ~3MPa。

4）防尘密封圈。在灰尘较多、条件恶劣的环境中工作的液压缸，其活塞杆与缸盖之间除了安装密封圈外，一般还要安装防尘圈用以刮除活塞杆上的灰尘，以防止外部灰尘进入液压缸内部。防尘圈有骨架式和无骨架式两种，图 6-19 所示为聚氨酯制造的聚氨酯骨架式防尘圈及应用。骨架的作用是增强防尘圈的强度和刚度。

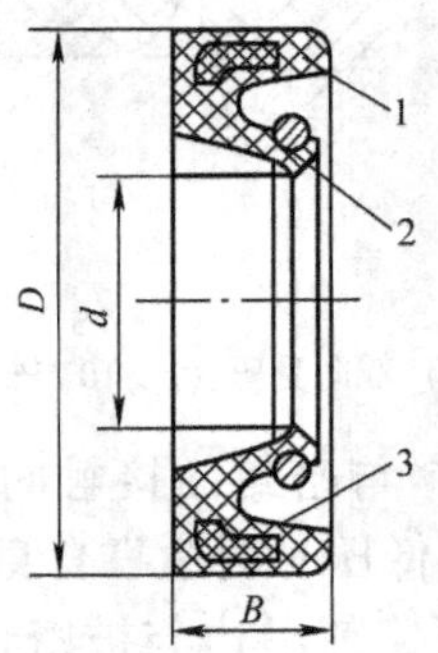

图 6-18　骨架油封

1—橡胶环　2—螺旋弹簧　3—骨架

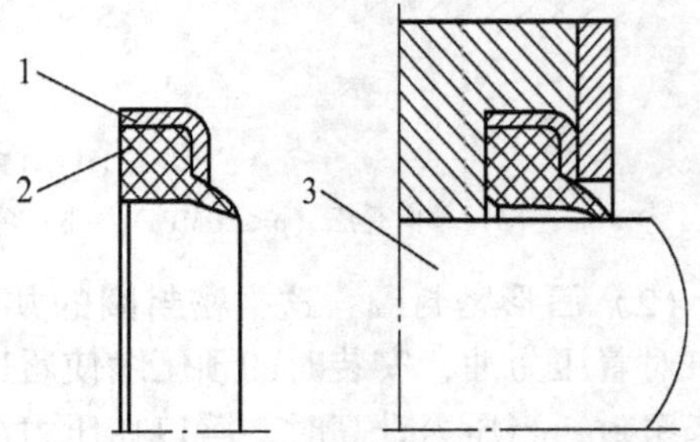

图 6-19　骨架式防尘圈

1—防尘圈　2—骨架　3—活塞杆

二、间隙密封

间隙密封是靠相对运动件配合表面间的微小间隙来防止泄漏，是一种最简单的动密封方法。它广泛应用于泵、马达和阀类中。如：柱塞泵的柱塞与柱塞孔间、阀芯与阀孔间以及直径较小、压力较低的液压缸的活塞和缸体间都常用间隙密封。间隙密封的密封性能与间隙大小、压力差、配合表面的长度和直径以及加工精度等有关，其中以间隙的影响最大。在圆柱配合的间隙密封中，常在配合表面开几条环形的平衡槽，平衡槽一般宽为 0. 3 ~0. 5mm，深为0.5～1.0mm。如图6-20所示。其目的主要是为了提高密封能力。间隙密封具有结构简单、阻力小、磨损小和润滑性能好等优点，但缺点是不能自行补偿磨损，加工精度要求高。

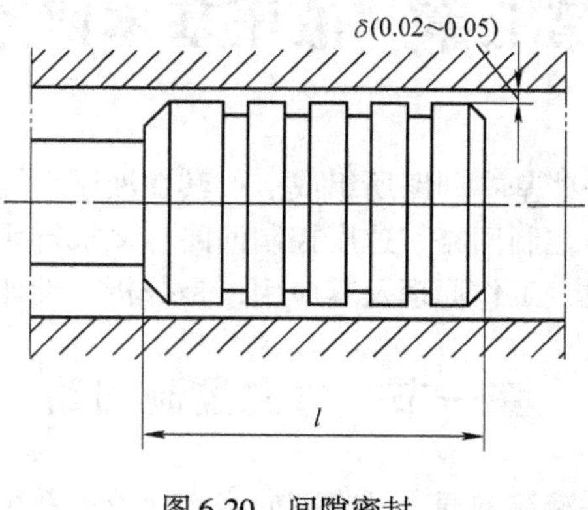

图6-20 间隙密封

习 题

6-1 试述油箱的功用，结构设计时应注意哪些问题？

6-2 过滤器有哪几种类型？选用时应考虑哪些因素？一般应安装在什么位置？

6-3 蓄能器有哪几种类型？各有哪些功用？

6-4 常用的密封圈有哪几种类型？说明其结构特点和使用场合。

第七章 液压基本回路

任何液压系统都是由一些基本回路所组成。按其在液压系统中的功用，液压基本回路可分为：方向控制回路、压力控制回路、速度控制回路、多执行元件控制回路。

熟悉和掌握它们的组成、工作原理及其应用，是分析、设计和使用液压系统的基础。

第一节 方向控制回路

通过控制进入执行元件液流的通、断或变向来实现液压系统执行元件的启动、停止或改变运动方向的回路称为方向控制回路。常用的方向控制回路有换向回路、锁紧回路。

一、换向回路

采用二位四通（五通）、三位四通（五通）换向阀都可以使执行元件换向。二位阀只能使执行元件正、反向运动，而三位阀有中位，不同中位滑阀机能可使系统获得不同的性能。对于利用重力或弹簧回程的单作用液压缸，用二位三通阀就可使其换向，如图 7-1 所示。

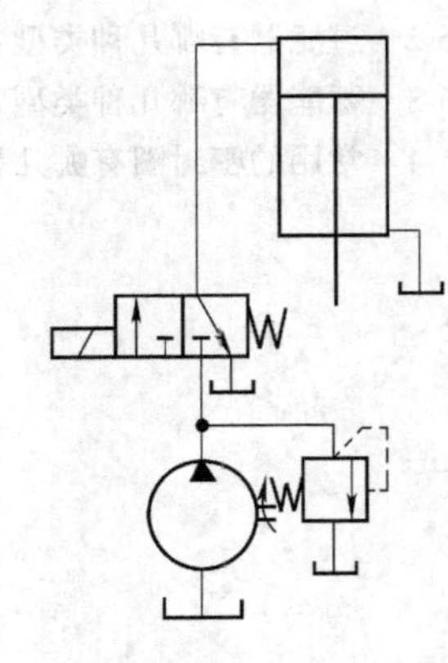

图 7-1 单作用缸换向回路

采用电磁阀换向最为方便，但电磁阀动作快，换向有冲击。交流电磁铁一般不宜频繁切换，以免线圈烧坏。采用电液换向阀，可通过调节单向节流阀（阻尼器）来控制其液动阀的换向速度，换向冲击较小，但仍不能进行频繁切换。

用机动阀换向时，省去了电磁阀换向的行程开关、继电器等中间环节，换向频率也不受电磁铁的限制。

二、锁紧回路

锁紧回路是使液压缸能在任意位置上停止，且停止后不会在外力作用下移动位置的油路。锁紧回路有以下几种。

1. 采用 O 形或 M 形机能的三位换向阀实现锁紧的回路。在这种回路中的换向阀处于中位时，液压缸的进出油口均被封闭，故可将活塞锁住。但这种回路中滑阀泄漏的影响不可避免，因此停止时间稍长，即可能产生松动而使活塞产生少量漂移，故锁紧效果较差。

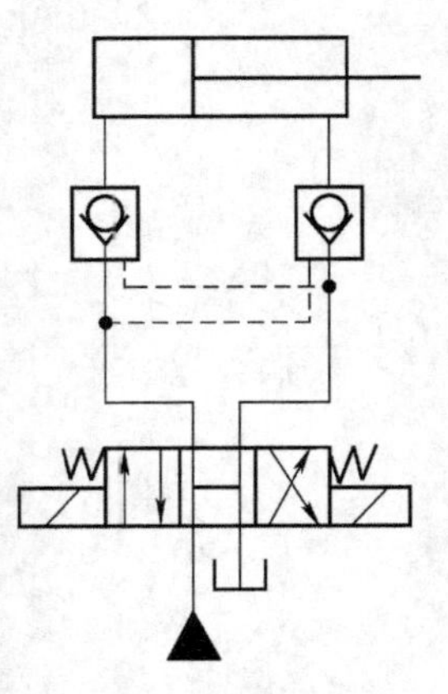

图 7-2 锁紧回路

2. 采用液控单向阀的锁紧回路。如图 7-2 所示，换向阀左位时，压力油经左液控单向阀进入缸左腔，同时将右液控单向阀打开，使缸右腔油液能经右液控单向阀及换向阀流回油箱；反之，当换向阀右位时，压力油进入缸右腔并将左液控单向阀打开，使缸左腔回油。而当换向阀处于中位或液压泵停止供油时，两个液控单向阀立即关闭，活塞停止运动。由于液控单向阀的密封性能很好，从而能使活塞长时间被锁紧在停止时的位置。该回路采用 H 形或 Y 形机能的三位换向阀时，液控单向阀的进油口和控制油口均与油箱连通，锁紧效果好。这种锁紧回路主要用于汽车起重机的支腿油路和矿山机械中液压支架的油路中。

第二节　压力控制回路

压力控制回路是利用压力控制阀来控制整个液压系统或局部油路的压力，达到调压、卸载、减压、增压、平衡、保压、泄压等目的，以满足执行元件对力或力矩的要求。

一、调压回路

调压回路的功用是调定或限制液压系统的最高工作压力，或者使执行机构在工作过程不同阶段实现多级压力变换。一般由溢流阀来实现这一功能。

1. 远程调压回路

如图 7-3a 所示，当改变节流阀 2 的开口来调节液压缸速度时，溢流阀 1 始终开启溢流，使系统工作压力稳定在溢流阀 1 调定压力附近，溢流阀 1 作定压阀用。若系统中无节流阀，溢流阀 1 则作安全阀用，当系统工作压力达到或超过溢流阀调定压力时，溢流阀开启，对系统起安全保护作用。如果在先导式溢流阀 1 的遥控口上接一远程调压阀 3，则系统压力可由阀 3 远程调节控制。主溢流阀的调定压力必须大于远程调压阀的调定压力。

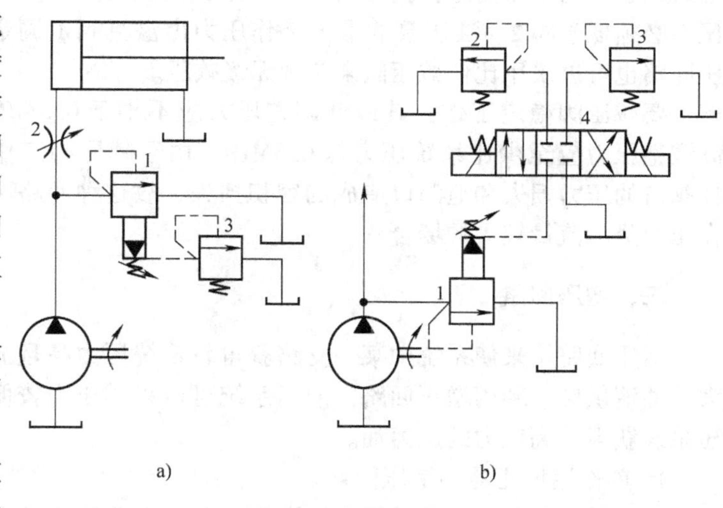

图 7-3　调压回路

2. 多级调压回路

图 7-3b 所示为三级调压回路。主溢流阀 1 的遥控口通过三位四通换向阀 4 分别接具有不同调定压力的远程调压阀 2 和 3。当换向阀左位时，压力由阀 2 调定；换向阀右位时，压力由阀 3 调定；换向阀中位时，由主溢流阀 1 来调定系统最高压力。

二、减压回路

减压回路的功用是使系统某一支路具有低于系统压力调定值的稳定工作压力，机床的工件夹紧、导轨润滑及液压系统的控制油路常需用减压回路。

最常见的减压回路是在所需低压的支路上串接定值减压阀，如图 7-4a 所示。回路中的单向阀 3 用于当主油路压力低于减压阀 2 的调定值时，防止液压缸 4 的压力受其干扰，起短时保压作用。

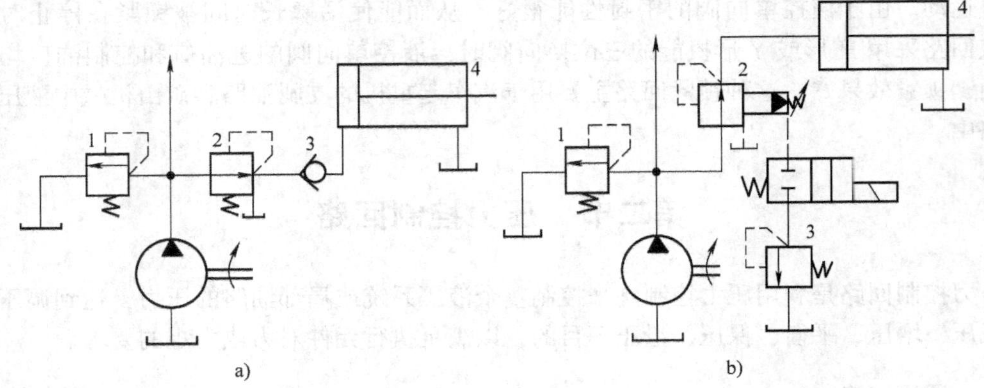

图 7-4 减压回路

图 7-4b 是二级减压回路。在先导式减压阀 2 的遥控口上接入远程调压阀 3，当二位二通换向阀处于图示位置时，缸 4 的压力由减压阀 2 的调定压力决定；当二位二通换向阀处于右位时，缸 4 的压力由远程调压阀 3 的调定压力决定。阀 3 的调定压力必须低于阀 2。液压泵的最大工作压力由溢流阀 1 调定。减压回路也可以采用比例减压阀来实现无级减压。

要减压阀稳定工作，其最低调整压力应不小于 0.5MPa，最高调整压力应至少比系统压力低 0.5MPa。由于减压阀工作时存在阀口的压力损失和泄漏口造成的容积损失，故这种回路不宜用在压力降和流量较大的场合。

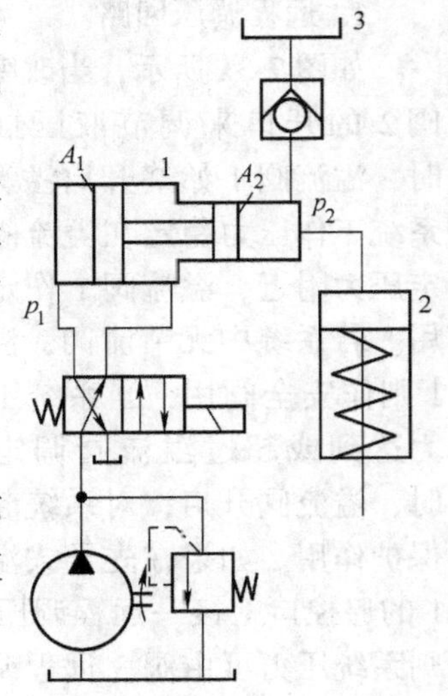

图 7-5 增压回路

三、增压回路

增压回路用来使系统中某一支路获得较系统压力高且流量不大的油液供应。利用增压回路，液压系统可以采用压力较低的液压泵来获得较高压力的压力油。

1. 单作用增压器的增压回路

图 7-5 是使用单作用增压器的增压回路，它适用于单向作用力大、行程小、工作时间短的场合，如制动器、离合器等。换向阀处于右位时，增压器 1 输出压力为 $p_2 = p_1A_1/A_2$ 的压力油进入工作缸 2；换向阀处于左位时，工作缸 2 靠弹簧力回程，高位油箱 3 经单向阀向增压器 1 右腔补油。

2. 双作用增压器的增压回路

图 7-6 所示为双作用增压回路。由电磁换向阀的反复换向，使增压缸活塞作往复运动，其两端交替输出高压油，从而实现连续增压。

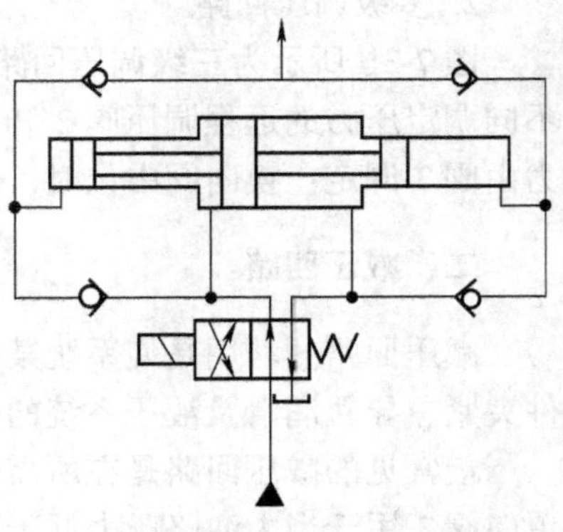

图 7-6 双作用增压回路

四、卸载回路

卸载回路是在系统执行元件短时间不工作时，而使泵在很小的输出功率下运转的回路。因为泵的输出功率等于压力和流量的乘积，所以卸载的方法有两种，一种是将泵的出口直接接回油箱，泵在零压或接近零压下工作；一种是使泵在零流量或接近零流量下工作。前者称为压力卸载，后者称为流量卸载。

1. 用换向阀中位机能的卸载回路

定量泵可借助 M 型、H 型或 K 型换向阀中位机能来实现泵降压卸载，如图 7-7a 所示。因回路需保持一定（较低）控制压力以操纵液动元件，在回油路上应安装背压阀 a。

2. 用先导式溢流阀的卸载回路

图 7-7b 所示为二位二通电磁阀控制先导式溢流阀的卸载回路。当先导式溢流阀 1 的遥控口通过二位二通电磁阀 2 接通油箱时，泵输出的油液以很低的压力经溢流阀回油箱，实现卸载。

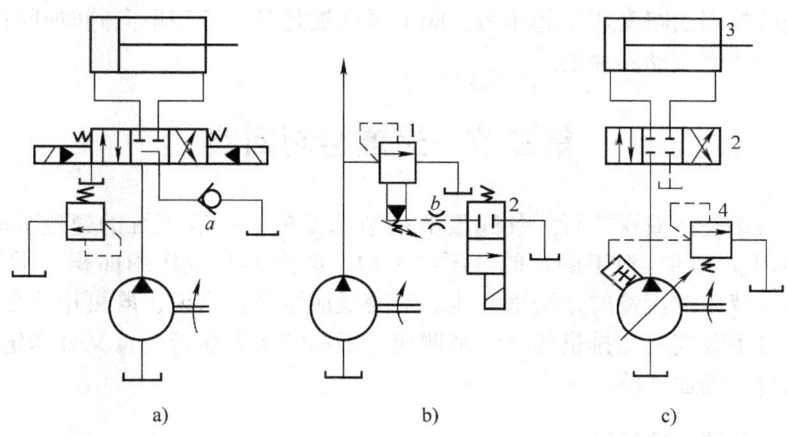

图 7-7　卸载回路

3. 限压式变量泵的卸载回路

限压式变量泵的卸载回路为零流量卸载，如图 7-7c 所示，当液压缸 3 活塞运动到行程终点或换向阀 2 处于中位时，泵 1 的压力升高，流量减小，当压力接近限定螺钉调定的极限值时，泵的流量减小到只补充液压缸或换向阀的泄漏，回路实现保压卸载。系统中的溢流阀 4 作安全阀用，以防止泵的压力补偿装置的零漂和动作滞缓导致压力异常。

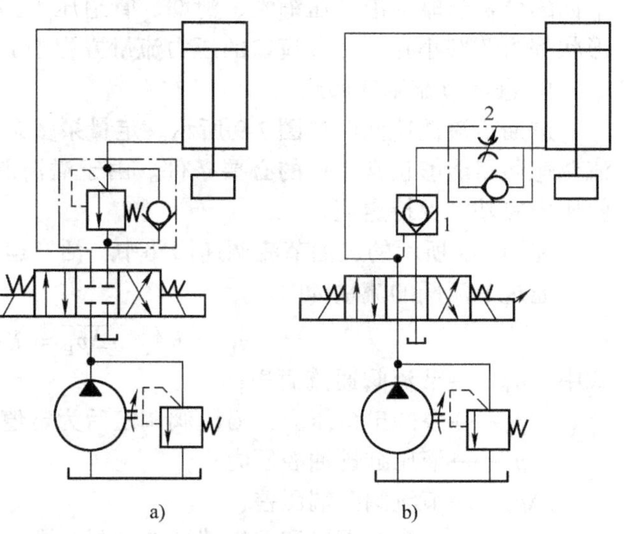

图 7-8　平衡回路

五、平衡回路

平衡回路的功用在于使执行元件的回油路上保持一定的背压值，以平衡重力负载，使之不会因自重而自行下落。

1. 采用单向顺序阀的平衡回路

图 7-8a 所示为单向顺序阀的平衡回路，调整顺序阀，使其开启压力与液

压缸下腔作用面积的乘积稍大于垂直运动部件的重力。活塞下行时，由于回油路上存在一定背压支承重力负载，活塞将平稳下落；换向阀处于中位，活塞停止运动，不再继续下行。此处的顺序阀又被称作平衡阀。在这种平衡回路中，顺序阀压力调定后，若工作负载变小，系统的功率损失将增大。又由于滑阀结构的顺序阀和换向阀存在泄漏，活塞不可能长时间停在任意位置，故这种回路适用于工作负载固定且活塞停止位置要求不高的场合。

2. 采用液控单向阀的平衡回路

如图 7-8b 所示，由于液控单向阀是锥面密封，泄漏量小，故其闭锁性能好，活塞能够较长时间停止不动。回油路上串联单向节流阀 2，用于保证活塞下行运动的平稳。假如回油路上没有节流阀，活塞下行时液控单向阀 1 被进油路上的控制油打开，回油腔没有背压，运动部件由于自重而加速下降，造成液压缸上腔供油不足，液控单向阀 1 因控制油路失压而关闭。阀 1 关闭后控制油路又建立起压力，阀 1 再次被打开。液控单向阀时开时闭，使活塞在向下运动过程中产生振动和冲击。

第三节　速度控制回路

速度控制回路是指液压执行元件速度的调节和变换。由液压缸的速度 $v=q/A$、液压马达的转速 $n=q/V_M$ 可知，对于确定的液压缸来说，改变其有效作用面积 A 是困难的，一般只能用改变输入液压缸流量的办法来调速。对变量液压马达来说，既可用改变输入流量的办法来调速，也可用改变马达排量的办法来调速。根据液压泵是否变量又分为定量泵节流调速回路和变量泵容积调速回路。

一、定量泵节流调速回路

采用定量泵供油时，必须在泵的出口旁接一条支路，将泵多余的流量 $\Delta q=q_p-q_1$ 溢回油箱。定量泵节流调速回路有进油节流调速、回油节流调速、旁路节流调速三种基本形式。下面的分析忽略油液的压缩性、泄漏、管道压力损失和执行元件的机械摩擦等。假定节流口形状都为薄壁小孔，即节流口的压力流量方程中 $m=0.5$。

1. 进油节流调速回路

进油节流调速回路如图 7-9 所示。定量泵多余的油液通过溢流阀流回油箱，这是进油节流调速回路能够正常工作的必要条件。由于溢流阀有溢流，泵的出口压力 p_p 为溢流阀的调整压力并基本保持定值。

在图 7-9 所示的进油节流调速回路中，活塞运动速度为 $v_1=q_1/A_1$　　(7-1)

通过节流阀的流量为

$$q_1 = KA_T\sqrt{\Delta p_1} = KA_T\sqrt{p_p - p_1} \tag{7-2}$$

式中　A_T——节流阀通流面积；

p_p——泵的出口压力，溢流阀调定后为定值 p_s；

p_1——液压缸进油腔压力；

Δp_1——节流阀两端压差；

K——节流阀阀口和油液特性的液阻系数。

活塞以稳定速度运动时，活塞的受力平衡方程为

A_1 A_2
v
F_L
p_1
p_2
q_1
A_T
Δq
p_s
q_p
q_2
a)
b)

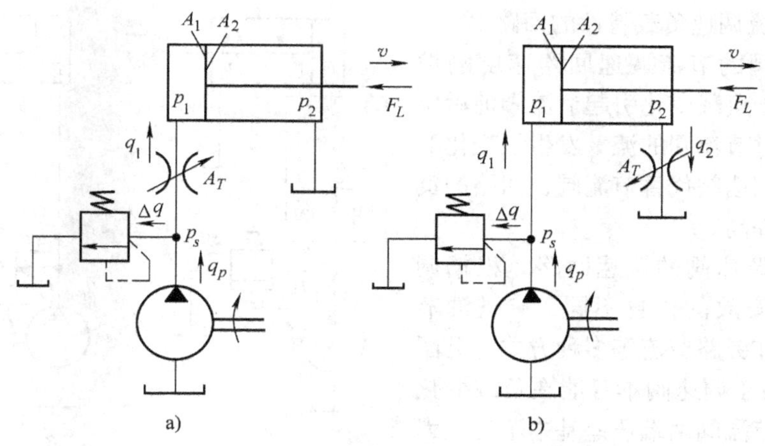

图 7-9　进油、回油节流调速回路

$$p_1A_1 = F_L \tag{7-3}$$

则 $p_1 = F_L/A_1 = p_L$，p_L 为克服负载所需的压力，称为负载压力。将 p_1 代入式（7-2）得

$$q_1 = KA_T\left(p_s - \frac{F_L}{A_1}\right)^{\frac{1}{2}} = \frac{KA_T}{A_1^{\frac{1}{2}}}(p_s A_1 - F_L)^{\frac{1}{2}} \tag{7-4}$$

$$v = \frac{q_1}{A_1} = \frac{KA_T}{A_1^{\frac{3}{2}}}(p_s A_1 - F_L)^{\frac{1}{2}} \tag{7-5}$$

式（7-5）即为进油节流调速回路的速度负载特性方程，若以活塞运动速度 v 为纵坐标，负载 F_L 为横坐标，将式（7-5）按不同节流阀通流面积 A_T 作图，可得一组抛物线，称为进油节流调速回路的速度负载特性曲线，如图 7-10 所示。

从式(7-5)和图 7-10 可以看出，当其他条件不变时，活塞的运动速度 v 与节流阀通流面积 A_T 成正比，调节 A_T 就能实现无级调速。当节流阀通流面积 A_T 一定时，活塞运动速度 v 随着负载 F_L 的增加按抛物线规律下降。当 $F_L = p_sA_1$ 时，节流阀两端压差为零，活塞运动也就停止，液压泵的流量全部经溢流阀溢回油箱。即该回路的最大承载能力为 $F_{L\max} = p_sA_1$。

速度随负载变化而变化的程度，表现为速度负载特性曲线的斜率不同，常用速度刚性 k_v 来评定。即

$$k_v = -\frac{1}{\tan\theta} \tag{7-6}$$

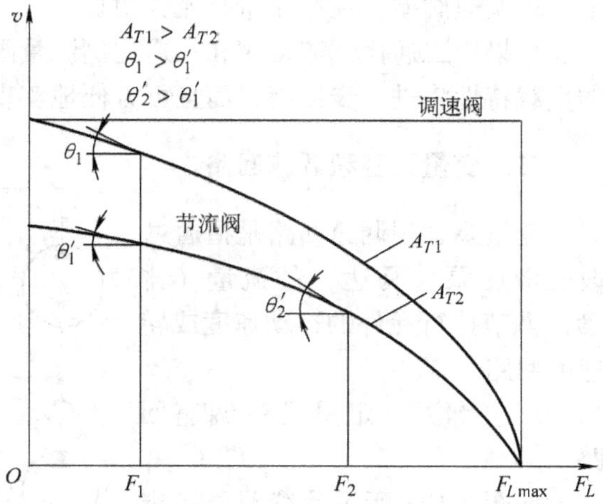

v
$A_{T1} > A_{T2}$
$\theta_1 > \theta_1'$
$\theta_2' > \theta_1'$
调速阀
θ_1
节流阀
θ_1'
A_{T1}
A_{T2}
θ_2'
O
F_1
F_2
$F_{L\max}$
F_L

图 7-10　进油节流调速回路的速度负载特性

当节流阀通流面积 A_T 一定时，负载 F_L 越小，速度刚性 k_v 越大；当负载 F_L 一定时，活塞速度越低，速度刚性 k_v 越大。

2. 改善节流调速负载特性的回路

采用节流阀的节流调速回路速度刚性差，主要是由于负载变化引起节流阀前后压差变化，使通过节流阀的流量发生了变化的缘故。如果用调速阀代替节流阀，回路的负载特性将大为提高。

（1）采用调速阀的调速回路　根据调速阀在回路中安放的位置不同，有进油节流、回油节流和旁路节流等多种方式，见图7-11a、b、c，由于调速阀本身能在负载变化的条件下保证节流阀两端压差基本不变，因而回路的速度刚性大为提高，需要指出，为了保证调速阀中定差减压阀起到压力补偿作用，调速阀两端压差必须大于一定数值，中低压调速阀为 0.5MPa，高压调速阀为 1MPa，否则调速阀和节流阀的调速回路的负载特性将没有区别。

（2）采用旁通型调速阀的调速回路　如图7-11d 所示，旁通型调速阀只能用于进油节流调速回路中，液压泵的供油压力随负载而变化，因此回路的功率损失较小，效率较采用调速阀时高。旁通型调速阀的流量稳定性较调速阀差，在小流量时尤为明显。

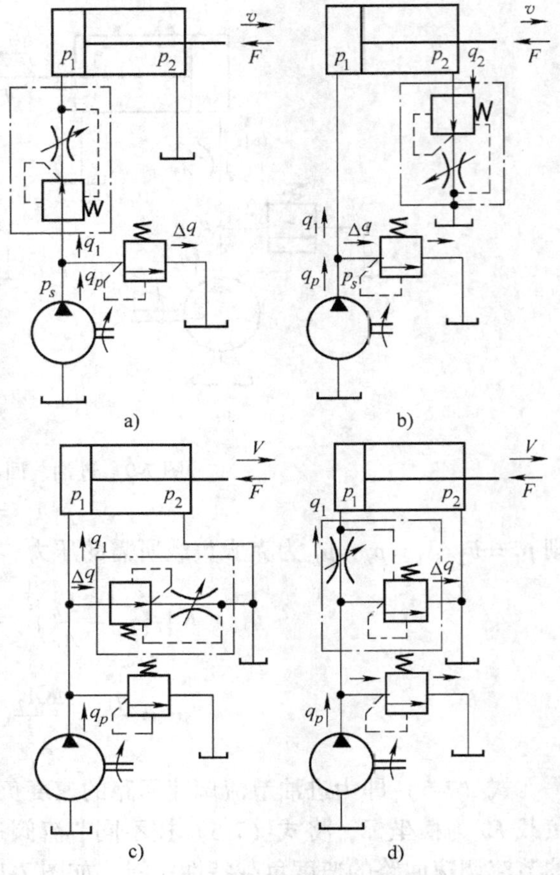

图 7-11　采用调速阀、旁通型调速阀的调速回路

如果用二通比例流量阀和三通比例流量阀分别代替调速阀和旁通型调速阀，其调速回路的负载特性将进一步提高，而且可方便地实现计算机控制。

二、变量泵容积调速回路

变量泵容积调速回路是指通过改变液压泵（马达）的流量（排量）调节执行元件的运动速度或转速的回路。

1. 变量泵—定量马达调速回路

如图 7-12a 所示为变量泵—定量马达调速回路。在这种回路中，液压泵的转速 n_p 和液压马达的排量 V_M 视为常量，改变泵的排量 V_p 可使马达转速 n_M 和输出功率 P_M 随之成比例地变化。马达的输出

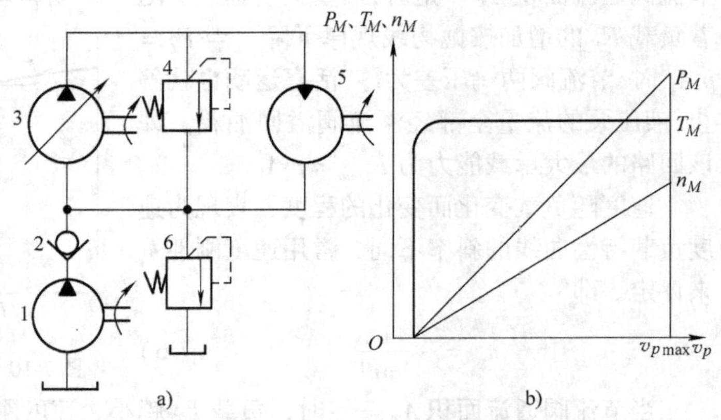

图 7-12　变量泵—定量马达调速回路

1—辅助泵　2—单向阀　3—主泵　4—安全阀
5—马达　6—溢流阀

转矩T_M和回路的工作压力 Δp 取决于负载转矩，不会因调速而发生变化，所以这种回路常被称为恒转矩调速回路。回路特性曲线如图 7-12b 所示。

2. 限压式变量泵和调速阀的调速回路

这种调速回路采用限压式变量泵供油，通过调速阀来确定进入液压缸或自液压缸流出的流量，并使变量泵输出的流量与液压缸所需的流量自动相适应，回路的工作原理如图 7-13a 示。回路的特性曲线如图 7-13b 所示，曲线 *ABC* 是限压式变量泵的压力—流量特性，曲线 *CDE* 是调速阀在某一开度时的压差—流量特性，点 *F* 是泵的工作点。

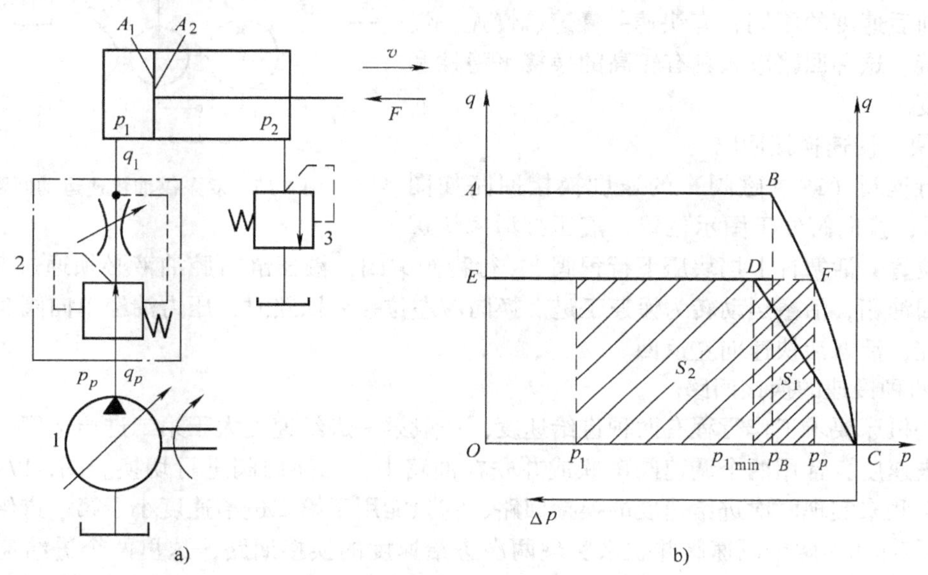

图 7-13　限压式变量泵和调速阀的调速回路

三、快速运动回路

快速运动回路的功用在于使执行元件获得尽可能大的工作速度，以提高生产率或充分利用功率。一般采用差动缸、双泵供油来实现。

1. 液压缸差动连接快速运动回路

图 7-14 所示的换向阀处于原位时，液压缸有杆腔的回油和液压泵供油合在一起进入液压缸无杆腔，使活塞快速向右运动。

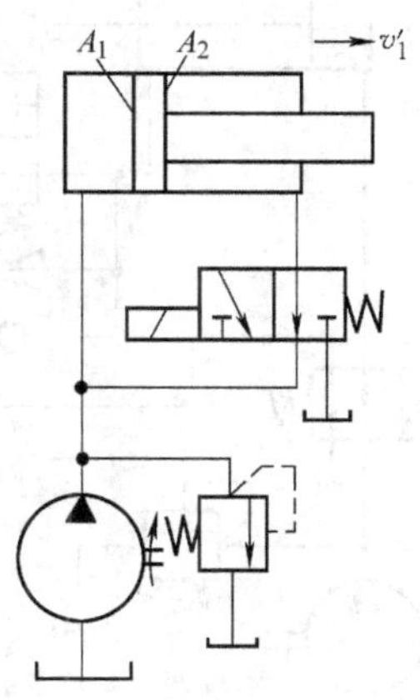

图 7-14　液压缸差动连接快速运动回路

2. 双泵供油快速运动回路

如图 7-15 所示，低压大流量泵 1 和高压小流量泵 2 组成的双联泵作动力源。外控顺序阀 3（卸载阀）和溢流阀 5 分别限制双泵供油和小流量泵 2 供油时系统的最高工作压力。换向阀 6 处于图示位置，系统压力低于卸载阀 3 调定压力时，两个泵同时向系统供油，活塞快速向右运动；换向阀 6 处于右位，系统压力达到或超过卸载阀 3 的调定压力，大流量泵 1 通过阀 3 卸载，单向阀 4 自动关闭，只有小流量泵向系统供油，活塞慢速向右运动。大流量泵 1 卸载减少了动力消耗，回路效率较高。

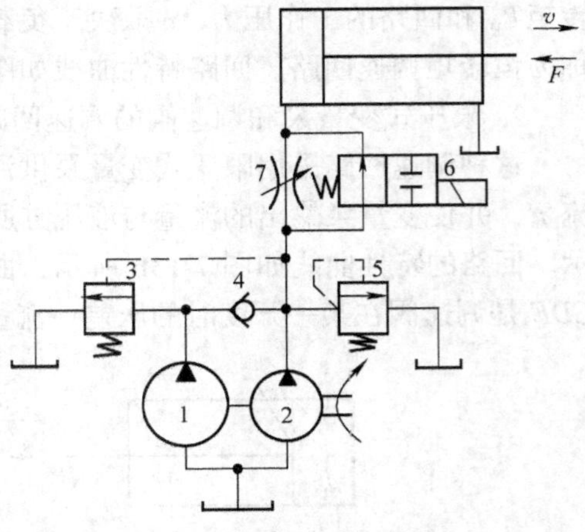

图 7-15　双泵供油快速运动回路

四、速度换接回路

速度换接回路用于执行元件实现速度的切换，因切换前后速度的不同，有快速—慢速、慢速—慢速的换接。这种回路应该具有较高的换接平稳性和换接精度。

1. 快、慢速换接回路

用行程阀（或电磁阀）的速度换接回路如图 7-16所示，换向阀处于图示位置，液压缸活塞快进到预定位置，活塞杆上挡块压下行程阀 1，行程阀关闭，液压缸右腔油液必须通过节流阀 2 才能流回油箱，活塞运动转为慢速工进。换向阀左位接入回路时，压力油经单向阀 3 进入液压缸右腔，活塞活快速向左返回。

2. 两种慢速的换接回路

某些机床要求工作行程有两种进给速度，一般第一进给速度大于第二进给速度，为实现两次工进速度，常用两个调速阀串联或并联在油路中，用换向阀进行切换。图7-17a为两个调速阀串联来实现两次进给速度的换接回路，它只能用于第二进给速度小于第一进给速度的场合。图7-17b为两个调速阀并联来实现两次进给速度的换接回路，这里两个进给速度可以分别调整，互不影响。

执行元件还可以通过电液比例流量阀来实现速度的无级变换，切换过程平稳。

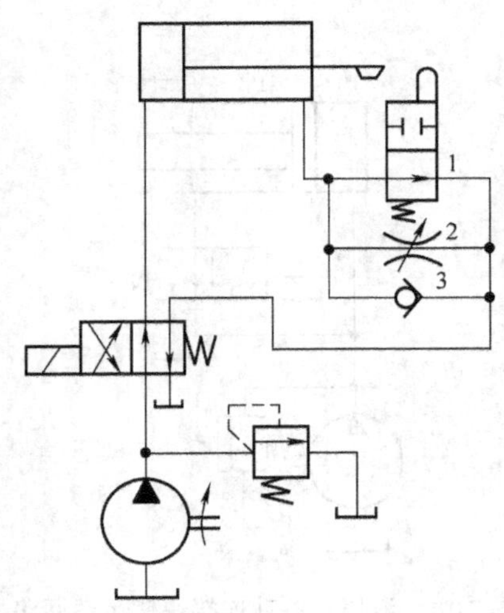

图 7-16　用行程阀的速度换接回路

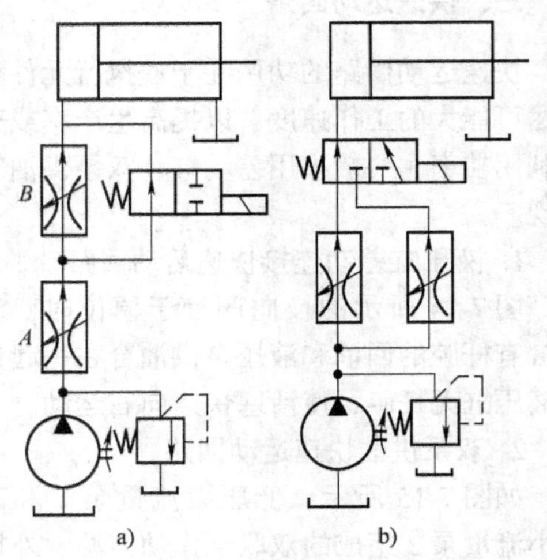

图 7-17　用调速阀串、并联速度换接回路
a）调速阀串联回路　b）调速阀并联回路

第四节　多缸控制回路

在多缸液压系统中，各液压缸之间往往要求按一定的顺序运动，或者要求各缸动作互不干扰，这时可相应采用顺序动作回路、同步回路、互不干扰回路。

一、顺序动作回路

顺序动作回路的功用在于使几个执行元件严格按照预定顺序依次动作。按控制方式不同，分为压力控制和行程控制两种。

1. 压力控制顺序动作回路

如图 7-18 所示，按启动按钮，电磁铁 1YA 得电，缸 1 活塞前进到右端点后，回路压力升高，压力继电器 1K 动作，使电磁铁 3YA 得电，缸 2 活塞前进。按返回按钮，1YA、3YA 失电，4YA 得电，缸 2 活塞先退回原位后，回路压力升高，压力继电器 2K 动作，使 2YA 得电，缸 1 活塞后退。

2. 行程控制顺序动作回路

如图 7-19 所示，图示位置两液压缸活塞均退至左端点。电磁阀 3 左位接入回路后，缸 1 活塞先向右运动，当活塞杆上挡块压下行程阀 4 后，缸 2 活塞才向右运动；电磁阀 3 右位接入回路，缸 1 活塞先退回，其挡块离开行程阀 4 后，缸 2 活塞才退回。这种回路动作可靠，但要改变动作顺序难。

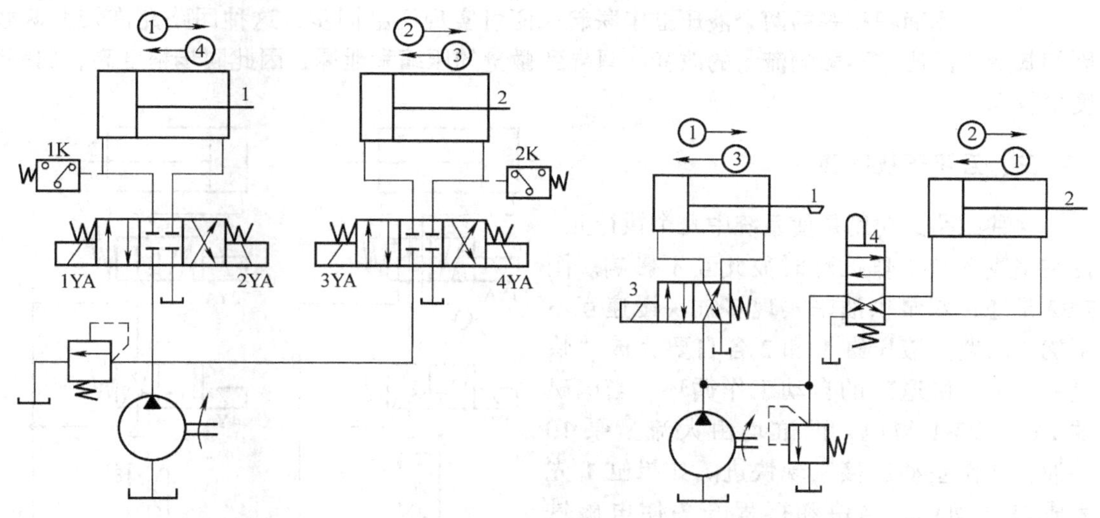

图 7-18　压力继电器控制顺序动作回路　　　图 7-19　行程阀控制顺序动作回路

二、同步回路

同步回路的种类很多，下面主要介绍其中两种。

1. 用流量阀控制的同步回路

如图 7-20 所示，在两个并联液压缸的进（回）油路上分别串入一个调速阀，调整两个调速阀的开口大小，控制进入两液压缸或自液压缸流出的流量，可使它们在一个方向上实现速度同步。这种回路结构简单，但调整比较麻烦，同步精度不高，不宜用于偏载或负载变化频繁的场合。

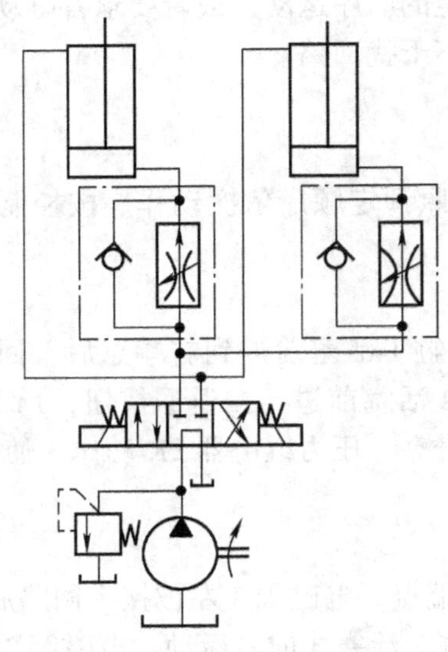

图 7-20　用调速阀的同步回路

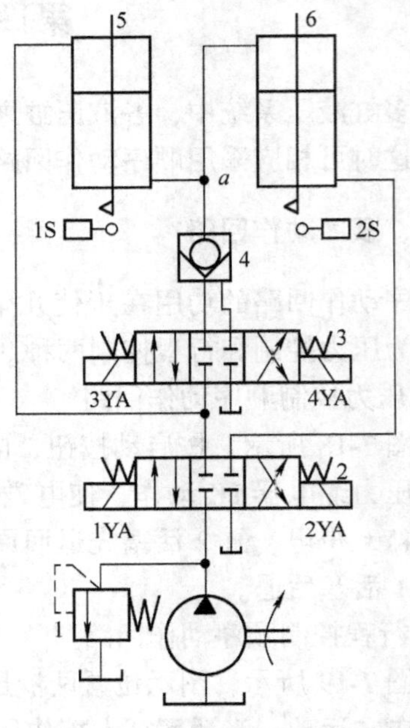

图 7-21　用串联液压缸的同步回路

2. 用串联液压缸的同步回路（见图 7-21）

有效工作面积相等的两个液压缸串联起来便可实现两缸同步，这种回路允许较大偏载，因偏载造成的压差不影响流量的改变，只导致微量的压缩和泄漏，因此同步精度高，回路精度也较高。

三、互不干扰回路

这种回路的功用是使系统中几个执行元件在完成各自工作循环时彼此互不影响。图 7-22 是通过双泵供油来实现多缸快慢速互不干扰的回路。液压缸 1 和 2 各自要完成“快进—工进—快退”的自动工作循环。当电磁铁 1YA、2YA 得电，两缸均由大流量泵 10 供油，并作差动连接实现快进。如果缸 1 先完成快进动作，挡块和行程开关使电磁铁 3YA 得电，1YA 失电，大泵进入缸 1 的油路被切断，而改为小流量泵 9 供油，由调速阀 7 获得慢速工进，不受缸 2 快进的影响。当两缸均转为工进，都由小泵 9 供油后，若缸 1 先完成了工进，挡块和行程开关使电磁铁 1YA、3YA 都得电，缸 1 改由大泵 10 供油，使活塞快速返回，这时缸 2 仍由泵 9 供油继

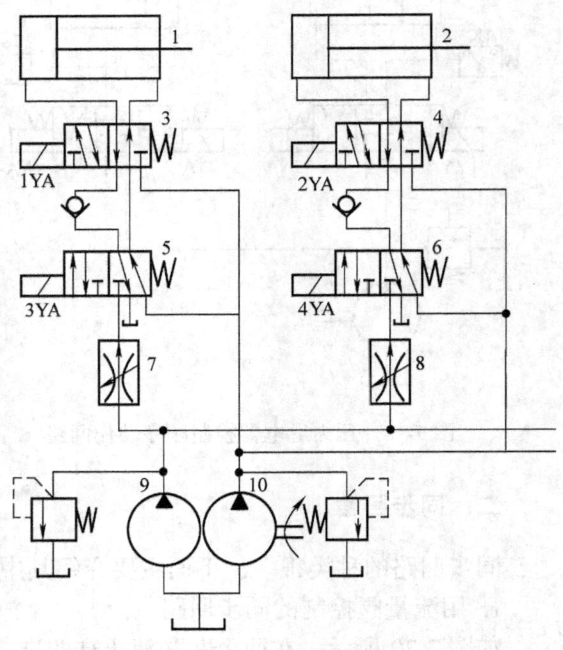

图 7-22　多缸快慢速互不干扰的回路

续完成工进，不受缸 1 影响。当所有电磁铁都失电时，两缸都停止运动。此回路采用快、慢速运动由大、小泵分别供油，并由相应的电磁阀进行控制的方案来保证两缸快慢速运动互不干扰。

习　题

7-1　如图 7-23 所示的两个液压系统的泵组中，各溢流阀的调整压力分别为 $p_A=4\text{MPa}$，$p_B=3\text{MPa}$，$p_C=2\text{MPa}$，若系统的外负载趋于无限大时，泵出口的压力各为多少？

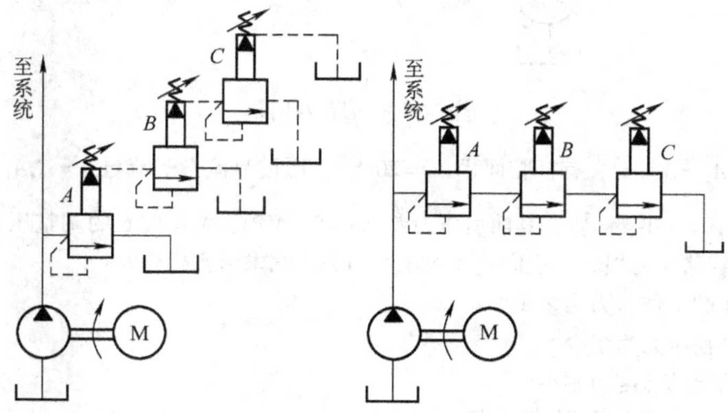

图 7-23　习题 7-1 图

7-2　如图 7-24 所示的夹紧回路中，如溢流阀调整压力 $p_y=5\text{MPa}$，减压阀调整压力 $p_j=2.5\text{MPa}$，试分析：

1）夹紧缸在未夹紧工件前作空载运动时，A、B、C 三点压力各为多少？

2）夹紧缸夹紧工件后，泵的出口压力为 5MPa 时，A、C 两点压力各为多少？

3）夹紧缸夹紧工件后，因其他执行元件的快进使泵的出口压力降至 1.5MPa 时，A、C 两点压力各为多少？

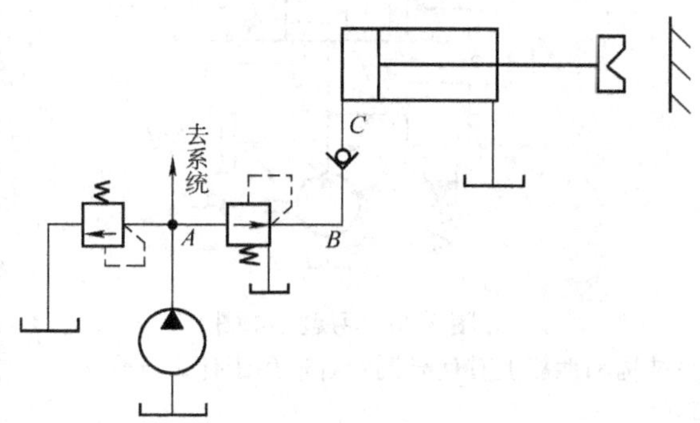

图 7-24　习题 7-2 图

7-3　某液压系统采用限压式变量叶片泵供油，调定后泵的特性曲线如图 7-25 所示。泵的最大流量 $q_{max}=40\text{L/min}$，$p_B=3\text{MPa}$，$p_C=5\text{MPa}$，活塞面积 $A_1=5\times10^{-3}\text{m}^2$，活塞杆面积 $A_2=2.5\times10^{-3}\text{m}^2$。试确定：

1）负载为 $2\times10^4\text{N}$ 时，活塞运动速度 v_1 为多少？

2）此时液压缸的输出功率 P 为多少？

3）活塞快退时的速度 v 为多少？

7-4　如图 7-26 所示的进口节流调速回路，已知液压泵 1 的输出流量 $q_p=25\text{L/min}$，负载 $F=9000\text{N}$，

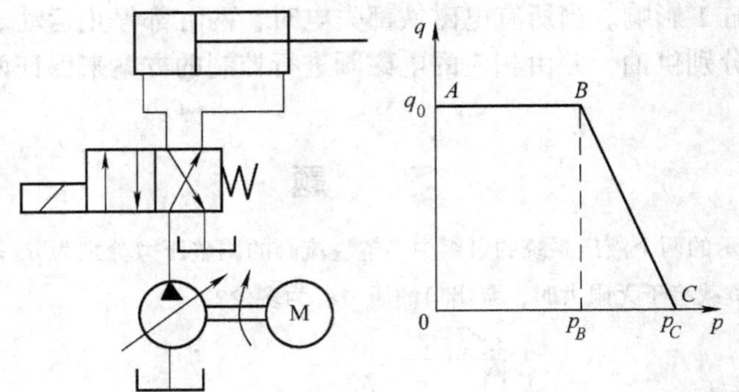

图 7-25 习题 7-3 图

液压缸 5 无杆腔面积 $A_1=50\text{cm}^2$，有杆腔面积 $A_2=20\text{cm}^2$，通过节流阀的流量 $q=C_dA_T\sqrt{\frac{2}{\rho}\Delta p}$（式中 $C_d=0.62$，$A_T=0.02\text{cm}^2$，$\rho=900\text{kg/m}^3$），其前后压力差 $\Delta p=0.4\text{MPa}$，背压阀 6 的调整压力 $p_b=0.5\text{MPa}$。当活塞向右运动时，不计管路压力损失和换向阀 3 的压力损失，试求活塞外伸时：

1）液压缸进油腔的工作压力为多少？

2）溢流阀 2 的调整压力为多少？

3）液压缸活塞的运动速度为多少？

4）溢流阀 2 的溢流量和液压缸的回油量为多少？

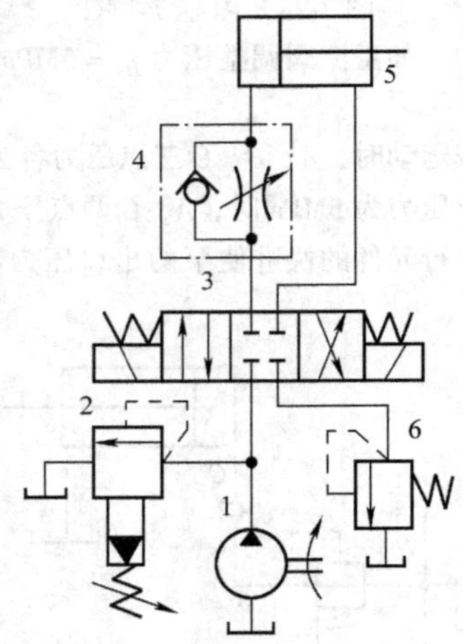

图 7-26 习题 7-4 图

7-5 调速阀和节流阀在结构和性能上有何异同？各适用于什么场合？

7-6 调速回路有哪几类？

7-7 常用的快速运动回路有哪几种？

7-8 快、慢速转换回路有哪几种形式？

第八章　液压系统分析

液压传动广泛地应用在机械制造、工程机械、冶金机械、轻工、起重运输、船舶、航空等各个领域。根据液压主机的工况特点、动作循环和工作要求，其液压传动系统的组成、作用和特点不尽相同。本章将通过几个典型液压系统，介绍液压技术在各行各业中的应用，熟悉各种液压元件在系统中的作用和各种基本回路的构成，进而掌握分析液压系统的步骤和方法。

第一节　液压系统分析的方法和步骤

阅读一个较复杂的液压系统，大致可以按以下步骤进行：

1）了解设备对液压系统的要求。

2）初步阅读整个系统，根据设备对系统的要求，以执行元件为中心，将系统分解为若干个子系统，如主系统、进给系统等。

3）根据对执行元件的要求，参照有关说明和电磁铁的动作循环表，读懂液压系统。

4）根据设备中各执行元件间的互锁、同步、顺序动作和防干扰等要求，分析各个子系统间的联系，并进一步读懂系统是如何实现这些要求的。

5）在全面读懂整个液压系统的基础上，归纳总结整个系统的特点，以加深对系统的理解。

第二节　组合机床动力滑台的液压系统

一、概述

组合机床是一种高效率的机械加工专用机床，它由具有一定功能的通用部件和专用部件组成，加工范围较宽，自动化程度较高，在机械制造中得到了广泛的应用。动力滑台是组合机床上实现进给运动的一种通用部件，配上动力头和不同的主轴箱可以对工件完成钻、扩、铰、镗、刮端面、倒角、铣削及攻螺纹等加工工序。液压动力滑台用液压缸驱动。

现以 YT4543 型液压动力滑台为例，分析其液系统的工作原理和特点。该动力滑台要求进给速度范围为 6.6 ~ 600mm/min，最大进给力为 4.5×10^4N。图 8-1 所示为 YT4543 型动力滑台的液压系统原理图，该系统采用限压式变量泵供油、电液动换向阀换向、快进由液压缸差动连接来实现。用行程阀实现快进与工进的转换、二位二通电磁换向阀用来进行两个工作进给速度之间的转换，为了保证进给的尺寸精度，采用了止挡块停留来限位。通常实现的工作循环为：快进→第一次工作进给→第二次工作进给→止挡块停留→快退→原位停止。

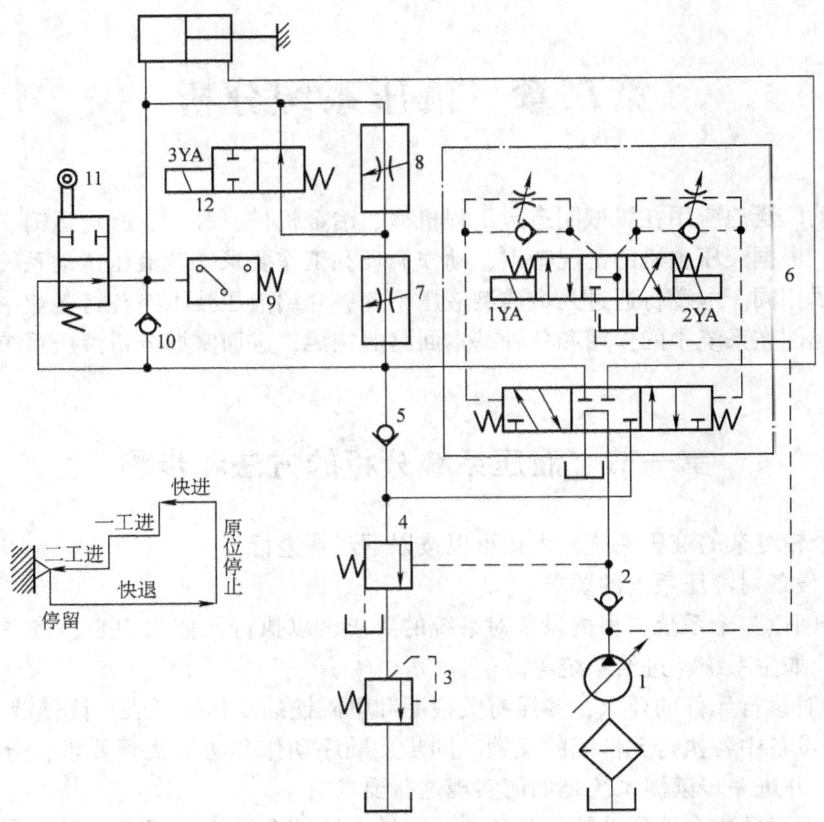

图 8-1　T4543 型动力滑台液压系统图

二、T4543 型动力滑台液压系统的工作原理

1. 快进

如图 8-1 所示，按下启动按钮，电磁铁 1YA 得电，电液动换向阀 10 的先导阀阀芯向右移动从而引起主阀芯向右移，使其左位接入系统，其主油路为：

进油路：泵 1→单向阀 2→换向阀 6（左位）→行程阀 11（下位）→液压缸左腔

回油路：液压缸的右腔→换向阀 6（左位）→单向阀 5→行程阀 11（下位）→液压缸左腔。形成差动连接。

2. 第一次工作进给

当滑台快速运动到预定位置时，滑台上的行程挡块压下了行程阀 11 的阀芯，切断了该通道，使压力油须经调速阀 7 进入液压缸的左腔。由于油液流经调速阀，系统压力上升，打开液控顺序阀 4，此时单向阀 5 的上部压力大于上部压力，所以单向阀 5 关闭，切断了液压缸的差动回路，回油经液控顺序阀 4 和背压阀 3 流回油箱使滑台转换为第一次工作进给。其油路是：

进油路：泵 1→单向阀 2→换向阀 6（左位）→调速阀 7→换向阀 12（右位）→液压缸左腔

回油路：液压缸的右腔→换向阀 6（左位）→顺序阀 4→背压阀 3→油箱

因为工作进给时，系统压力升高，所以变量泵 1 的输油量便自动减小，以适应进给的需要，进给量大小由调速阀 7 调节。

3. 第二次工作进给

第一次工进结束后，行程挡块压下行程开关使 3YA 通电，二位二通换向阀将通路切断，进油必须经调速阀 7、8 才能进入液压缸，此时由于调速阀 8 的开口量小于阀 7，所以进给速度再次降低，其他油路情况同第一次工作进给。

4. 止挡块停留

当滑台工作进给完毕之后，碰上止挡块的滑台不再前进，停留在止挡块处，同时系统压力升高，当升高到压力继电器 9 的调整值时，压力继电器动作，经过时间继电器的延时，再发出信号使滑台返回，滑台的停留时间可由时间继电器在一定范围内调整。

5. 快退

时间继电器经延时发出信号，2YA 通电，1YA、3YA 断电，主油路为：

进油路：泵 1→单向阀 2→换向阀 6（右位）→液压缸的右腔

回油路：液压缸左腔→单向阀 10→换向阀 6（右位）→油箱

6. 原位停止

当滑台退回原位时，行程挡块压下行程开关，发出信号，使 2YA 断电，换向阀 6 处于中位，液压缸失去液压动力源，滑台停止运动。液压泵输出的油液经换向阀 6 直接回油箱，泵卸荷。该系统的各电磁铁及行程阀动作如表 8-1 所示。

表 8-1　YT4543 型动力滑台的动作顺序表

电磁阀行程阀		信号来源	动力滑台工作循环					
			快进	一工进	二工进	停留	快退	原位停止
1YA	+	按钮启动						
	−	终点行程开关						
行程阀	+	挡块压下						
	−	挡块脱开						
3YA	+	挡块压下行程开关						
	−	挡块脱开行程开关						
2YA	+	压力继电器						
	−	终点行程开关						

三、YT4543 型动力滑台液压系统的特点

1）系统采用了限压式变量泵和调速阀组成的容积节流调速回路，能保证稳定的低速运动（最小进给速度可达 6.6mm/min）、较好的速度刚性和较大的调速范围（达 100 左右）。

2）用限压式变量泵与差动连接液压缸来实现快进，能量利用比较合理。滑台停止运动时，液压泵在低压下卸荷，减少了能量损耗。

3）行程阀和顺序阀实现快进与工作进给的换接，动作可靠，换接精度高。

第三节　机械手液压系统

一、概述

机械手是模仿人的手部动作，按给定程序、轨迹和要求实现自动抓取、搬运和操作的自动装置。它特别是在高温、高压、多粉尘、易燃、易爆、放射性等恶劣环境中，以及笨重、单调、频繁的操作中能代替人作业，因此获得日益广泛的应用。

机械手一般由执行机构、驱动系统、控制系统及检测装置三大部分组成，智能机械手还具有感觉系统和智能系统。驱动系统多数采用电液（气）机联合传动。

本节介绍的 JS01 工业机械手属于圆柱坐标式全液压驱动机械手，具有手臂升降、伸缩、回转和手腕回转四个自由度。执行机构相应由手部、手腕、手臂伸缩机构、手臂升降机构、手臂回转机构和回转定位装置等组成，每一部分均由液压缸驱动与控制。它完成的动作循环为：插定位销→手臂前伸→手指张开→手指夹紧抓料→手臂上升→手臂缩回→手腕回转180°→拔定位销→手臂回转 95°→插定位销→手臂前伸→手臂中停（此时主机的夹头下降夹料）→手指松开（此时主机夹头夹着料上升）→手指闭合→手臂缩回→手臂下降→手腕回转复位→拔定位销→手臂回转复位→待料，泵卸载。

二、JS01 工业机械手液压系统原理及特点

JS01 工业机械手液压系统图如图 8-2 所示。各执行机构的动作均由电控系统发信号控制相应的电磁换向阀，按程序依次步进动作。电磁铁动作顺序如表 8-2 所示。各执行元件动作的油路请读者根据液压系统图和电磁铁动作顺序表自行分析。该液压系统的特点归纳如下：

表 8-2　JS01 工业机械手液压系统电磁铁、压力继电器动作顺序表

动作顺序＼电磁铁	1Y	2Y	3Y	4Y	5Y	6Y	7Y	8Y	9Y	10Y	11Y	12Y	K26
插销定位	+											+	±
手臂前伸					+							+	+
手指张开	+								+			+	+
手指抓料	+											+	+
手臂上升			+									+	+
手臂缩回						+						+	+
手腕回转	+									+		+	+
拔定位销	+												
手臂回转	+						+						
插定位销	+											+	±
手臂前伸					+							+	+
手臂中停												+	+
手指张开	+								+			+	+
手指闭合	+											+	+
手臂缩回						+						+	+

（续）

动作顺序＼电磁铁	1Y	2Y	3Y	4Y	5Y	6Y	7Y	8Y	9Y	10Y	11Y	12Y	K26
手臂下降				+								+	+
手腕反转	+										+	+	+
拔定位销	+												
手臂反转	+							+					
待料卸载	+	+											

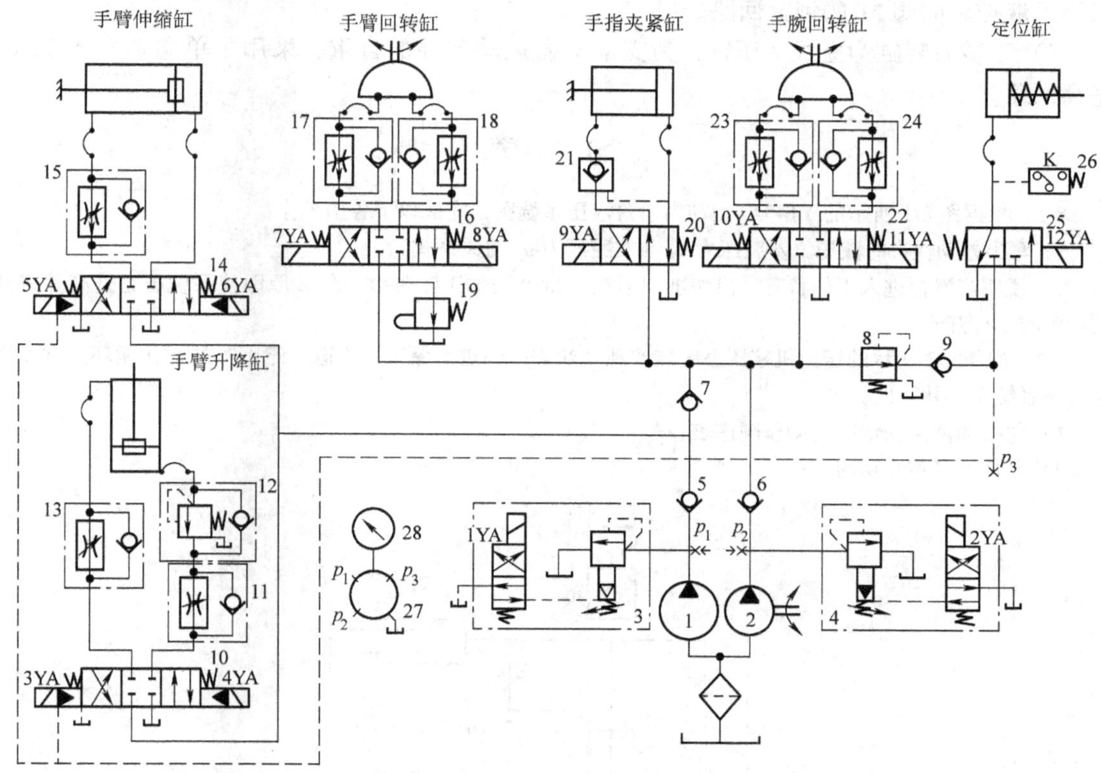

图 8-2　JS01 工业机械手液压系统原理图

1）系统采用了双联泵供油，额定压力为 6.3MPa，手臂升降及伸缩时由两个泵同时供油，流量为（35+18）L/min。手臂及手腕回转、手指松紧及定位缸工作时，只由小流量泵 2 供油，大流量泵 1 自动卸载。由于定位缸和控制油路所需压力较低，在定位缸支路上串联有减压阀 8，使之获得稳定的达 1.5～1.8MPa 的压力。

2）手臂的伸缩和升降采用单杆双作用液压缸驱动，手臂的伸出和升降速度分别由单向调速阀 11、13 和 15 实现回油节流调速；手臂及手腕的回转由摆动液压缸驱动，其正反向运动亦采用单向调速阀 17 和 8、23 和 24 回油节流调速。

3）执行机构的定位和缓冲是机械手工作平稳可靠的关键。从提高生产率来说，希望机械手正常工作速度越快越好，但工作速度越高，启动和停止时的惯性力就越大，振动和冲击就越大，这不仅会影响到机械手的定位精度，严重时还会损伤机件。因此为达到机械手的定位精度和运动平稳性的要求，一般在定位前要采取缓冲措施。

该机械手手臂伸出、手腕回转由死挡铁定位以保证精度，端点到达前发信号切断油路，滑行缓冲；手臂缩回和手臂上升由行程开关适时发信号，提前切断油路滑行缓冲并定位。此外，手臂伸缩缸和升降缸采用了电液换向阀换向，调节换向时间，也增加了缓冲效果。由于手臂的回转部分质量较大，转速转高，运动、惯性矩较大，系统的手臂回转缸除采用单向调速阀回油节流调速外，还在回油路上安装有行程节流阀 19 进行减速缓冲，最后由定位缸插销定位，满足定位精度要求。

4）为使手指夹紧缸夹紧工件后不受系统压力波动的影响，保证牢固地夹紧工件，因此采用了液控单向阀 21 的锁紧回路。

5）手臂升降缸为立式液压缸，为支承平衡运动部件的自重，采用了单向顺序阀 12 的平衡回路。

习　题

8-1　根据图 8-1 所示的 YT4543 型动力滑台液压系统图，完成以下各项工作：

1）写出差动快进时液压缸左腔压力 p_1 与右腔压力 p_2 的关系式。

2）说明当滑台进入工作状态，但切削刀具尚未触及被加工工件时，什么原因使系统压力升高并将液控顺序阀 4 打开？

8-2　如图 8-3 所示的压力机液压系统能实现“快进→慢进→保压→快退→停止”的动作循环。试读懂此液压系统图，并写出：

1）包括油液流动情况的动作顺序表；

2）元件的名称和功用。

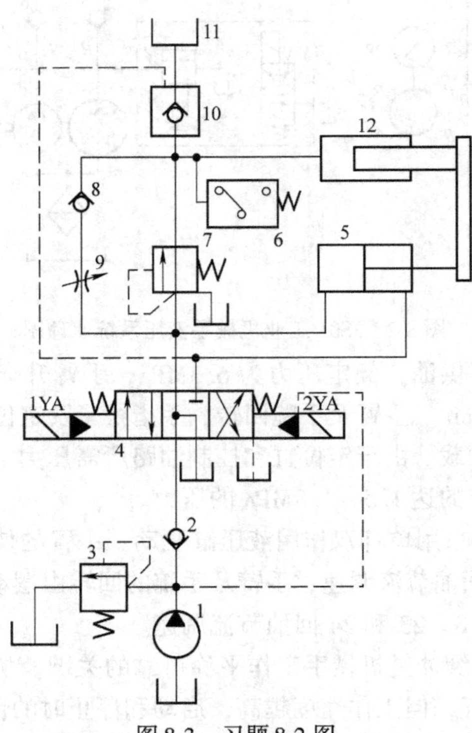

图 8-3　习题 8-2 图

第九章　液压伺服系统

第一节　概　　述

伺服系统属于自动控制系统的范畴，它是自动控制系统的一种重要类型。这种系统的特点是：其执行机构（代表系统的输出）能自动地以一定的精度跟随系统输入信号的变化规律；并起着信号的功率或力的放大作用。凡是采用液压控制元件和液压执行机构并根据液压传动原理建立起来的伺服系统，都称为液压伺服系统。

液压伺服系统除了具有液压传动的各种优点外，还有反应快、系统刚性大、伺服精度高等特点，所以它在机床中获得了广泛的应用。

第二节　液压伺服阀的基本类型

液压伺服阀是液压伺服系统中最基本和最重要的元件，它起着信号转换和功率放大的作用。常用的伺服阀有滑阀、射流管阀和喷嘴挡板阀，其中以滑阀应用最为普遍。

一、滑阀

按滑阀工作边数（起控制作用的阀口数）可分为：单边滑阀、双边滑阀和四边滑阀。

如图 9-1a 所示为单边滑阀的工作原理，它只有一个控制边。压力油直接进入液压缸左腔，并经活塞上的固定节流孔 a 进入液压缸右腔，压力由 p_s 降为 p_1，再通过滑阀惟一的控制边（可变节流口）流回油箱。这样固定节流口与可变节流口控制液压缸右腔的压力和流量，从而控制了液压缸缸体运动的速度和方向。液压缸在初始平衡状态下，有 $p_1A_1=p_sA_2$，对应此时阀的开口量为 x_{v0}（零位工作点）。当阀芯向右移动时，开口 x_v 减小，p_1 增大，

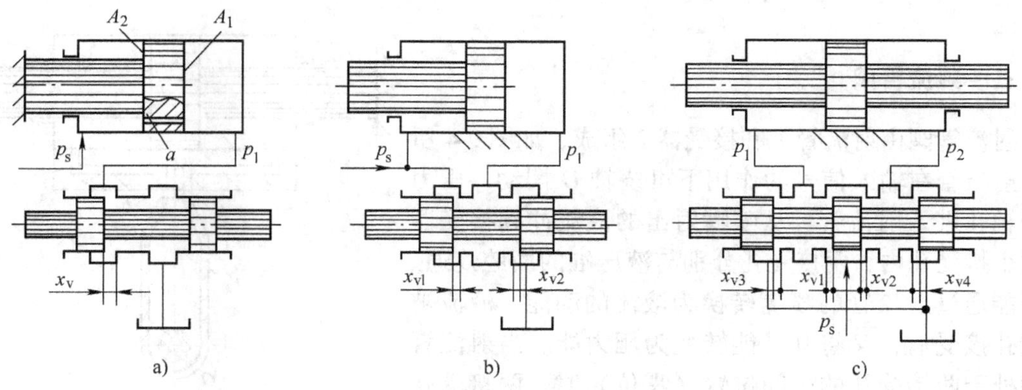

图 9-1　滑阀的工作原理

a）单边滑阀　b）双边滑阀　c）四边滑阀

于是 $p_1A_1 > p_sA_2$，缸体向右运动。阀芯反向移动，缸体亦反向运动。

单边、双边和四边滑阀的控制作用基本上是相同的。从控制质量上看，控制边数越多越好；从结构工艺上看，控制边数越少越容易制造。

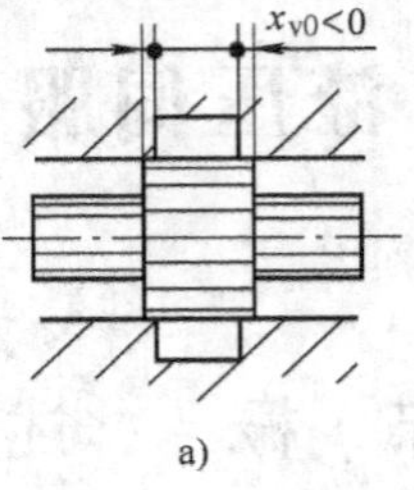

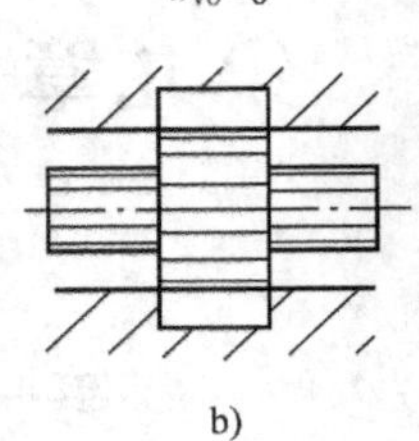

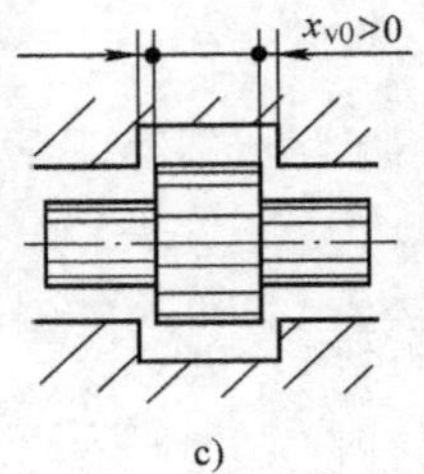

图 9-2　滑阀的开口形式

a）负开口　b）零开口　c）正开口

滑阀在零位时有三种开口形式：负开口（$x_{V0}<0$），零开口（$x_{V0}=0$）和正开口（$x_{V0}>0$）三种开口形式，如图 9-2 所示。零开口阀的控制性能最好，但加工精度要求高；负开口阀有一定的不灵敏区，较少应用；正开口阀的控制性能较负开口的好，但零位功率损耗较大。

二、喷嘴挡板阀

喷嘴挡板阀有单喷嘴和双喷嘴两种结构形式，它们的工作原理基本相同，图 9-3 所示为双喷嘴挡板阀的工作原理。它由挡板 1、喷嘴 2 和 3、固定节流孔 4 和 5 组成。挡板与喷嘴之间形成两个可变节流缝隙 δ_1 和 δ_2。当挡板处于中间位置时，两缝隙所形成的节流阻力相等，两喷嘴内的油液压力相等，即 $p_1=p_2$，液压缸不动。压力油经固定节流孔 4 和 5、节流缝隙 δ_1 和 δ_2 流回油箱。当输入信号使挡板向左摆动时，缝隙 δ_1 变小，δ_2 变大，p_1 上升，p_2 下降，液压缸缸体向左移动。因机械负反馈作用，当喷嘴跟随缸体移动到挡板两边缝隙对称时，液压缸停止运动。

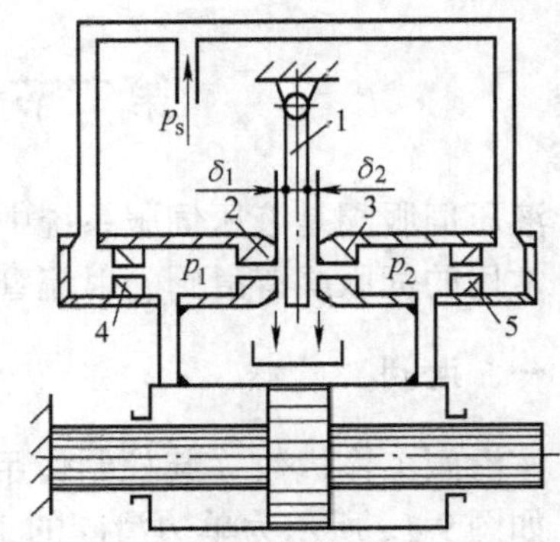

图 9-3　双喷嘴挡板阀的工作原理

1—挡板　2、3—喷嘴　4、5—固定节流孔

喷嘴挡板阀的优点是：结构简单，加工方便，挡板运动部件惯性小，位移小，因而反应快，灵敏度高，抗污染能力较滑阀强；缺点是无功损耗大。常用作多级放大元件中的前置级。

三、射流管阀

射流管阀由射流管 1 和接受器 2 组成，如图 9-4 所示。射流管在输入信号的作用下可绕轴 O 摆动，压力油经轴孔进入射流管，从喷嘴射出的液流冲到接受器的两个接受孔内，两接受孔分别与液压缸的两腔连通。液压能通过射流管的喷嘴转换为液流的动能，液流被接受孔接受后，又将其动能转变为压力能。当射流管喷嘴处于两接受孔的中间位置（零位）时，两接受孔所接受的射流动能相同，因此恢复压力也相同，液压缸不动。当射流管偏离中间位置时，两接受孔所接受

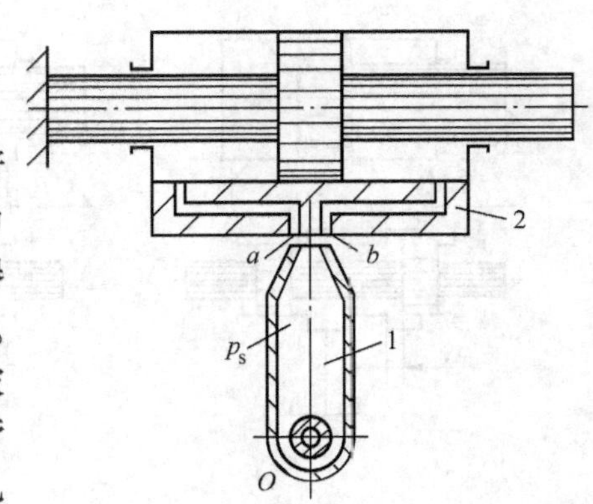

图 9-4　射流管阀的工作原理

1—射流管　2—接受器

的射流动能不再相等，恢复压力也不相等，一个增加，另一个减小，形成液压缸两腔的压差，推动活塞运动。

射流管阀的优点是：结构简单，加工精度要求较低；抗污染能力强。其缺点是：高压易产生干扰振动；响应不如喷嘴挡板阀快；无功损耗较大。因此，射流管阀适用于低压小功率的伺服系统。

第三节　电液伺服阀

电液伺服阀能将很小功率的输入电信号转换为大功率的液压能输出，是电液伺服控制系统的关键元件。

图 9-5 所示为一种典型的电液伺服阀的结构原理。它由电磁和液压两部分组成。电磁部分是一个力矩马达，主要由一对永久磁铁 1、一对导磁体 2、衔铁 3、线圈 4 和弹簧管 5 组成。衔铁、弹簧管与液压部分是一个两级功率放大器，第一级采用双喷嘴挡板阀，称为前置放大级；第二级采用四边滑阀，称为功率放大级。衔铁 3、弹簧管 5 与喷嘴挡板阀的挡板 6 连接在一起，挡板下端为一小球，嵌放在滑阀 8 的中间凹槽内，构成反馈杆。电液伺服阀的工作原理如下：当线圈中无信号电流输入时，衔铁、挡板和滑阀都处于中间对称位置，如图 9-5 所示。当线圈中有信号电流输入时，衔铁被磁化，与永久磁铁和导磁体形成的磁场合成产生电磁力矩，使衔铁连同挡板偏转 θ 角，挡板的偏转使两喷嘴与挡板之间的缝隙发生相反的变化，滑阀阀芯两端压力 p_{V1}、p_{V2} 也发生相反的变化，一个压力上升，另一个压力下降，从而推动滑阀阀芯移动。阀芯移动的同时使反馈杆产生弹性变形，对衔铁挡板组件产生一反力矩。当作用在衔铁挡板组件上的电磁力矩与弹簧管反力矩、反馈杆反力矩达到平衡时，滑阀停止运动，保持在一定的开口上，有相应的流量输出。由于衔铁、挡板的转角，滑阀的位移都与信号电流成比例变化，在负载压差一定时，阀的输出流量也与输入电流成比例。输入电流反向，输出流量亦反向。所以，这是一种流量控制电液伺服阀。

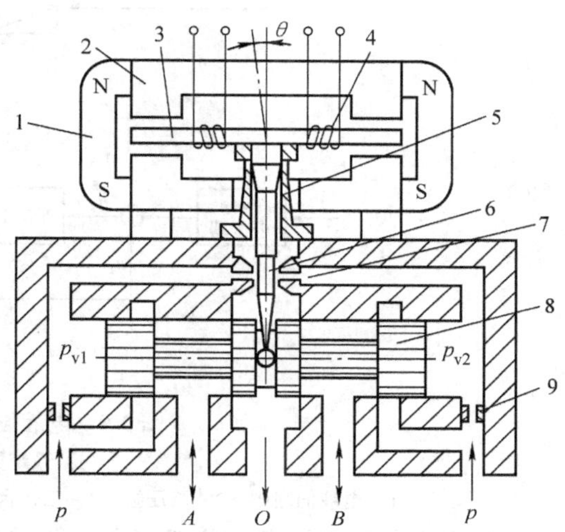

图 9-5　电液伺服阀的结构原理

1—永久磁铁　2—导磁体　3—衔铁　4—线圈
5—弹簧管　6—挡板　7—喷嘴
8—滑阀　9—固定节流板

第四节　典型液压伺服控制系统

电液伺服控制系统是由电的信号处理部分和液压的功率输出部分组成的闭环控制系统。由于电检测器的多样性，所以可以组成许多物理量的闭环控制系统。常见的是电液位置伺服系统和电液速度控制系统。

1. 电液位置伺服系统

图 9-6a 所示为一电液位置伺服系统。它控制工作台的位置，使之按照指令电位器给定的规律变化。系统由指令电位器 5、反馈电位器 4、电放大器 6、电液伺服阀 1、液压缸 2 和工作台 3 组成。

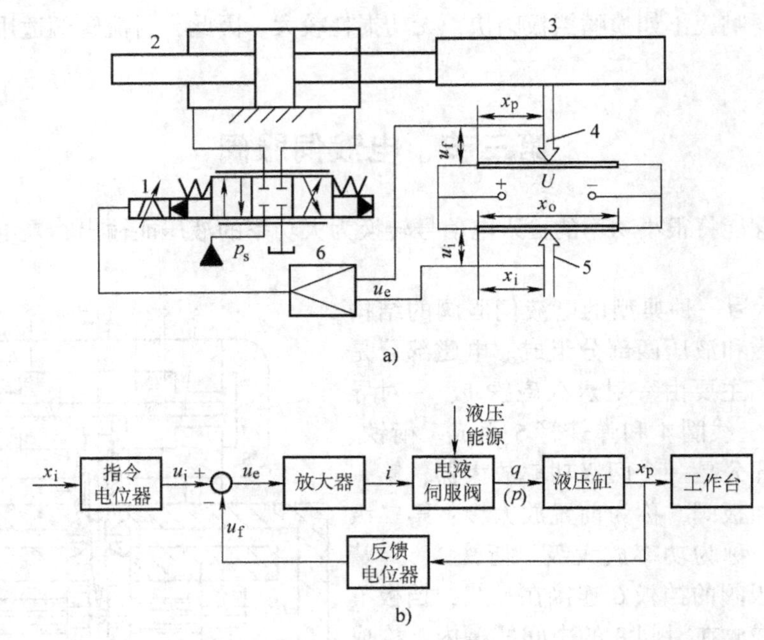

图 9-6　电液位置伺服系统及其方块图

a）系统原理图　b）方块图

1—电液伺服阀　2—液压缸　3—工作台　4—反馈电位器　5—指令电位器　6—电放大器

指令电位器将滑臂的位置指令 x_i 转换成指令电压 u_i，工作台的位置 x_p 由反馈电位器检测转换为反馈电压 u_f。两个线性电位器接成桥式电路，从而得到偏差电压：

$$u_e = u_i - u_f = K\ (x_i - x_p),\ K = U/x$$

当工作台位置与指令位置相一致时，偏差电压 $u_e = 0$，此时放大器输出电流为零，电液伺服阀处于零位，液压缸和工作台不动，系统处在一个平衡状态。当指令电位器滑臂位置发生变化时，如向右移动 Δx_i，在工作台位置变化之前，电桥输出的偏差电压 $u_e = K\Delta x_i$，经放大器放大后转变为电流信号去控制电液伺服阀，电液伺服阀输出压力油，推动工作台右移。随着工作台的移动，电桥输出的偏差电压逐渐减小，直至工作台位移等于指令电位器位移时，电桥输出偏差电压为零，工作台停止运动。如果指令电位器反向移动，刚工作台也反向跟随运动。所以，此系统中的工作台能够精确地跟随指令电位器滑臂位置的任意变化，实现位置的伺服控制。图 9-6b 为此系统的方块图。

2. 电液速度控制系统

如图 9-7a 所示，该系统控制滚筒的转动速度，使之按照速度指令变化。系统的主回路就是一个变量泵和定量马达组成的容积调速回路。这里变量泵既是液压能源又是主要的控制元件。由于操纵泵的变量机构所需的力较大，通常采用一个小功率的液压放大装置作为变量控制机构，这又构成了本系统中一个局部的电液位置伺服系统（与图 9-6 所示系统相同）。

系统输出速度由测速发电机 1 检测，并转换为反馈电压信号 u_f，与输入速度指令信号

u_i 相比较，得出偏差电压信号 $u_e = u_i - u_f$，作为变量机构的输入信号。当速度指令 u_i 给定时，滚筒 8 以一定的速度旋转，测速机输出电压为 u_{f0}，则偏差电压 $u_{e0} = u_i - u_{f0}$，此偏差电压对应于一定的变量液压缸 5 位置（如控制轴向柱塞泵斜盘成一定的倾斜角），从而对应于一定的泵流量输出，此流量为保持工作速度 ω_0 所需之流量。可见这里偏差电压 u_{e0} 是保持工作速度所必需的。在滚筒转动过程中，如果负载力矩、摩擦、泄漏、温度等因素引起速度变化时，则 $u_f \neq u_{f0}$，假如 $\omega < \omega_0$，则 $u_f < u_{f0}$，而 $u_e = u_i - u_f > u_{e0}$，使得变量液压缸输出位移增大，于是泵的输出流量增加，马达速度便自动上升至给定值。反之，如果速度超过 ω_0，则 $u_f > u_{f0}$，因而 $u_e < u_{e0}$，使变量液压缸输出位移减小，泵的输出流量减少，速度便自动下降至给定值。所以，马达转速是根据指令信号自动加以调节的，并总保持在与速度指令相对应的工作速度上。图 9-7b 表示了这个系统的方块图。

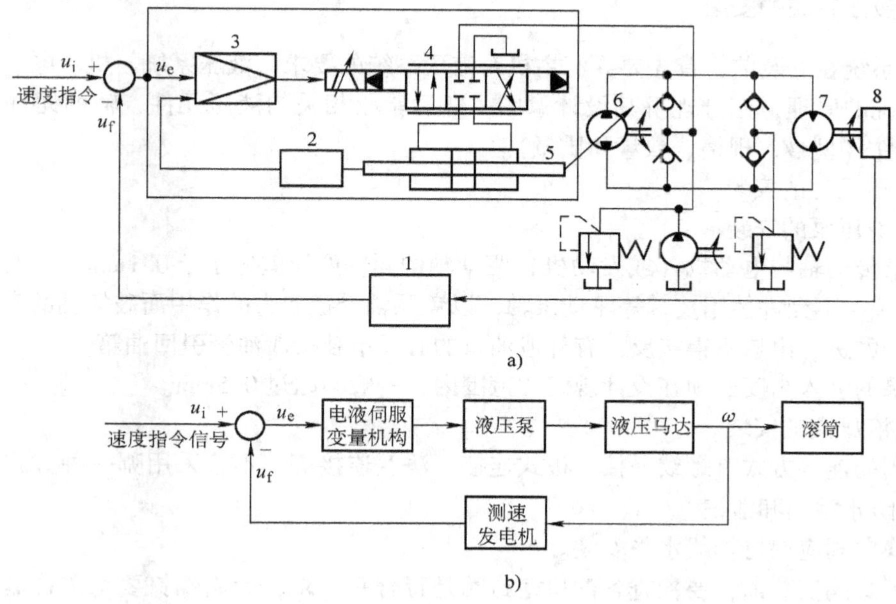

图 9-7　电液速度伺服控制系统

a）系统原理图　b）方块图

1—测速发电机　2—位移传感器　3—电放大器　4—电液伺服阀　5—变量液压缸　6—变量泵　7—定量马达　8—滚筒

习　题

9-1　液压伺服控制系统与一般的液压传动系统有何不同？

9-2　液压伺服控制系统由哪些基本元件所组成？

9-3　图 9-3 中的双喷嘴挡板阀，若有一个喷嘴被堵塞，会发生什么现象？单喷嘴挡板阀可控制哪种形式的液压缸？试设计出单喷嘴挡板阀控制液压缸的结构原理图。

第十章　液压系统的安装、使用和故障诊断

第一节　液压系统的安装和调试

液压系统的安装和调试是一项实践性很强的技术工作，正确的安装和调试是液压系统设计意图得以实现和保证系统可靠工作的重要环节，因此必须给予足够的重视。

一、液压系统的安装

液压系统在安装前，首先要弄清主机对液压系统的要求、液压系统与机、电、气的关系和液压系统的原理，充分理解其设计意图；然后验收相关的液压元件、辅助元件、密封元件、标准件（型号、规格、数量和质量）。

1. 液压元件的安装

（1）液压泵的安装

1）泵传动轴与电动机（或发动机）驱动轴的同轴度误差应小于0.1mm，一般采用弹性联轴器连接，不允许使用皮带等驱动泵轴，以免泵轴受径向力的作用而破坏轴的密封。

2）泵的进、出口不得接反，有外泄油口的必须单独接泄油管引回油箱。

3）泵的吸入高度必须在设计规定的范围内，一般不超过0.5mm。

（2）液压阀的安装

1）阀的连接方式有螺纹联接、板式连接、法兰连接等，不管采用哪一种方式，都应保证密封，防止渗油和泄漏。

2）换向阀应保持轴线水平安装。

3）板式阀安装前，要检查各油口密封圈是否合乎要求，紧固螺钉要均匀拧紧，使安装平面与底板平面全部接触。

4）防止油口装反。

（3）液压缸的安装

1）液压缸只能承受轴向力，安装时应避免产生侧向力。

2）对整体固定的液压缸缸体，应一端固定，另一端浮动，允许因热变形或受内压力引起的轴向伸长。

2. 管路的安装

1）管路的内径、壁厚和材质应符合设计要求。

2）管路敷设要便于装拆，尽量平行或垂直，少拐弯，避免交叉。长管路应等间距设置防振管卡。

3）管路与管接头要紧固、密封，不得渗油和泄漏。

4）路安装分两次进行。一次试装后，拆下的管路经酸洗（在40～60℃的10%～20%的稀硫酸或稀盐酸溶液中洗30～40min）、中和（用30～40℃的10%的苏打水）、清洗（用温水）、干燥和涂油处理，以备二次正式安装。正式安装时应注意清洁和保证密封性。

3. 液压系统的清洗

液压系统安装后，还要对管路进行循环清洗。对于要求高的复杂系统应分两次进行。

1）主要循环回路的清洗。将执行元件进、出油路短接（即执行元件不参与循环），构成循环回路。油箱注入其容量60%～70%的工作用油或试车油，油温适当升高，清洗效果较好。将滤油车（由液压泵和过滤器组成）接入回路清洗，也可直接用系统的液压泵进行（回油口接临时过滤器）。清洗过程中，可用非金属棒或紫铜管轻击管路，以便将管路中的附着物冲洗掉。清洗时间随系统的复杂程度、过滤精度要求及污染程度而定，通常为十几个小时。

2）全系统的清洗。将实际使用的液压油注入油箱，系统恢复到实际运转状态，启动液压泵，使油液在系统中进行循环，空负荷运转1～3h。

4. 液压系统的压力试验

1）系统的试验压力。对于工作压力低于16MPa的系统，试验压力一般为工作压力的1.5倍；对于工作压力高于16MPa的系统，试验压力一般为工作压力的1.25倍。但试验压力不应超过设计规定的数值。

2）试验压力应逐级升高，每升高一级宜稳压5min左右，达到试验压力后，保压10min；然后降至工作压力，进行全面检查，以系统所有焊缝和连接处无渗漏油，管道无永久变形为合格。

二、液压系统的调试

系统调试一般按泵站调试、系统调试的顺序进行，各种调试项目均由部分到整体逐项进行，即：部件、单机、区域联动、机组联动等。调试前全面检查液压管路、电气线路的连接正确性；核对油液牌号，液面高度应在规定的液面线上；将所有调节手柄置于零位，选择开关置于“调整”、“手动”位置；防护装置要完好；确定调试项目、顺序和测量方法。

1. 泵站调试

（1）启动　先空载（即泵在卸荷状态下）启动液压泵，以额定转速、规定转向运转，观察是否有漏油和异常声响，泵的卸荷压力是否在允许的范围内。启动时通常采取点动（启动—停止），经几次反复确认无异常现象，才允许投入空载运转。

（2）压力调试　空载连续运转时间一般为10～20min，然后调节溢流阀的调节手柄，逐渐分挡升压（每挡3～5MPa，时间10min）至溢流阀的调定值。同时观察压力表，压力波动值应在规定的范围内。若压力波动过大（压力表抖动）多数是由于泵吸油不足引起的。

2. 系统调试

（1）压力调试　逐个调整每个分支回路上的各种压力阀，如溢流阀、减压阀、顺序阀等。调整压力时，应先对管路油液进行封闭，保证压力油仅从被调整阀中通过，然后逐渐分挡升至压力阀的调整值。例如，在调整溢流阀时，若换向阀的中位机能是M型，中位状态下则油液经换向阀卸荷而无压，此时应将换向阀处左位或右位，使液压缸活塞退回原位，油液只能经溢流阀返回油箱，才可进行溢流阀的压力调整。

（2）流量调试（执行元件的速度调试）

1）无负荷（空载）运转。应将执行元件与工作机构脱开，操纵换向阀使液压缸作往复运动或使液压马达作回转运动，在此过程中，一方面检查液压阀、液压缸或液压马达、电气元件以及机械控制机构等是否灵活可靠；一方面进行系统排气。排气时，最好是全管路依次进行。对于复杂或管路较长的系统，排气要进行多次。同时检查油箱液面是否下降。

2）速度调节。逐步调节执行元件的速度（节流调速回路将节流阀或调速阀的开口逐步调大，容积调速将变量泵的排量逐步调大，而变量马达则将其排量逐步调小）。待空载运转正常后，再停机将工作机构与执行元件连接，重新启动执行元件从低速到高速带负载运转。如调试中出现低速爬行现象，可检查工作机构是否润滑充分以及排气是否彻底等。速度调试应逐个回路（系统带动一个工作机构的液压回路）进行。在调试一个回路时，其他回路均应处于关闭状态。

3）全负荷程序运转。按设计规定的自动工作循环或顺序动作，一般可在空载、工作负载、最大负载三种情况下分别进行。检查各动作的协调性；同步和顺序的正确性；启动停止、换向、速度换接的平稳性；有无误信号、误动作和爬行、冲击等现象；最后还要检查系统在承受负载后，是否实现了规定的工作要求，如速度—负载特性如何、泄漏量如何、功率损耗及油温是否在设计允许值内，液压冲击和振动噪声是否在允许的范围内等等。

调试期间，对主要的调试内容和主要参数的测试应有现场记录，经核准归入设备技术档案，作为以后维修时的原始技术数据。

第二节　液压系统的使用和维护

据统计表明，液压系统发生的故障有90%是由于使用管理不善所致，因此在生产中合理使用和正确维护液压设备，可以防止元件与系统遭受不应有的损坏，从而减少故障的发生，并能有效地延长使用寿命。

一、液压系统的使用要求

1）按设计规定和工作要求，合理调节系统的工作压力和工作速度。压力阀和流量阀调节到所要求的数值后，应将调节机构锁紧，防止松动，不得随意调节，严防调节失误造成事故。不准使用有缺陷的压力表，不允许在无压力表的情况下调压或工作。

2）系统运行过程中，要注意油质的变化状况，要定期进行取样化验，当油液的物理化学性能指标超出使用范围，不符合使用要求时，要进行净化处理或更换新液压油。新更换的油液必须经过过滤后才能注入油箱。为保证油液的清洁度，过滤器的滤芯要定期更换。

3）随时注意油液的温度。正常工作时，油液温度不应超过60℃。一般控制在35～55℃之间，冬季由于温度低，油液粘度较大，应升温后再启动。

4）当系统某部位出现异常现象时，要及时分析原因进行处理，不要勉强运行，造成事故。

5）不准任意调整电控系统的互锁装置，不准任意移动各行程开关和限位挡铁的位置。

6）液压设备若长期不用，应将各调节手轮全部放松，防止弹簧产生永久变形而影响元件的性能。

二、液压设备的维护和保养

液压设备通常采用“点检”（日常检查）和“定检”（定期检查）作为维修和保养的基础。通过点检和定检可以把液压系统中存在的问题排除在萌芽状态，还可以为设备维修提供第一手资料，从中确定修理项目，编制检修计划，并可以从中找出液压系统出现故障的规律，以及液压油、密封件和液压元件的更换周期。点检和定检的项目及内容分别见表10-1和表10-2。由于液压设备类别繁多，各有其特定用途和使用要求，具体维护保养的内容应根据实际情况来确定。表10-1、表10-2仅说明一般情况。

表10-1　点检项目及内容

项　目	内　容	项　目	内　容
油位 行程开关和限位挡块 手动、自动循环压力	是否正常 是否紧固 是否正常 系统压力是否稳定和在规定的范围内	液压缸 油温 泄漏 振动和噪声	运动是否平稳 是否在35～55℃范围内 全系统有无漏油 有无异常

表10-2　定检项目及内容

项　目	内　容	项　目	内　容
螺钉、螺母和管接头	定期检查并紧固： a. 10MPa以上系统，每个月一次 b. 10MPa以下系统，每三个月一次	油液污染度	对已确定换油周期的，提前一周取样化验（取样数量300～500mL） 对新换油、经1000h使用后，应取样化验 对大、精设备用油，经600h使用后，取样化验
过滤器	定期检查：每个月一次，根据堵塞程度及时更换		
密封件	定期检查或更换：按环境温度、工作压力、密封件材质等具体规定更换周期 对重大流水线设备，大修时全部更换（一般为二年） 对单机作业、非连续运行设备，只更换有问题的密封件	液压元件	定期检查或更换：根据使用工况，对泵、阀、缸、马达等元件进行性能测定，尽可能采取在线测试办法测定其主要参数。对磨损严重和性能指标下降、影响正常工作的元件进行修理或更换
压力表	按设备使用情况，规定检验周期	高压软管	根据使用工况规定更换时间
油箱、管道、阀板	定期清洗：大修时	弹簧	按使用工况、元件材质等具体规定更换时间

第三节　液压系统常见故障的分析和排除方法

一个液压系统产生故障的原因是多方面的，而且液压传动是在封闭情况下进行工作的，不能从外部直接观察，不像机械传动那样看得清楚；在测量和连接方面也不如电路那样来得方便。因此，当系统出现故障时，要寻找故障产生的原因往往是有一定难度的。能否分析故障产生的原因和排除故障，一方面取决于对液压传动基本知识的理解程度，另一方面有赖于实践经验的不断积累。

（1）液压系统故障的分析方法　悉液压系统原理图、搞清各回路和液压元件的功能是分析故障的基础；深入实际、了解液压设备的使用及维修状况是找出故障产生原因的关键。一般当故障发生后，应根据故障的现象，进行全面的分析，列出可能产生故障的一切原因，再逐个分析，排除次要因素，最后找出产生故障的主要原因。有时一种故障可能是由某一元件的毛病所引起的，也可能是几个问题的综合。一般应在作出正确结论之后，才考虑排除故障的具体方法。有条件的可通过一些辅助试验或测试手段来准确判断故障的原因。

（2）液压系统常见故障的分析和排除方法　压系统常见的故障有振动与噪声、压力不足、流量不足和容积效率下降、液压油异常、执行元件爬行或转速不均匀、换向冲击或换向不灵等。液压系统的故障发生有相当一部分是由液压元件的故障所致，因此，应首先熟悉和掌握各种液压元件的常见故障及排除方法。这里将液压系统常见故障的分析和排除方法列表说明如下。

表 10-3　液压系统常见故障的分析和排除方法

故障现象	故障原因		排除方法
产生振动和噪声	液压泵吸空	进油口密封不严，以致空气进入液压泵轴径处，油封损坏	拧紧进油管接头螺帽，或更换密封件 更换油封
		进口过滤器堵塞或通流面积过小	清洗或更换过滤器
		吸油管径过小，过长	更换管路
		油液粘度太大，阻力增加	更换粘度适当的液压油
		吸油管距回油管太近	扩大两者距离
		油箱油量不足	补充油液至油标线
	固定管卡松动或隔振垫脱落		加装隔振垫并紧固
	压力管路管道长且无固定装置		加设固定管卡
	溢流阀阀座损坏、调压弹簧变形或折断		修复阀座、更换调压弹簧
	电动机底座或液压泵架松动		紧固螺钉
	泵与电动机的联轴器安装不同轴或松动		重新安装，保证同轴度小于0.1mm
系统无压力或压力不足	溢流阀	在开口位置被卡住	修理阀芯及阀孔
		阻尼孔堵塞	清洗
		阀芯与阀座配合不严	修研或更换
		调压弹簧变形或折断	更换调压弹簧
	液压泵、液压阀、液压缸等元件磨损严重或密封件破坏，造成压力油路大量泄漏		修理或更换相关元件
	压力油路上的各种压力阀的阀芯被卡住而导致卸荷		清洗或修研，使阀芯在阀孔内运动灵活
	动力不足		检查动力源
系统流量不足（执行元件速度不够）	液压泵吸空		见前
	液压泵磨损严重，容积效率下降		修复达到规定的容积效率或更换
	液压泵转速过低		检查动力源将转速调整到规定值
	变量泵流量调节变动		检查变量机构并重新调整
	油液粘度过小，液压泵泄漏增大，容积效率降低		更换粘度适合的液压油
	油液粘度过大，液压泵吸油困难		更换粘度适合的液压油
	液压缸活塞密封损坏，引起内泄漏增加		更换密封件
	液压马达磨损严重，容积效率下降		修复，达到规定的容积效率或更换
	溢流阀调定压力值偏低，溢流量偏大		重新调节

（续）

故障现象	故　障　原　因	排　除　方　法
液压缸爬行或液压马达转动不均匀	液压泵吸空	见前
	接头密封不严，有空气进入	拧紧接头或更换密封件
	液压元件密封损坏，有空气进入	更换密封件保证密封
	液压缸排气不彻底	排尽缸内空气
油液温度过高	系统在非工作阶段有大量压力油损耗	改进系统设计，增设卸荷回路或改用变量泵
	压力调整过高，泵长期在高压力下工作	重新调整溢流阀的压力
	油液粘度过大或过小	更换粘度适合的液压油
	油箱容量小或散热条件差	增大油箱容量或增设冷却装置
	管道过细、过长、弯曲过多，造成压力损失过大	改变管道的规格及管路的形状
	系统各连接处泄漏，造成容积损失过大	检查泄漏部位，改善密封性

习　题

10-1　为什么液压系统要进行两次安装？

10-2　为什么液压系统安装后要进行清洗？

10-3　试分析液压系统油液温度过高的原因。

第十一章　气压传动基础知识

第一节　空气的性质

一、空气的组成

自然界的空气是由若干种气体混合而成的混合气体，其主要成份是氮（N_2）和氧（O_2），并有少量的二氧化碳（CO_2）和惰性气体及少量的水蒸气，含有水蒸气的空气称为湿空气，不含水蒸气的空气称为干空气，自然界中绝对的干空气是不存在的。

二、湿空气

大气层中空气或多或少的含有水蒸气，在一定温度下，含水蒸气越多，空气就越潮湿，空气的干湿程度对气压传动系统的工作稳定性和元件的使用寿命有很大影响。

湿空气中水蒸气的最大含量是有一定的极限的。当温度和压力一定时，空气中所含有的水蒸气达到这一极限时，此湿空气称为饱和湿空气，若空气中的水蒸气超过这一极限时，水珠就会被析出。水蒸气含量未达到这一极限的湿空气称为未饱和湿空气。

三、空气的湿度

（1）绝对湿度　每立方米湿空气中含有的水蒸气的质量，称为绝对湿度，用 x 表示。

$$x = \frac{m_s}{V} \tag{11-1}$$

式中　m_s——湿空气中水蒸气的质量；

V——湿空气的体积。

（2）相对湿度　在某温度和总压力下，其绝对湿度和饱和绝对湿度之比，称为相对湿度。

$$\varphi = \frac{x}{x_b} \times 100\% \approx \frac{p_s}{p_b} \times 100\% \tag{11-2}$$

式中　x、x_b——绝对湿度与饱和绝对湿度；

$\frac{p_s}{p_b}$——水蒸气的分压力和饱和蒸气的分压力。

气动技术中规定各种阀的相对湿度应小于95%。

第二节　气体状态方程

系统与外界只有热功交换的简单系统，在平衡状态下，三个基本状态参数：绝对压力、质量体积和热力学温度之间的函数关系，称为气体的状态方程。

一、理想气体状态方程

所谓理想气体是指没有粘性的气体，当气体处于某一平衡状态时，气体的压力、温度和比容之间的关系为

$$p\nu = RT \tag{11-3}$$

或 $$pV = mRT$$

式中 p——绝对压力（N/m^2）；

ν——比容（m^3/kg）；

R——气体常数，干空气 $R=287.1J/(kg\cdot K)$；水蒸气 $R=462.05J/(kg\cdot K)$；

T——热力学温度（K）；

m——空气的质量（kg）；

V——气体的体积（m^3）。

在气动技术中，气体的工作压力一般在2.0MPa以下，实际气体由于粘性所引起的误差相当小，因此可以看成是理想气体。

二、理想气体状态方程变化过程

1. 等容过程

一定质量的气体，在状态变化过程中，当体积保持不变时，其压力 p 与热力学温度 T 成正比。即

$$\frac{p}{T} = 常数 \tag{11-4}$$

或 $$\frac{p_1}{T_1} = \frac{p_2}{T_2}$$

2. 等压过程

一定质量的气体，在状态变化过程中，当压力保持不变时，其体积 V 与绝对温度 T 成正比。即

$$\frac{V}{T} = 常数 \tag{11-5}$$

或 $$\frac{V_1}{T_1} = \frac{V_2}{T_2}$$

3. 等温过程

一定质量的气体，在状态变化过程中，当温度保持不变时，其压力 P 与体积 V 成反比。即

$$pV = 常数 \tag{11-6}$$

或 $$p_1V_1 = p_2V_2$$

4. 绝热过程

一定质量的气体，在状态变化过程中，与外界无热交换时，其压力、体积、温度之间的关系。即

$$\frac{p}{\rho^k} = 常数 \tag{11-7}$$

$$\frac{p_1}{p_2}=\left(\frac{\rho_1}{\rho_2}\right)^{k}$$

$$\frac{p_1}{p_2}=\left(\frac{T_1}{T_2}\right)^{\frac{k}{k-1}}$$

$$\frac{\rho_1}{\rho_2}=\left(\frac{T_1}{T_2}\right)^{\frac{1}{k-1}}$$

式中　k——绝热指数，对于干空气，k = 1.4。

例 11-1　有一储气罐，容积为 40L，罐内温度 $t=10$℃的空气，气罐顶部压力表的指针指示为 0，问：当气罐内气体温度从 10℃变化到 40℃时，压力表指示为多少？

解：初始状态　$p_1=(0+0.101)\ \text{MPa}=0.101\text{MPa}$

$$T_1=(273+10)\ \text{K}=283\text{K}$$

终了状态　$T_2=(273+40)\ \text{K}=313\text{K}$

根据公式 $\frac{p_1}{T_1}=\frac{p_2}{T_2}$

$$p_2=T_2\frac{p_1}{T_1}=\frac{0.101\times313}{283}\text{MPa}=0.111\text{MPa}$$

压力表指示的压力

$$p_b=(0.111-0.101)\ \text{MPa}=0.01\text{MPa}$$

例 11-2　把绝对压力 $p=0.1$MPa，温度 $t=20$℃，体积为 V 的干空气压缩为 $0.1V$ 的干空气，试分别按等温与绝热过程分别计算压缩后的气体的压力和温度。

解：(1) 按等温过程计算

根据公式 $p_1V_1=p_2V_2$

$$p_2=\frac{p_1V_1}{V_2}=\frac{0.1V_1}{0.1V_1}=1\text{MPa}$$

$$t_2=t_1=20℃$$

(2) 按绝热过程计算

根据公式 $\frac{p_1}{p_2}=\left(\frac{\rho_1}{\rho_2}\right)^{k}$ 及 $\rho=\frac{1}{\nu}$ 得

$$\frac{p_1}{p_2}=\left(\frac{\nu_2}{\nu_1}\right)^{k}=\left(\frac{V_2}{V_1}\right)^{k}$$

$$p_2=p_1\left(\frac{V_1}{V_2}\right)^{k}=0.1\times\left(\frac{V_1}{0.1V_1}\right)^{1.4}=2.51\text{MPa}$$

根据公式 $\frac{\rho_1}{\rho_2}=\left(\frac{T_1}{T_2}\right)^{\frac{1}{k-1}}$ 得

$$\left(\frac{T_1}{T_2}\right)^{\frac{1}{k-1}}=\left(\frac{\nu_1}{\nu_2}\right)^{k-1}=\left(\frac{V_1}{V_2}\right)^{k-1}$$

$$T_2=T_1\left(\frac{V_1}{V_2}\right)^{k-1}=\left[(273+20)\times\left(\frac{V_1}{0.1V_1}\right)^{1.4-1}\right]\text{K}=736\text{K}$$

$$t_2 = (763-273)℃ = 463℃$$

习　题

11-1　在常温下 $t=20℃$ 时，将空气从 0.1MPa（绝对压力）压缩到 0.7MPa（绝对压力），升温 Δt 为多少？

11-2　空气压缩机向容积为 40L 的气罐充气直至 $p_1=0.8\text{MPa}$ 时停止，此时气罐内温度为 $t_1=40℃$，又经过若干小时罐内温度降至室温 $t=10℃$，问：

（1）此时罐内压力表指示为多少？

（2）此时罐内压缩了多少室温为 10℃ 的自由空气（设大气压力近似为 0.1MPa）？

11-3　已知湿空气的压力 $p=0.1\text{MPa}$，温度 $t=20℃$，相对湿度 $\varphi=75\%$，问湿空气的绝对湿度为多少？

第十二章　气源装置和气动辅助元件

在气压传动系统中，由于压缩空气中的水分、油污和灰尘等杂质会混合成胶体渣质，若不经过处理而直接进入管路系统，就可能造成不良后果。产生、处理和贮存压缩空气的设备称为气源装置。一般的气源装置由空气压缩机和必要的气源净化装置组成。

第一节　空气压缩机

1. 空气压缩机的作用和分类

空气压缩机是气动系统的动力元件，它能将电动机输出的机械能转换成气压能，输出高压气体。

空气压缩机的种类很多，按压力大小可分为低压型（0.2MPa～1.0 MPa）、中压型（1.0 MPa～10 MPa）、高压型（>10MPa）；按工作原理可分为容积型和速度型两类，空气压缩机按工作原理具体分为：

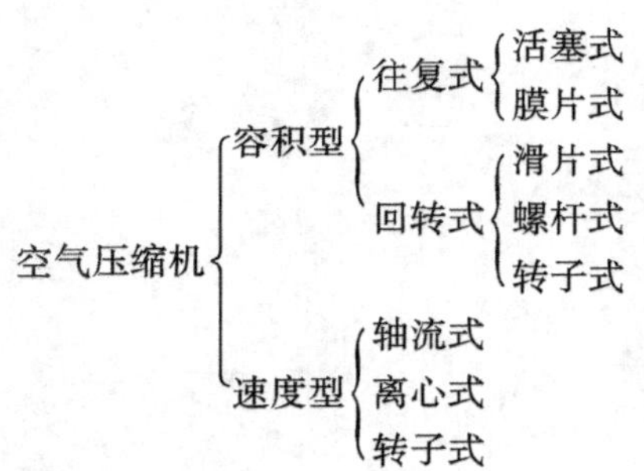

2. 活塞式空气压缩机的工作原理

活塞式空气压缩机是最常用的空压机形式，它主要是通过曲柄连杆机构使活塞作往复运动而实现吸气和压气，并达到提高气体压力的目的。其工作原理及图形符号如图 12-1 所示。当活塞向右移动时，气缸内活塞左腔的压力低于大气压力，吸气阀开启，外界空气进入缸内。当活塞向左移动，缸内气体被压缩。当缸内压力高于输出管道内压力后，排气阀被打开，压缩空气输送至管道内。整个过程由电动机带动曲柄转动，通过连杆带动滑块在滑道内移动，则活塞杆便带动活塞作直线往复运动，空气压缩机就连续输出高压气体。大多数空气压缩机是多缸和多活塞的组合。

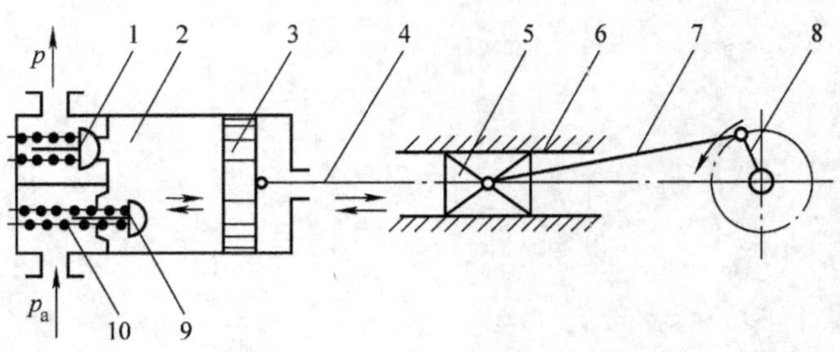

图 12-1　活塞式空气压缩机工作原理图

1—排气阀　2—气缸　3—活塞　4—活塞杆　5、6—十字头与滑道　7—连杆　8—曲柄　9—吸气阀　10—弹簧

第二节　气源净化装置

自由空气通过空气压缩机压缩后，压力虽然有较大提高，但还需经过冷却、干燥、净化等处理才能使用。对压缩空气进行冷却、干燥、净化的装置为气源净化装置，可分为后冷却器、除油器、干燥器、储气罐等。

1. 后冷却器

空气压缩机输出的压缩空气温度可达120℃以上，在此温度下，空气中的水分完全呈气态，后冷却器的作用就是将空气压缩机出口的高温空气冷却至40℃以下，将大量水蒸气和变质油雾冷凝成液态水滴和油滴，以便将它们清除掉。后冷却器一般安装在空气压缩机的出口管道上，可分为风冷式和水冷式两种，并已形成了产品系列。

风冷式后冷却器占地面积小，重量轻，结构紧凑，且易于维修，但其功效较低，只适用于入口温度低于100℃，且处理空气量较少的场合。水冷式后冷却器散热面积较大、热交换均匀、分水效率高，所以适用于入口空气温度低于200℃，且有较大湿度、尘埃较多的场合。水冷式后冷却器运用较为广泛。图12-2所示为HAW22-110XIL系列蛇形管水冷式后冷却器的结构及图形符号。

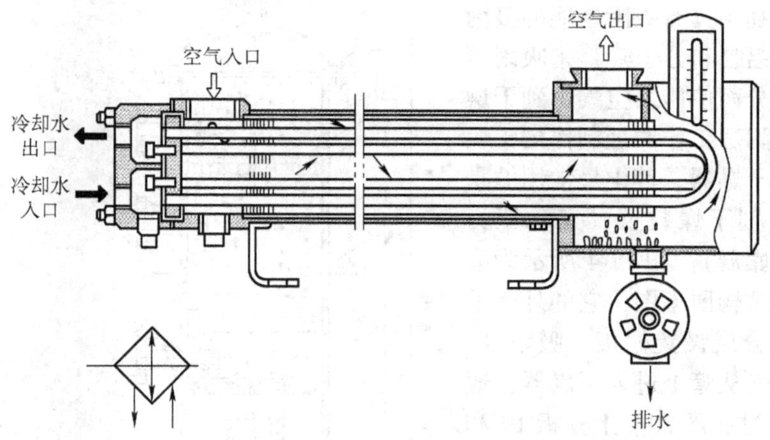

图12-2　HAW22～110XIL系列蛇形管水冷式后冷却器

冷却器的壳体是一个高压容器，在内部排布了蛇形冷却水管，热压缩空气在浸没于冷却水中的蛇形管中流动，冷却水在水套中流动，经管壁进行热交换。冷却水与热空气的流动方向相反，以此降低压缩空气的温度。后冷却器最低处应设置自动或手动排水器，以排除冷凝水。

2. 除油器

除油器又称为油水分离器，它是分离压缩空气中凝聚的水分、油分和灰尘等杂质，以此净化压缩空气的装置，图12-3所示为撞击和环形回转式除油器的基本结构及图形符号。压缩空气从进气管进入分离器的内腔，受到隔离板的阻挡后，反向折回向下，再回升并产生环形回转气流，气体通过分离器上部流向出口，另外，压缩空气中凝聚的水滴、油滴等杂质，由于受到惯性的作用分离析出，向下降于底部，通过排水、放油阀排出。

3. 干燥器

压缩空气经过后冷却器和油水分离器后，得到初步净化，已能满足一般气动系统的使用要求。但仍含有一定的水、油及其少量的灰尘，对于精密气动装置及气动仪表等，仍然会产生不同程度的锈蚀。因此对某些要求提供一定质量的压缩空气的气动系统来说，还必须在气源系统设有压缩空气干燥装置基础上作进一步的干燥处理。

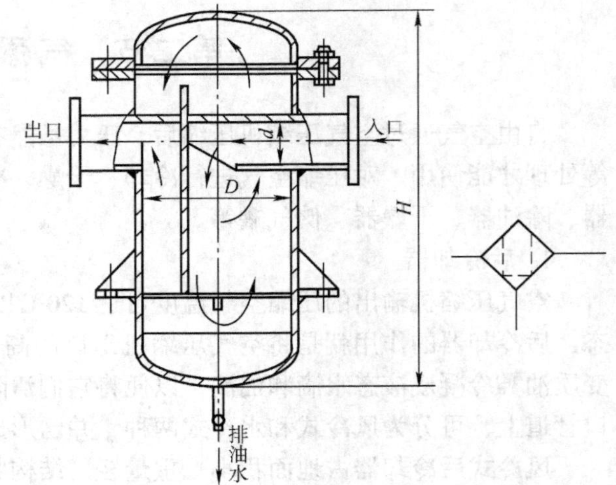

图 12-3　除油器

压缩空气常用的干燥方法有冷冻法、吸附法和压力除湿法。

冷冻法是利用制冷设备，使压缩空气冷却到一定的露点温度、析出压缩空气中相应所含的水分，从而使压缩空气达到一定的干燥程度的方法。

吸附法是利用具有吸附性能的吸附剂（如硅胶、铝胶和分子筛）来吸附压缩空气中的水分而使压缩空气达到干燥的方法。按吸附法工作原理制作的干燥器简称吸附式干燥器。其中最常用的是无热再生吸附剂干燥装置（又称压力升降再生式干燥器）。图 12-4 所示为吸附式干燥器的结构原理图，它的外壳呈圆筒形，其中分层设置栅板、吸附剂、滤网等。湿空气从管 1 进入干燥器，通过吸附剂 21、过滤网 20、上栅板 19 和下部吸附层 16 后，因其中的水分被吸附剂吸收而变得很干燥，然后再经过铜丝网 15、下栅板 14 和过滤网 12，过滤掉灰尘和其他固态杂质后，将干燥、洁净的压缩空气从输出管 8 排出。干燥器中的吸附剂吸水达到饱和状态后，就失去吸附水分的能力，需要用干燥的热空气或其他方法除去吸附剂中的水分，使其再生后才能使用。为了能保证其连续工作，一般采用两套干燥器交换工作。由于吸附剂的再生不须外加热源，所以这种压力升降法又称为无热再生法。

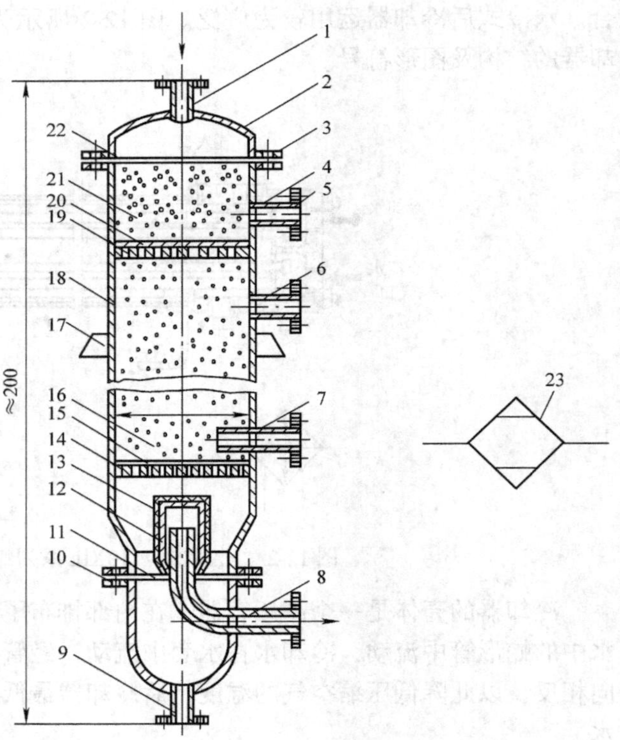

图 12-4　吸附式干燥器

1—湿空气进气管　2—顶盖　3、5、10—法兰　4、6—再生空气排气管　7—再生空气进气管　8—干燥空气输出管　9—排水管　11、22—密封垫　12、15、20—铜丝过滤网　13—毛毡　14—下栅板　16、21—吸附剂层　17—支承板　18—筒体　19—上栅板　23—图形符号

4. 储气罐

储气罐主要作用为消除压力脉动，进一步分离压缩空气中的水、油等杂质，储存一定量的压缩空气以便备用。图 12-5 所示为储气罐结构及图形符号。储气罐一般为焊接件，立式结构运用广泛。它的高度为内径的 2～3 倍，进气口在下，出气口在上，并应尽量拉大两者之间的距离，以此充分分离压缩空气中的杂质等。罐上应设有安全阀，其调整压力为工作压力的 110%；压力表用于显示储气罐内的气体压力；对容积较大的气罐应设有入孔或清洁孔，以便清理和检查内部；最低处设有排水阀。

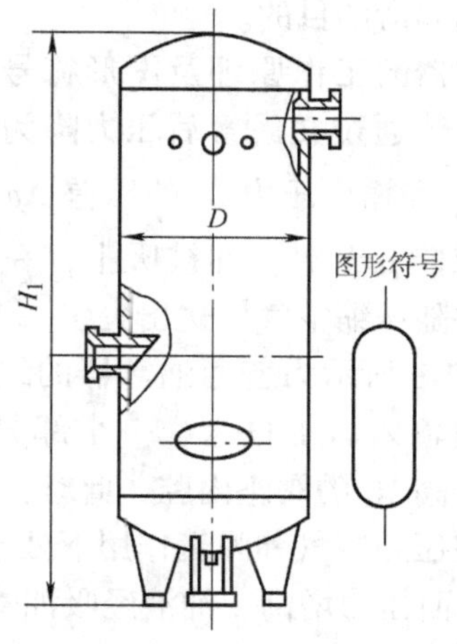

图 12-5　立式储气罐

第三节　气动三大件

过滤器、减压阀、油雾器常组合使用，统称为气动三大件。其中减压阀我们将在第十三章中介绍。

1. 空气过滤器

空气过滤器主要是滤除压缩空气中的水分、油滴和杂质，以达到气动系统所要求的净化程度，属二次过滤器。其排水方式有手动和自动两种，常见的普通手动过滤器的结构及图形符号如图 12-6 所示。压缩空气从输入口进入后，被引向旋风叶子 1，旋风叶子上有很多成一定角度的缺口，迫使空气沿切线方向运动产生强烈的旋转。夹杂在气体中较大的水滴、油滴等，在惯性作用下与存水杯 3 内壁碰撞，并分离出来沉到杯底；而微粒灰尘和雾状水气则在气体通过滤心时被拦截而滤去。挡水板 4 能防止气体旋涡将杯中积存的液态油水卷起。为保证过滤器的正常工作，工作中应及时将污水通过手动排水阀排出。某些人工排水不便的场合，可采用自动排水。

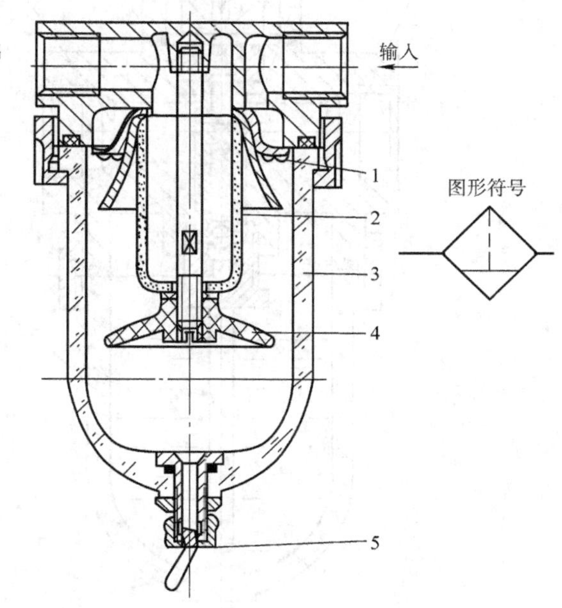

图 12-6　手动式空气过滤器

1—旋风叶子　2—滤芯　3—存水杯　4—挡水板　5—手动排水阀

2. 油雾器

油雾器是一种特殊的注油装置，它是以压缩空气为动力，将润滑油喷射成雾状并混合于压缩空气中，使其随气流进入需要润滑的部件，达到润滑的目的。

油雾器的工作原理及图形符号如图 12-7 所示，气体通过文氏管后压力降为 p_2，当输入压力 p_1 和输出压力 p_2 的压差 Δp 大于吸油所需的位能 ρgh 时，油被吸上，在排除口形成油雾并随压缩空气输送出去。

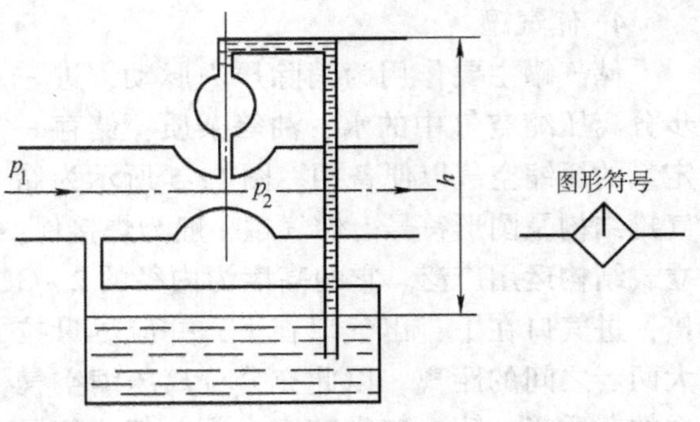

图 12-7　油雾器工作原理

图 12-8 所示为普通油雾器的结构图。压缩空气由输入口 1 进入，一小部分由小孔 2 进入截止阀 10 的阀座内腔，此时，截止阀 10 的钢球在压缩空气和弹簧作用下处于中间位置，因此，气体经截止阀 10 进入贮油杯 5 的上腔 A，油面压力增高，油液经吸油管 11 上升，顶开单向阀 6。因钢球的上部的管口有一边长小于钢球直径的四方孔，所以钢球不能封死上部管口，油液能不断经可调节流阀 7 流入视油器 8 内，再滴入喷嘴小孔 3 中，被主管道通过的气流引射出来，雾化后随气流从输出口 4 输出，送入气动系统。

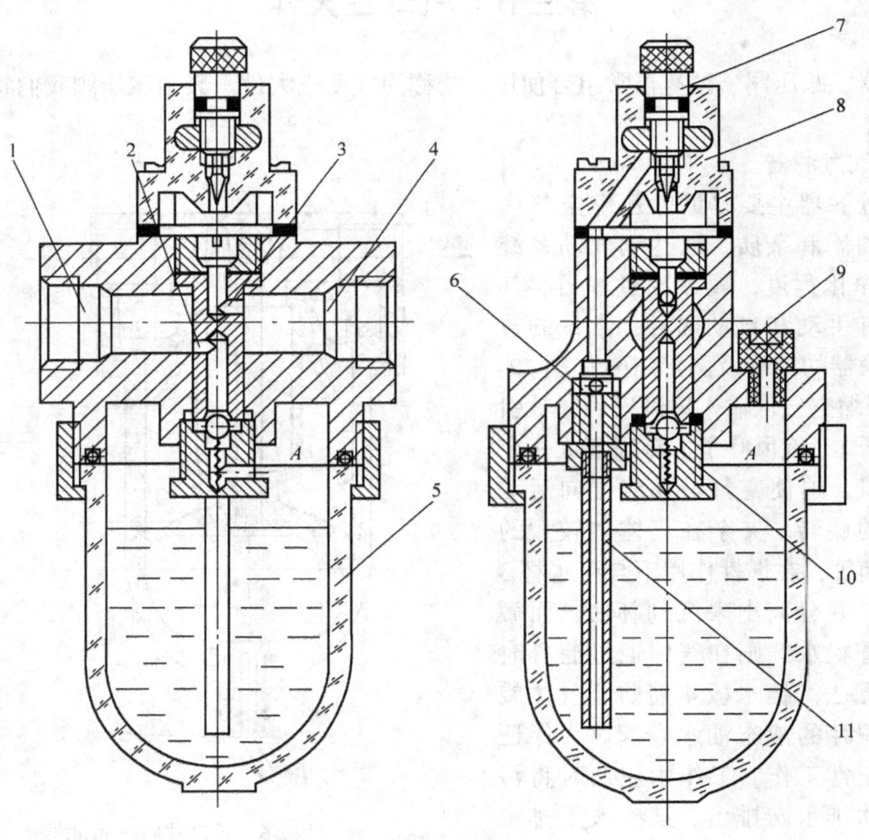

图 12-8　油雾器

1—气流入口　2、3—小孔　4—出口　5—贮油杯　6—单向阀　7—节流阀

8—视油器　9—油塞　10—截止阀　11—吸油管

普通油雾器可以在不停气的情况下加油，这时只要拧松油塞9后，贮油杯上腔A便与大气相通，截止阀10的钢球被压缩空气压在阀座上，切断压缩空气进入A腔的通路，如图12-9所示。由于单向阀的作用，压缩空气也不会从吸油管倒灌入贮油杯，所以油雾器可以在不停气的情况下从油塞口加油。

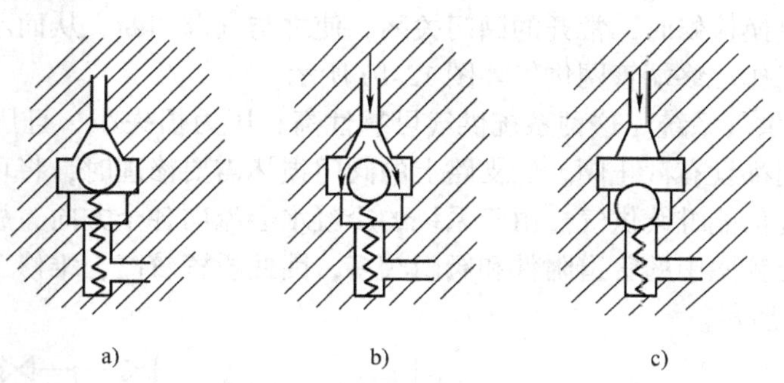

图12-9　特殊单向阀的工作原理

a）不工作时　b）工作（进气）时　c）加油时

第四节　供气系统的管道设计

现在工厂一般都设有独立的压缩空气站（简称空压站），将空压站输出的压缩空气经过冷却、净化、稳压等方面的处理以后，再用管道输送到用气车间供气动系统使用。气动系统管道设计应全面考虑系统流量、压力、空气的干燥净化和系统的可靠性、经济性等各方面的要求。

1. 供气系统管路的种类

1）压缩空气站内气源系统的管道。

2）厂区压缩空气管道。

3）用气车间压缩空气管道。

2. 供气系统管路的布置原则

（1）按供气压力考虑

1）多种压力管路供气系统。如果工厂中的气动设备对气源装置有多种压力要求，且用气量又比较大的情况下，应根据气压大小和使用设备的位置，设计几种不同压力的管路供气系统。

2）降压管路供气系统。如果气动设备对气源装置有多种压力要求，但用气量并不大的情况下，应根据最高供气压力设计管路供气系统。对于系统中的低压系统，可利用减压阀降压获得。

3）管路供气与瓶装供气相结合的供气系统。如果大多数气动设备都使用低压空气，少部分气动设备需用气量不大的高压空气，可根据对低压空气的要求设计管路供气系统，而气量不大的高压空气可采用气瓶供气方式来解决。

（2）按供气的空气质量考虑　如果各种气动设备对空气质量要求不同，应分别设计成一般供气系统和清洁供气系统。若用一个气源管道供气，则必须考虑供气质量较高的清洁供气系统。

(3) 按供气可靠性和经济性考虑

1) 终端管网供气系统。这种系统结构简单、经济性好，一般用于间断供气系统。它可以在每个支路上装一个阀门，进行单独供气控制，如果需要保证使用的可靠性，也可在每个支路上安装两个截止阀串联，靠近气源的阀门正常工作时常开作备用阀，另一个用于日常操作。当后者需要更换检修时，常开的阀门关闭，使之与气源切断，从而不至于因检修而影响整个供气系统的工作。终端管网供气如图 12-10 所示。

2) 环状管网供气系统。这种系统供气可靠性高、压力损失小，且压力较稳定，每条支路或两条支路之间都设有截止阀。当支路上的阀门损坏需要修理时，将环形管路上的两侧阀门关闭，整个系统仍能继续供气。由于系统的冷凝水会流向各个方向，故应设置较多的排水阀。总之这种系统管网中的管道附件和阀门较多，因此投资较高，维修工作量较大。环状管网供气如图 12-11 所示。

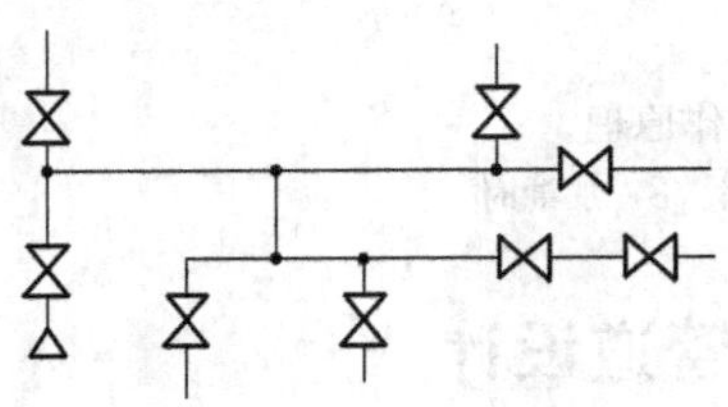

图 12-10 终端管网供气

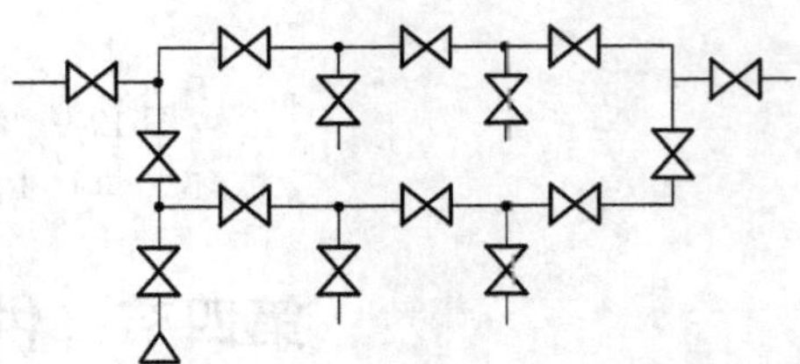

图 12-11 环状管网供气

习 题

12-1 简述气源装置的组成及各设备的作用。

12-2 简述除油器和过滤器的工作原理。

12-3 简述油雾器的工作原理，并说明为什么油雾器可以在不停气的情况下加油。

12-4 气源装置中为什么要设置贮气罐？

12-5 吸附式干燥器中常用哪些吸附剂？什么是吸附剂的再生？如何再生？

第十三章　气动执行元件

气动执行元件是将压缩空气的压力能转化为机械能的元件。它的驱动机构作直线往复、摆动或回转运动，其输出为力或转矩。气动执行元件可分为气缸和气动马达。

第一节　气　　缸

一、气缸

气缸是气动系统中最常用的一种执行元件。在气动执行元件中，气缸是将气压能转化为力和位移而输出的能量转换装置。与液压缸相比，其结构简单、制造成本低、污染少，便于维修，动作迅速。由于工作压力低、气体可压缩性大，其总输出力较小，运动平稳性较差，在轻负荷、定负载场合使用较多。根据使用条件不同，其结构、形状也有多种形式。常用的分类方法有以下几种：

1. 按压缩空气对活塞端面作用力的方向分

（1）单作用气缸　压缩空气只能使活塞向一个方向运动，活塞的复位靠弹簧力或自重和其他外力。

（2）双作用气缸　双作用气缸的往返运动完全靠压缩空气来完成。

2. 按气缸的结构特征分

1）活塞式气缸。

2）薄膜式气缸。

3）伸缩式气缸。

3. 按气缸的安装形式分

（1）固定式气缸　气缸安装在机体上固定不动，有耳座式、凸缘式和法兰式。

（2）轴销式气缸　缸体围绕一固定轴可作一定角度的摆动。

（3）回转式气缸　缸体固定在机床主轴上，可随机床主轴作高速旋转运动。这种气缸常用于机床上气动卡盘中，以实现工件的自动装夹。

（4）嵌入式气缸　气缸做在夹具体内。

4. 按气缸的功能分

（1）普通气缸　包括单作用式和双作用式气缸，常用于无特殊要求的场合。

（2）缓冲气缸　气缸的一端或两端带有缓冲装置，以防止和减轻活塞运动到端点时对气缸缸盖的撞击。

（3）气—液阻尼缸　气缸与液压缸串联，可控制气缸活塞的运动速度，并使其运行速度相对平稳。

（4）摆动气缸　用于要求气缸叶片轴在一定角度内绕轴线回转的场合，如夹具的转位、阀门的启闭等。

（5）冲击气缸　是一种以活塞杆高速运动形成冲击力的高能缸，可用于冲压、切断等。

（6）步进气缸　是一种根据不同的控制信号，使活塞杆伸出不同的相应位置的气缸。

二、气缸的常见工作特性

气缸的工作特性是指气缸的输出力、气缸内压力的变化以及气缸的运动速度等静态和动态特性。由于它们的影响因素很多，有很多问题尚在研究之中，因而在此仅作一些简单的介绍。

1. 气缸的理论输出力

图 13-1a 所示为单作用式气缸，其输出推力为：

$$F = A_1 p_1 - (f + ma + L_0 K_s) \tag{13-1}$$

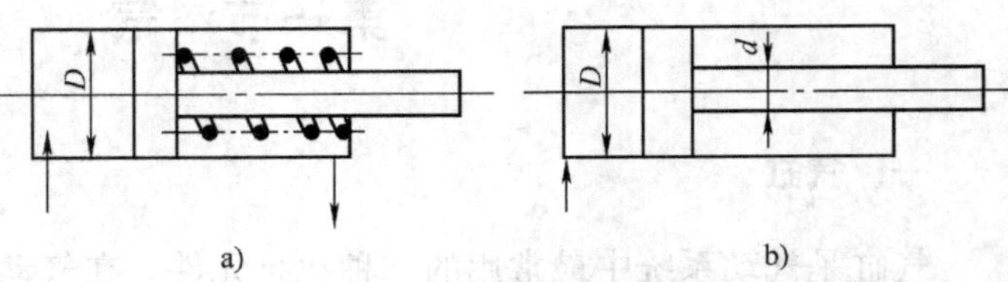

图 13-1　气缸工作原理简图

式中　A_1——活塞的工作面积；

p_1——作用于活塞上的压力；

f——摩擦阻力（包括活塞与气缸以及活塞杆和气缸密封圈等）；

m——运动构件的质量；

a——运动构件的加速度；

L_0——活塞位移 L 和弹簧预压缩量的总和；

K_s——弹簧刚度。

图 13-1b 所示为双作用式气缸，其输出推力为：

$$F = p_1 A_1 - p_2 A_2 - (f + ma) \tag{13-2}$$

式中　p_1、p_2——输入侧和排气侧的气压；

A_1、A_2——输入侧和排气侧的面积；其余符号意义同上。

一般在计算过程中，用下式求双作用缸活塞上输出的推力，即

$$F = (p_1 A_1 - p_2 A_2)\eta \tag{13-3}$$

式中　η——气缸的效率，一般取 $\eta = 0.8 \sim 0.9$。

2. 气缸的速度

由于活塞两侧压力 p_1、p_2 的变化比较复杂，因而推动活塞的力的变化也比较复杂，再加上气体的可压缩性，要使气缸保持准确的运动速度是比较困难的。通常气缸的平均运动速度可按进气量的大小求出，即

$$v = \frac{q}{A} \tag{13-4}$$

式中　q——压缩空气的体积流量；

A——活塞的有效面积。

3. 气缸的耗气量

气缸的耗气量可分为最大耗气量和平均耗气量。

最大耗气量是气缸以最大速度运动时所需的理论空气流量，一般以标准状态下空气量

q_a（L/min，ANR）表示，即

$$q_a = 0.0462D^2v_{max}(p + 0.102) \tag{13-5}$$

式中 D——缸径，(cm)；

v_{max}——气缸最大速度（mm/s）；

p——使用压力（MPa）（表压）。

平均耗气量是气缸在系统的一个工作循环周期内所消耗的理论空气流量，也用标准状态下的空气量 q_{ca}（L/min）表示，即

$$q_{ca} = 0.0157(D^2L + d^2L_d)N(p + 0.102) \tag{13-6}$$

式中 N——每分钟内气缸的往复次数，一个往复为一次；

L——气缸行程（cm）；

d——换向阀至气缸之间配管内径（cm）；

L_d——换向阀至气缸之间配管长度（cm）；

D——缸径（cm）。

最大耗气量 q_a 用来选定空气处理元件、控制阀及配管尺寸；平均耗气量 q_{ca} 用于选定空压机及计算运转成本。两者之差用于选定气罐容积。以上计算中均未计气缸的非工作容积和泄漏量。一般气缸行程和实际工作行程相同时误差不大，如有必要可查厂家样本，但如气缸行程较实际工作行程大得多时，应将此工作容积的耗气量考虑进去。

4. 气缸的负载率 η

气缸的负载率 η，是指气缸活塞杆受到的轴向负载力 F 与其理论输出力（F_0 或 F_1）之比。

轴向负载力是选择气缸时最重要的因素，而其又因负载情况不同而不同。一般垂直提升重物或水平夹紧工件时 F 就等于重力或夹紧力。在确定负载力后可根据负载运动状态确定负载率 η。一般静载荷（如夹紧、低速压铆）时，$\eta \leqslant 70\%$；动载荷气缸速度高于 500mm/s 时，$\eta \leqslant 30\%$；气缸速度在 50～500mm/s 时，$\eta \leqslant 50\%$。也就是说气缸的实际轴向输出力只有理论输出力的 30%～70%，高速动载荷时较小，低速静载荷时较大。

三、标准气缸简介

气缸系列种类、型号很多，为满足各行业使用气缸的需要，我国目前已生产出五种从结构到参数都已标准化、系列化的气缸，简称标准化气缸，供用户优先选用。在生产中应尽可能选用标准化气缸，这样可使产品具有互换性，给设备的使用和维修带来方便。

（1）标准化气缸的标记　标准化气缸的标记是用符号“QG”表示气缸，用符号“A、B、C、D、H”表示五种系列，具体的标记方法为：

QG	A、B、C、D、H	缸径×行程

五种标准化气缸系列为：

QGA——无缓冲普通气缸

QGB——细杆（标准杆）缓冲气缸

QGC——粗杆缓冲气缸

QGD——气液阻尼缸

QGH——回转气缸

例如直径为100mm，行程为135mm的无缓冲普通气缸，标记为：QGA100×135。

（2）标准化气缸的主要参数及选用　标准化气缸的主要参数是缸径和行程。因为在一定的气压力下，缸径标志了气缸活塞杆的输出力，行程标志了气缸的作用范围。选择气缸时，在能满足工作机构要求的前提下，应尽可能选择标准化气缸产品。要根据所需要的安装形式、输出力的大小、行程的长短、活塞的运动速度等综合考虑。选用时可参见《液压气动系统设计手册》。

四、几种特殊气缸的工作原理

1. 气—液阻尼缸

气—液阻尼缸是由气缸和液压缸组合而成，它以压缩空气为能源，利用油液的不可压缩性和控制流量来获得活塞的平稳运动和调节活塞的运动速度。与气缸相比，它传动平稳，停位精确，噪声小；与液压缸相比，它不需要液压源，经济性好，同时具有气动和液压的优点，因此得到了越来越广泛的应用。

气—液阻尼缸工作原理见图13-2。它实际是气缸与液压缸串联而成，两活塞固定在同一活塞杆上，液压缸不用泵供油，只要充满油即可，其进出口间装有液压单向阀、节流阀及补油杯。当气缸右端供气时，气缸克服载荷带动液压缸活塞向左运动（气缸左端排气），此时液压缸左端排油，单向阀关闭，油只能通过节流阀流入液压缸右腔及油杯内。这时若将节流阀阀口开大，则液压缸左腔排油通畅，两活塞运动速度就快，反之，若将节流阀阀口关小，液压缸左腔排油受阻，两活塞运动速度会减慢。这样，调节节流阀开口大小，就能控制活塞的运动速度。可以看出，气液阻尼缸的输出力应是气缸中压缩空气产生的力（推力或拉力）与液压缸中油的阻尼力之差。

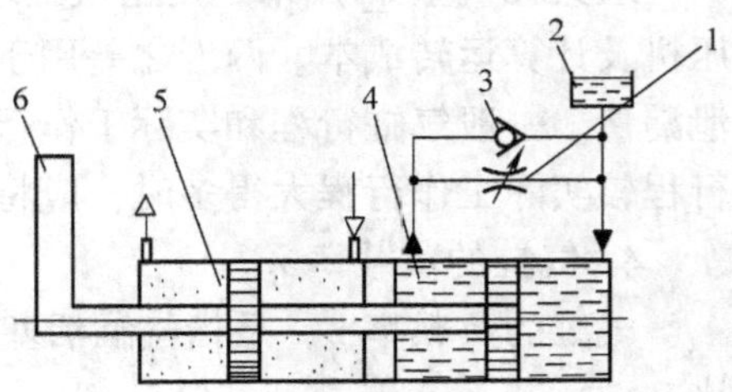

图13-2　串联式气-液阻尼缸

1—节流阀　2—油杯　3—单向阀

4—液压缸　5—气缸　6—外载荷

2. 薄膜式气缸

薄膜式气缸是一种利用压缩空气通过膜片的变形来推动活塞杆作直线运动的气缸。它由缸体、膜片、膜盘和活塞杆等主要零件组成，它分单作用式和双作用式两种，如图13-3所示。

薄膜式气缸的膜片可以作成盘形膜片和平膜片两种形式。膜片材料为夹织物橡胶、钢片或磷青铜片。常用的是厚度为5~6mm的夹织物橡胶；金属膜片只用于行程较小的膜片式气缸中。

薄膜式气缸具有结构紧凑、重量轻、维修方便、密封性能好、制造成本低等优点。但是因膜片的变形量有限，故其行程短（一般不超过40~50mm），且气缸活塞上的输出力随着行程加大而减小。它广泛应用于化工生产过程的调节器上。

3. 冲击气缸

冲击气缸是把压缩空气的能量转化为活塞高速运动能量的一种气缸。活塞的最大速度每秒可达十几米，利用此动能去作功，可完成型材下料、打印、铆接、弯曲、冲孔、镦粗、破

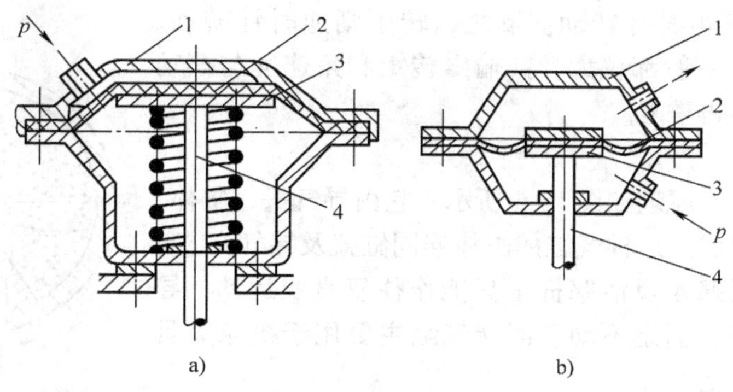

图 13-3　薄膜式气缸

a）单作用式　b）双作用式

1—缸体　2—膜片　3—膜盘　4—活塞杆

碎、模锻等多种作业。

与普通气缸比较，冲击气缸的结构特点是增加了一个具有一定容积的蓄能腔和喷嘴。它的工作原理如图 13-4 所示。冲击缸由缸体、中盖、活塞和活塞杆等主要零件组成。中盖与缸体固结在一起，它和活塞把气缸容积分隔成三部分，即蓄能腔、活塞腔和活塞杆腔，中盖中心开有一喷嘴口。当压缩空气刚进入蓄能腔时，其压力只能通过喷嘴口的小面积作用在活塞上，还不能克服活塞杆腔的排气压力所产生的向上推力以及活塞和缸体间的摩擦阻力，喷嘴处于关闭状态。蓄能腔中充气压力逐渐升高，当压力升高到作用在喷嘴口面积上的总推力能克服活塞杆腔的排气压力与摩擦力的的总和时，活塞向下移动，喷嘴口开启，积聚在蓄能腔中的压缩空气通过喷嘴口突然作用在活塞的全部面积上，喷嘴口处的气流速度可达声速。喷入活塞腔的高速气流进一步膨胀，给予活塞很大的向下推力，此时活塞杆腔内压力很低，于是活塞在很大的压差作用下迅速加速，加速度可达 $1000\mathrm{m/s^2}$ 以上。在很短的时间（约为 0.25 ~ 1.25s）内，以极高的速度（平均冲击速度可达 8m/s）向下冲击，从而获得很大的动能。

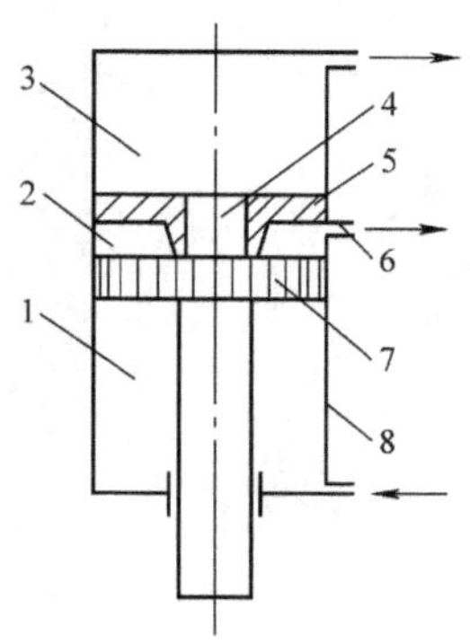

图 13-4　冲击气缸工作原理图

1—活塞杆腔　2—活塞腔　3—蓄能腔　4—喷嘴口　5—中盖　6—泄气口　7—活塞　8—缸体

泄气口的作用是在活塞开始冲击之前，使活塞腔的压力能接近于大气压。当活塞开始冲击后又最好能关闭，以免造成泄漏。较理想的是采用低压排气阀（类似于单向阀），它的作用是在低压时排气，即与大气相通，而在高压时关闭，但这种阀需专门设计。通常，冲击缸的泄气口处也可设置小型针阀（相当于节流阀）。当然，这在活塞开始冲击时，活塞腔的压缩空气会通过泄气口的针阀与大气相通而造成一些泄漏。因此，泄气口的环形节流通道不宜过大。泄气口的另一个作用是在必要时可作为控制信号孔使用。

4. 摆动气缸

摆动气缸是将压缩空气的压力能转变成气缸输出轴的有限回转机械能的一种气缸。它多用于安装位置受到限制或转动角度小于 360°的回转工作部件，例如夹具的回转、阀门的开启、转塔车床转塔刀架的转位，以及自动线上物料的转位等场合。图 13-5 为单叶片摆动气缸的工作原理图。定子 3 与缸体 4 固定在一起，叶片 1 和转子 2（输出轴）连接在一起。当左腔进气时，转子顺时针转动；反之，转子则逆时针转动。这种气缸的耗气量一般都较大，其输出转矩和角速度与摆动液压缸相同，故不再重复。

5. 回转气缸

回转气缸的工作原理如图13-6所示。它由导气头、缸体、活塞杆、活塞等组成。这种气缸的缸体连同缸盖及导气头芯6可被携带回转，活塞4及活塞杆1只能作往复直线运动，导气头体9外接管路，固定不动。回转气缸主要用于机床夹具和线材卷曲等装置上。

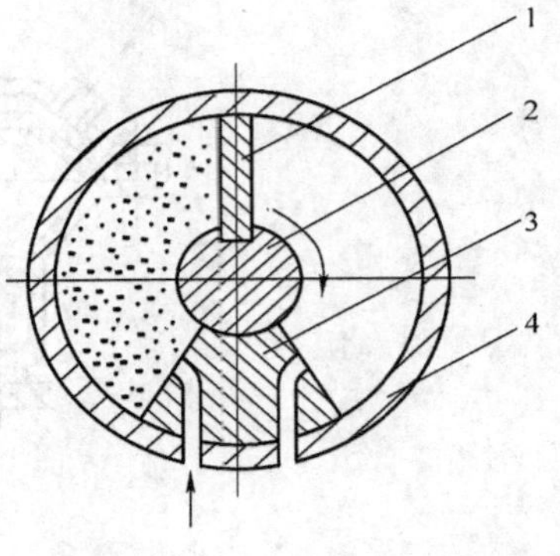

图13-5 摆动气缸

1—叶片 2—转子

3—定子 4—缸体

6. 无杆气缸

无杆气缸是通过活塞与缸外的拖板直接耦合而带动拖板往复运动的。常见的有机械接触式和磁性偶合式两种。

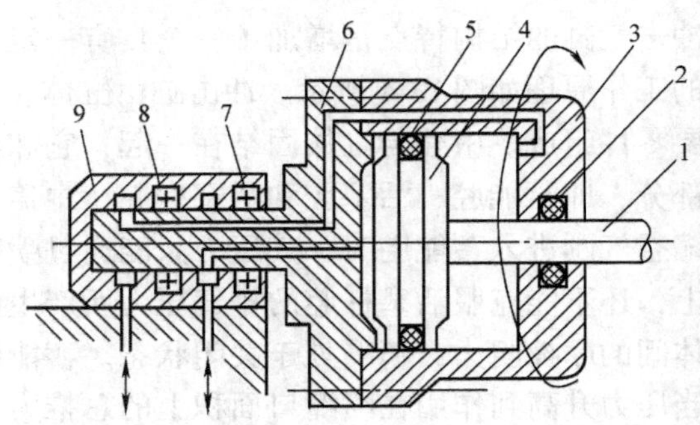

图13-6 回转气缸原理图

1—活塞杆 2、5—密封装置 3—缸体 4—活塞

6—缸盖及导气头芯 7、8—轴承 9—导气头体

图13-7所示为磁性耦合式无杆气缸的结构图。其原理是在活塞上装置一组高磁性永久磁铁环，磁铁环一般用稀土磁性材料制成，其磁力线通过不锈钢的钢筒与套在缸外的另一组磁铁环作用。由于两组磁铁环的极性相反而具有很强的吸引力。当活塞被压缩空气推动时，缸外的拖板也被磁铁环带动而一起移动。磁性无杆气缸重量轻、结构简单、占用空间小、无外泄漏，但外部限位器使负载停止时，活塞组件有与移动体组件脱开的可能，承载能力较小。

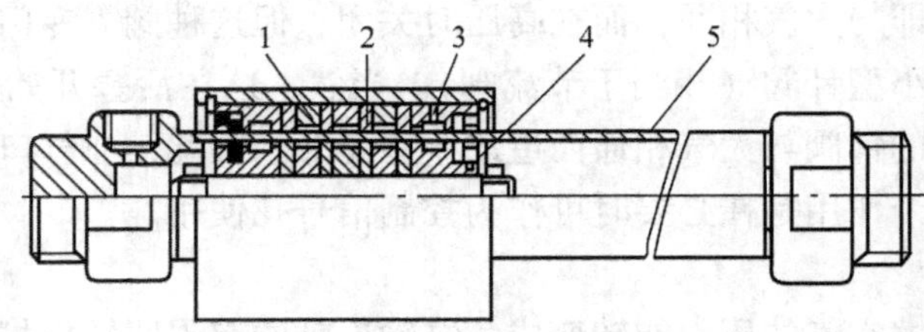

图13-7 磁性耦合无杆活塞气缸

1—相反磁性的磁环 2—铁磁圆片 3—拖板

4—活塞 5—不锈钢缸筒

第二节 气 动 马 达

一、气动马达的分类及工作原理

气动马达是将压缩空气的压力能转换成旋转的机械能的装置。按工作原理可分为透平式和容积式。透平式气马达一般通过喷嘴将空气的流动能直接转变成工作轮的机械能。容积式马达工作原理和液压马达相似，按结构形式可分为叶片式、活塞式、齿轮式。

图 13-8 所示为双向旋转叶片式气马达的工作原理图。当压缩空气从进气口 A 进入气室后立即喷向叶片 1，作用在叶片的外伸部分，产生转矩带动转子 2 作逆时针转动，输出旋转的机械能，废气从排气口 C 排出，残余气体则经 B 排出（二次排气）；若进、排气口互换，则转子反转，输出相反方向的机械能。转子转动的离心力和叶片底部的气压力、弹簧力（图中未画出）使得叶片紧密地抵在定子 3 的内壁上，以保证密封，提高容积效率。

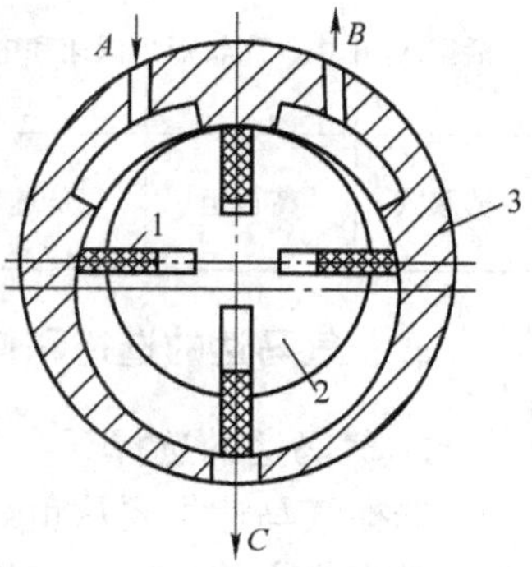

图 13-8 双向旋转的叶片式马达

1—叶片 2—转子 3—定子

图 13-9 所示为在一定工作压力下作出的叶片式气马达的特征曲线。由图可知，当外加转矩 T 等于零时，即为空转，此时速度达到最大值 n_{max}，气动马达输出的功率等于零；当外加转矩等于气动马达的最大转矩 T_{max}时，马达停止转动，此时功率也等于零；当外加转矩等于最大转矩的一半时，马达的转速也为最大转速的$\frac{1}{2}$，此时马达的输出功率 P 最大，以 P_{max}表示。

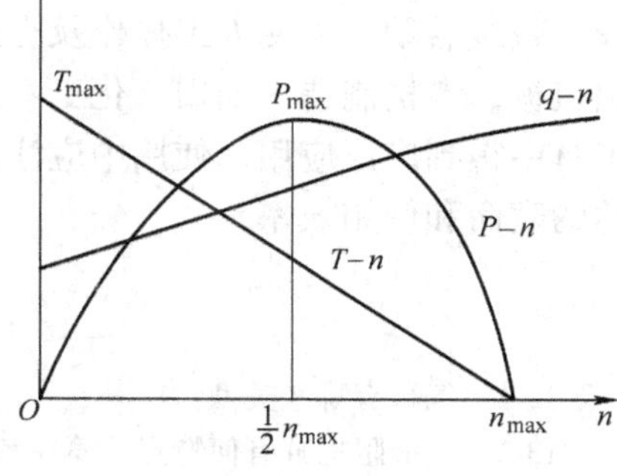

图 13-9 叶片式气动马达特性曲线

二、气动马达的优缺点

1. 优点

容积式气马达与液压马达相比，有如下优点：

1）功率及转速范围大，功率可由几百瓦到几十千瓦，转速可由每分钟几转到几万转。可长时间满载工作，温升很小。

2）具有较高启动力矩，可直接带负载启动。

3）具有软特性，当工作压力不变时，它的转速、转矩及功率均依外负载的变化而变化，而工作压力的变化也可引起转速、转矩和输出功率的变化。

4）结构简单，操纵方便，换向迅速，升速快，冲击小，维修成本低。

5）工作安全适于恶劣环境，可在易燃易爆场所使用，不受高温及振动影响。

2. 缺点

1）很难获得稳定不变的转速。

2）耗气量大，效率低，对润滑要求严格。

各种气马达的特点及应用范围见表13-1。

表13-1 各种气马达的特点及应用范围

型 式	转 矩	速 度	功率/kW	每千瓦耗气量/m^3	特点及应用范围
叶片式（滑片式）	低转矩	高速	1～3	小型：1.8～2.3 大型：1～1.4	制造简单、结构紧凑。低速启动扭矩小且低速性能不好 适用于要求低、中功率的机械，如升降机、泵、拖拉机等
活塞式	中、高转矩	低速和中速	0.7～25	小型：1.9～2.3 大型：1～1.4	在低速时，有较大的功率输出和较好的转矩特性。起动准确。适用载荷较大和要求低速、转矩较高的机械
薄膜式	高转矩	低速	<1	1.2～1.4	适用于控制要求很精确、起动转矩极高和速度低的机械

三、气马达的选择和使用要求

1. 气马达的选择

选择气马达主要从负载状态出发。在变负载场合使用时，主要考虑速度变化范围及满足工作机构所需的力矩；在均衡负载下使用时，主要考虑工作速度。应十分注意样本中给出的额定转数，一般是最大转数的一半，而额定功率则是在额定转数时的功率（一般就是这种马达的最大功率）。

2. 气马达的使用

气马达工作适应性很强，在要求无极调速、启动频繁、经常换向、高温潮湿、易燃易爆、带载启动、不便人工操作及有过载可能的场合、对运动精度要求不高时大量使用。如矿山机械、专机制造、油田、化工、造纸、冶炼、船舶、航空、医疗、工程机械等行业和风动工具中得到广泛应用。使用中应注意润滑，油雾器的设置并定期补油，润滑情况将决定气马达的寿命和使用效率。

习 题

13-1 气缸有哪些类型？

13-2 气液阻尼缸有何特点？简述串联式气—液阻尼缸工作原理。

13-3 冲击缸的工作原理是什么？举例说明冲击缸的用途。

13-4 无杆气缸有哪几种？试说明磁性耦合式无杆气缸的特点。

13-5 容积式气动马达有哪几种结构形式？简述气马达的软特性。

第十四章　气动控制元件

气动控制元件是控制和调节压缩空气的压力、流量、流动方向和发送信号的重要元件，利用它们可以组成各种气动控制回路，使气动执行元件按设计的程序正常的进行工作。控制元件按功能和用途可分为方向控制阀、压力控制阀和流量控制阀三大类。此外，尚有通过改变气流方向和通断实现各种逻辑功能的气动逻辑元件和射流元件等。

第一节　方向控制阀

气动方向控制阀按阀内气流的流动方向可分为单向型和换向型；按阀芯的结构形式可分为截止式和滑阀式；按密封形式可分为间隙式和软质密封式；按不同的控制操纵力又可分为电磁、气压、机械、人工控制等。

1. 单向型控制阀

（1）单向阀　单向阀是指气流只能向一个方向流动而不能反向流动的阀。单向阀的工作原理、结构和图型符号与液压阀基本相同。不过在气动单向阀中，阀芯和阀座之间有一层胶垫（密封垫），如图 14-1 所示。

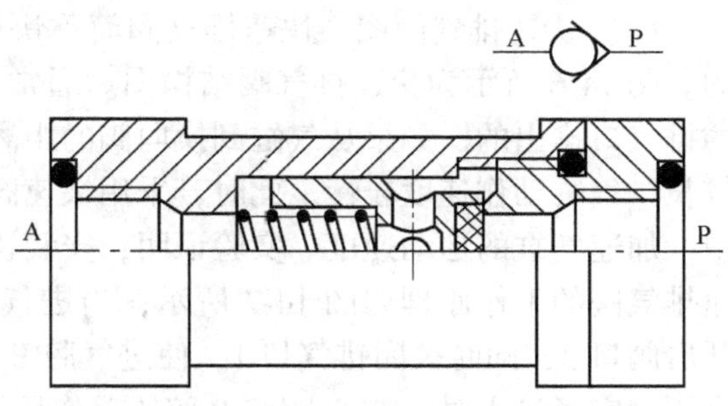

图 14-1　单向阀

（2）梭阀　梭阀相当于共用一个阀芯而无弹簧的两个单向阀的组合，其作用相当于逻辑“或”。在气压传动系统中，当两个通路 P_1 和 P_2 均与通路 A 相通，而不允许 P_1 与 P_2 相通时，就要采用或门型梭阀。由于阀芯象织布梭子一样来回运动，因而称为梭阀。图 14-2 所示为或门型梭阀工作原理图。当通路 P_1 进气时，将阀芯推向右边，通路 P_2 被关闭，于是气流从 P_1 进入通路 A，如图 14-2a 所示；反之，气流则从 P_2 进入 A，如图 14-2b 所示。当 P_1、P_2 同时进气时，哪端压力高，A 就与哪端相通，另一端就自动关闭。图 14-2c 为该阀的图形符号。图 14-3 为该阀的结构图。或门型梭阀在逻辑回路和程序控制回路中被广泛采用。

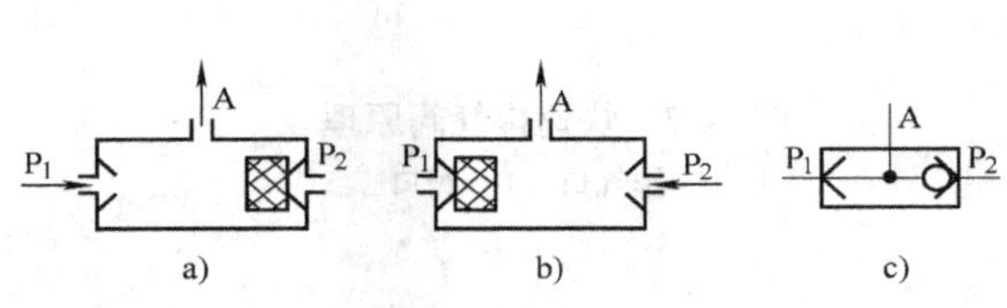

图 14-2　梭阀工作原理图

a）P_1 进气状态　b）P_2 进气状态　c）图形符号

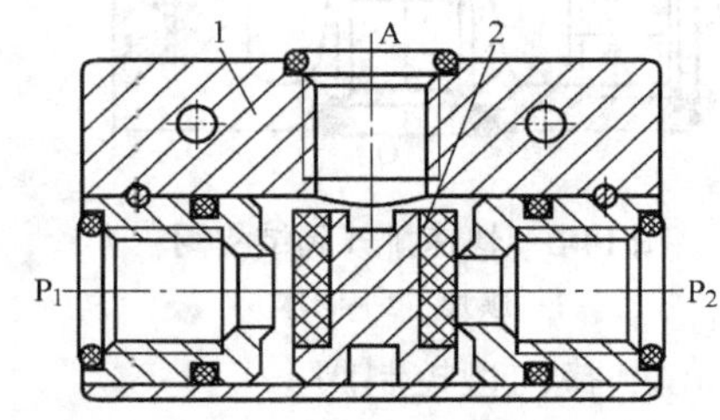

图 14-3　梭阀结构图

1—阀体　2—阀芯

(3) 双压阀　双压阀也相当于两个单向阀的组合。图 14-4 所示为双压阀结构图，只是将密封面由外端面改为内端面，其作用相当于逻辑“与”，既仅当两控制口均有输入时才有输出，否则均无输出。图 14-5 所示为双压阀工作原理，图 14-5a、14-5b，当 P_1 或 P_2 单独有输入时，阀芯被推向右端或左端，此时 A 口无输出；只有当 P_1 和 P_2 同时有输入时，A 口才有输出，如图 14-5c 所示。当 P_1 和 P_2 气体压力不等时，则气压低的通过 A 口输出。图 14-5d 为图形符号。

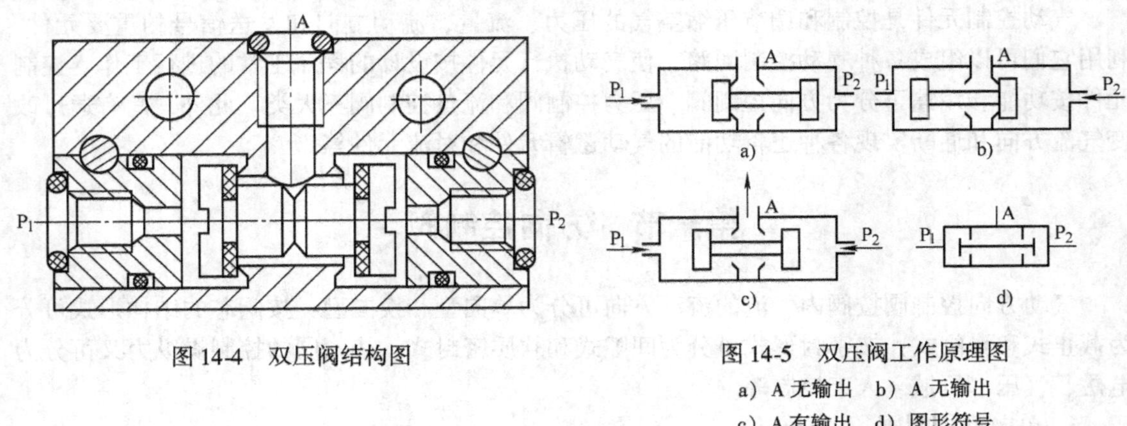

图 14-4　双压阀结构图

图 14-5　双压阀工作原理图

a) A 无输出　b) A 无输出

c) A 有输出　d) 图形符号

(4) 快速排气阀图　快速排气阀简称快排阀，它是为加快气缸运动速度作快速排气用的。图 14-6 所示为快速排气阀结构图。通常气缸排气时，气体是从气缸经过管路由换向阀的排气口排出的。如果从气缸到换向阀的距离较长，而换向阀的排气口又小时，排气时间就较长，气缸动作速度较慢。此时若采用快速阀，则气缸内的气体就能直接由快排阀排往大气中，加速气缸的运动速度。实验证明，安装快排阀后，气缸的运动速度可提高 4 ~ 5 倍。快速排气阀的工作原理如图 14-7 所示，当进气腔 P 进入压缩空气时，将密封活塞迅速上推，开启阀口 2，同时关闭排气口 1，使进气腔 P 与工作腔 A 相通，如图 14-7a 所示；当 P 腔没有压缩空气进入时，在 A 腔和 P 腔压差作用下，密封活塞迅速下降，关闭 P 腔，使 A 腔通过阀口 1 经 O 腔快速排气，如图 14-7b 所示。图 14-7c 为该阀的图形符号。

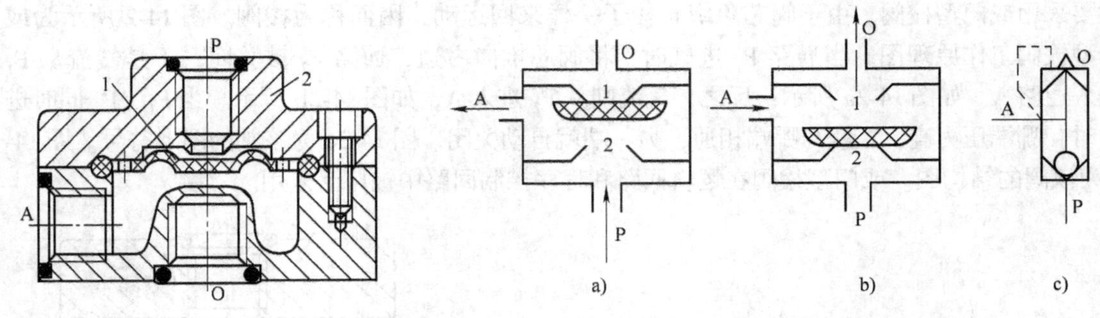

图 14-6　快速排气阀结构图

1—膜片　2—阀体

图 14-7　快速排气阀原理

1—排气口　2—阀口

2. 换向型控制阀

换向型方向控制阀（简称换向阀）的功用是改变气流通道，使气体流动方向发生变化，从而改变气动执行元件的运动方向。下面只介绍几种最常用的换向阀。

(1) 电磁换向阀　这种阀是利用电磁力来实现阀的切换以控制气流方向的。根据电磁力作用方式不同又分为直动式和先导式。

1）直动式单电控电磁换向阀。由电磁铁的衔铁直接推动换向阀阀芯的阀称为直动式电磁阀。直动式电磁阀分为单电磁铁和双电磁铁两种，单电磁铁的换向阀的工作原理及图形符号如图 14-8 所示，图 14-8a 为断电状态，图 14-8b 为通电状态，从图中可知，这种阀阀芯的移动靠电磁铁，而复位靠弹簧，因而换向冲击较大，故一般只制成小型的阀。图 14-8c 为图形符号。若将阀中的复位弹簧改成电磁铁，就成为双电磁铁直动式电磁阀，如图 14-9 所示。图 14-9a 为 1 通电，2 断电时的状态，图 14-9b 为 2 通电、1 断电时的状态。由此可见，这种阀的两个电磁铁只能交替得电工作，不能同时得电，否则会产生误动作。因而这种阀具有记忆的功能。

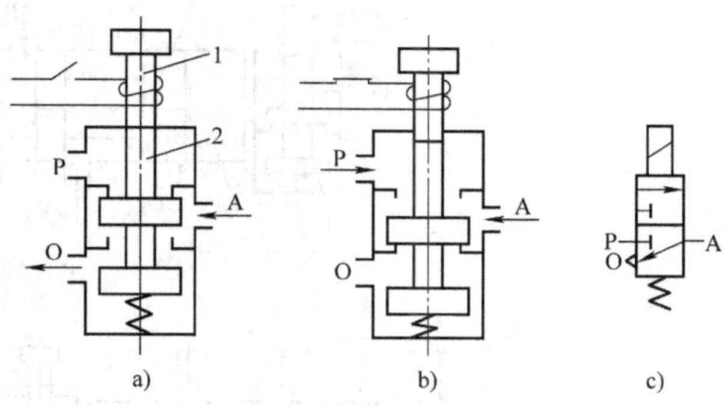

图 14-8　直动式单电控电磁换向阀工作原理图

a）断电状态　b）通电状态　c）图形符号

1—电磁铁　2—阀芯

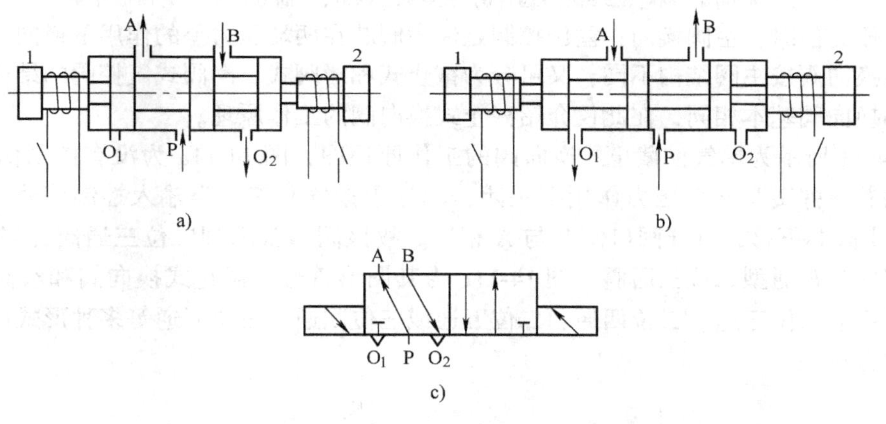

图 14-9　直动式双电磁铁换向阀原理图

a）1 通电、2 断电状态　b）2 通电、1 断电状态　c）图形符号

2）先导式电磁阀。由电磁铁首先控制从主阀气源节流出来的一部分气体，产生先导压力，去推动主阀阀芯换向的阀类，称之为先导式电磁阀。一般电磁先导阀都单独制成通用件，既可用于先导控制，也可用于气流量较小的直接控制、先导式电磁阀也分单电磁铁控制和双电磁铁控制两种，图 14-10 所示为先导滑阀式双电控二位五通换向阀工作原理图。当电磁先导阀 1 线圈通电时（先导阀 2 此时必须断电），主阀的 K_1 腔进气，K_2 腔排气，主阀芯 3 右移，P 与 A、B 与 O_2 接通。反之，K_2 进气、K_1 排气时，主阀芯左移，P 与 B、A 与 O_1 接通。先导式双电控阀具有记忆功能，即通电时换向，断电时并不复位，直至另一侧来电时为止，相当于一个“双稳”逻辑元件。

（2）气压控制换向阀　气控换向阀是靠气压力使阀芯切换的阀。按控制方式的不同可分为加压控制，卸压控制，差压控制三种。加压控制是指所加的控制信号压力是逐渐上升的，当气压增加到阀芯的动作压力时，主阀便换向；卸压控制指所加的信号压力是减少的，当减

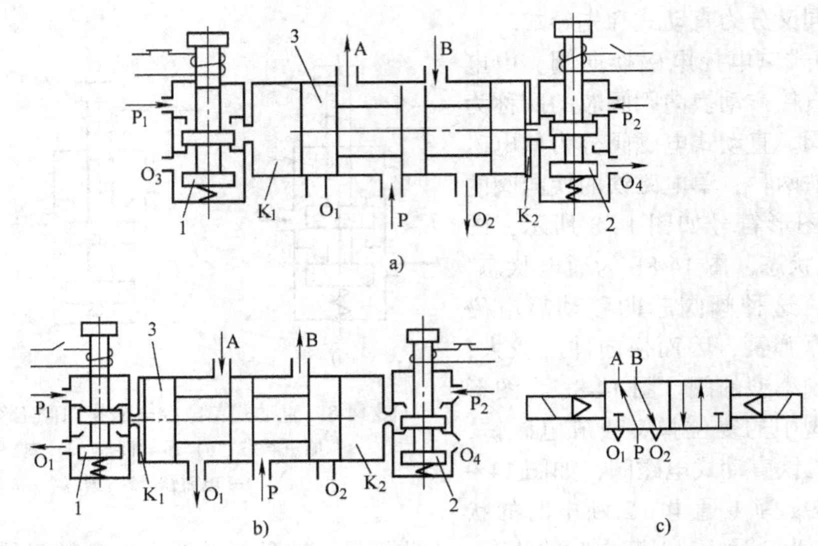

图 14-10　先导滑阀式双电控二位五通换向阀工作原理图

a）先导阀 1 通电、2 断电状态　b）先导阀 2 通电、1 断电状态　c）图形符号

少到某一压力值时，主阀换向；差压控制是使主阀芯在两端压力差的作用下换向。

气控换向阀按主阀结构不同，又可分为截止式和滑阀式，滑阀式气控阀的结构和工作原理与液动换向阀基本相同，在此仅介绍截止式换向阀的工作原理。

图 14-11 所示为单气控截止式换向阀的工作原理图，图 14-11a 为没有控制信号 K 时的状态，阀芯在弹簧及 P 腔压力作用下关闭，阀处于排气状态；当输入控制信号 K 如图 14-11b 时，主阀芯下移，打开阀口使 P 与 A 相通。故该阀属常闭型二位三通阀，当 P 与 O 换接时，即成为常通型二位三通阀，图 14-11c 为其图形符号。截止式换向阀和滑阀式换向阀一样，可组成二位三通、二位四通、二位五通或三位四通、三位五通等多种形式。与滑阀相比，它的特点是：

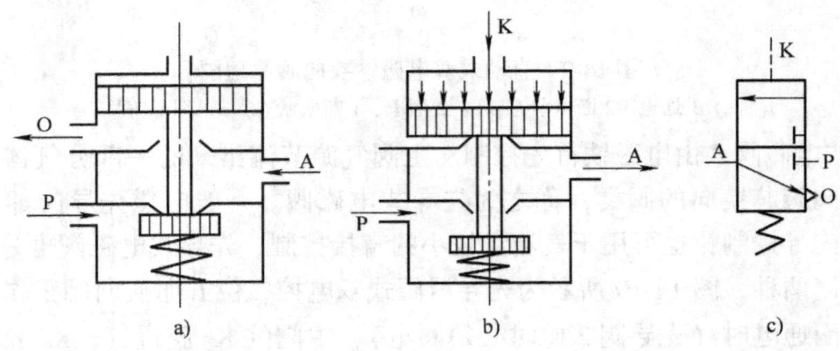

图 14-11　截止式气控阀原理图

1）阀芯的行程短。只要移动很小的距离就能使阀完全开启，故阀开启的时间短，通流能力强，流量特性好，结构紧凑，适用于大流量的场合。

2）截止阀一般采用软质材料（如橡胶）密封，且阀芯始终背压，所以关闭时密封性好，泄漏量小；但换向力较大，换向时冲击力也较大，所以不宜用在灵敏度较高的场合。

3）抗粉尘及污染能力强，对过滤精度要求高。

（3）时间控制换向阀　时间控制换向阀是使气流通过气阻（如小孔、缝隙等）节流后到气容（储气空间）中，经一定时间气容内建立起一定压力后，再使阀芯换向的阀。在不允许使用时间继电器（电控）的场合（如易燃、易爆、粉尘大等），用气动时间控制换向阀就显示出其优越性。

1）延时阀。图14-12所示为二位三通延时换向阀，它是由延时部分和换向部分组成的。当无气控信号时，P与A断开，A腔排气；当有气控信号时，气体从K腔输入经可调节流阀节流后到气容内，使气容不断充气，直到气容内的气压上升到某一值时，使阀芯由左向右移动，使P与A接通，A有输出。当气控信号消失后，气容内气压经单向阀到K腔排空。这种阀的延时时间可在0～20s内调整。

2）脉冲阀。图14-13所示为脉冲阀的工作原理及结构图，它是靠气流流经气阻、气容的延时作用，使输入的长信号变为脉冲信号输出的阀。初始状态阀芯处于下面，K口经固定节流口通阀芯上部，A口经阀芯圆周环形槽通大气；有信号输入后，由于固定节流口的阻尼作用，阀芯下端作用力大于上端，阀芯上移，K与A通，A口有输出气流；当A口有输出的同时，K口来气经阀芯中间节流口不断向上腔充气，上腔压力不断升高，当达到某一值时，向下作用力大于向上作用力（因上部面积大），阀芯下移复位，A与O接通排气，这时即使K上仍有输入信号，A口也不会有输出信号，直至K口信号消失，气容中气压泄尽后再从K口输入信号时，A口才会又有输出。

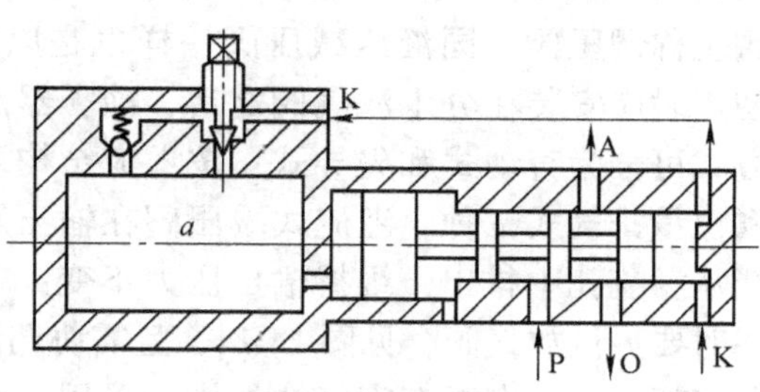

图14-12　二位三通延时换向阀 a

机械控制和人力控制换向阀是靠机动（行程挡块等）和人力（手动或脚踏等）来使阀产生切换动作的，其工作原理与液压阀中相类似的阀基本相同。

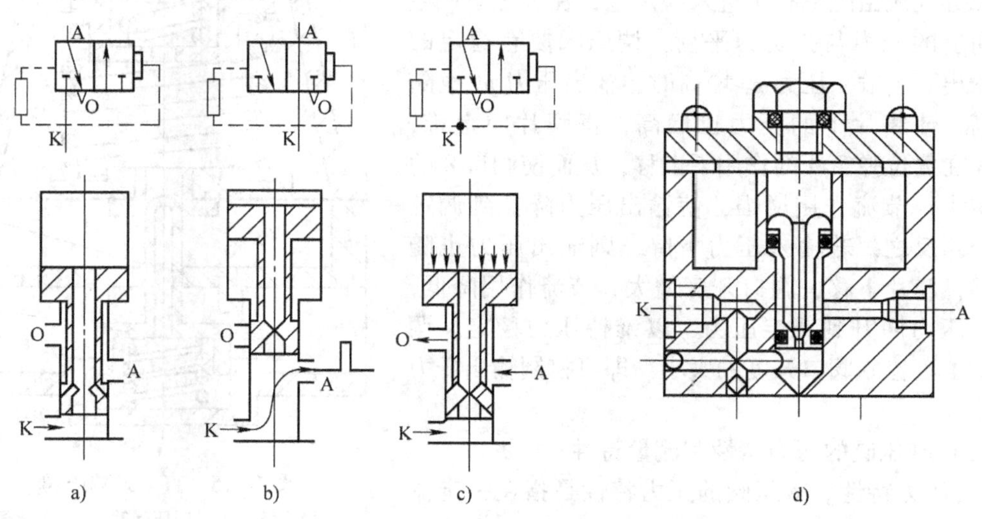

图14-13　脉冲阀的工作原理及结构图

a）无信号输入状态　b）刚有信号输入时　c）信号输入一定时间后　d）结构图

第二节 压力控制阀

1. 减压阀

在气压传动系统中，控制压缩空气的压力和依靠气体压力来控制执行元件动作顺序的阀，统称为压力控制阀。这类阀的共同特点是：利用作用于阀芯上的压缩空气压力和弹簧力相平衡的原理来进行工作的。压力控制阀按其功能可分为调压阀（减压阀）、顺序阀和安全阀。

一般气源压力都高于每台设备所需压力，且多台设备共用一个气源。故需用减压阀将较高的入口压力调节并降低到符合使用的出口压力，并保持调节后出口压力的稳定。气动减压阀也称调压阀。同液压减压阀一样也是以出口压力为控制信号的。使用时应安装在分水滤气阀之后、油雾器之前。减压阀按压力调节方式可分为直动式和先导式；按溢流结构可分为溢流式、非溢流式和恒量排气式三种。溢流式减压阀在输出压力超过设定值时，气流能从溢流孔中排出，维持输出压力不变；非溢流式没有溢流孔，使用时要另设放气阀，见图 14-14，且需协调调整减压阀和放气阀，十分麻烦，故除有毒有害气体外均不采用；恒量排气式始终有微量气体从溢流阀座上的小孔排出，保证了主阀芯的微小开度，避免了咬死现象，提高了稳压精度，但存在泄漏。下面是直动式减压阀的工作原理及特性。

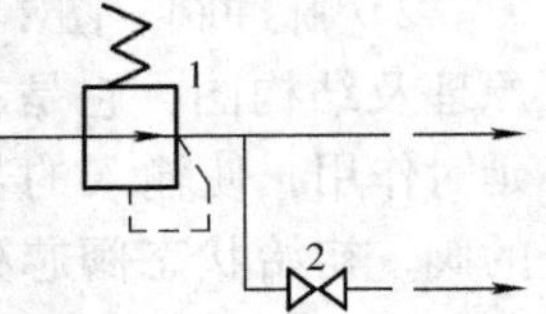

图 14-14 非溢流式减压阀的应用
1—减压阀 2—放气阀

（1）工作原理 图 14-15 所示为直动式减压阀的工作原理及图形符号。当顺时针方向调整手柄 1 时，调压弹簧 2（实际上有两个弹簧）推动下弹簧座 3、膜片 4 和阀芯 5 向下移动，使阀口开启，气流通过阀口后压力降低，从右侧输出二次压力气。与此同时，有一部分气流由阻尼孔 7 进入膜片室，在膜片下产生一个向上的推力与弹簧力平衡，调压阀便有稳定的压力输出。当输入压力 p_1 增高时，输出压力 p_2 也随之增高，使膜片下的压力也增高，将膜片向上推，阀芯 5 在复位弹簧 9 的作用下上移，从而使阀口 8 的开度减小，节流作用增强，使输出压力降低到调定值为止；反之，若输入压力下降，则输出压力也随之下降，膜片下移，阀口开度增大，节流作用降低，使输出压力回升到调定压力，以维持压力稳定。调节手柄 1 以控制阀口开度的大小，即可控制输出压力的大小。

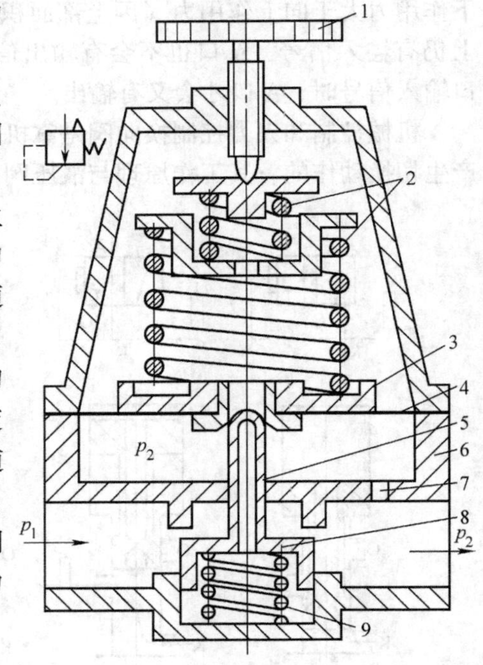

图 14-15 直动式减压阀
1—调整手柄 2—调压弹簧 3—下弹簧座 4—膜片 5—阀芯 6—阀套 7—阻尼孔 8—阀口 9—复位弹簧

（2）减压阀的压力特性和流量特性

1）压力特性。减压阀的压力特性是指在一定流量下，输出压力 p_2 和输入压力 p_1 之间的关系。p_1 变化引起的 p_2 变化越小越好，曲线越平越好，如图 14-16 所示。

2）流量特性。流量特性表示输入压力为定值时，输出压力 p_2 和输出流量之间的关系。在某设定压力 p_2 下，输出流量在很大范围内变化时，出口压力的变化越小，曲线越平，如图 14-17 所示。

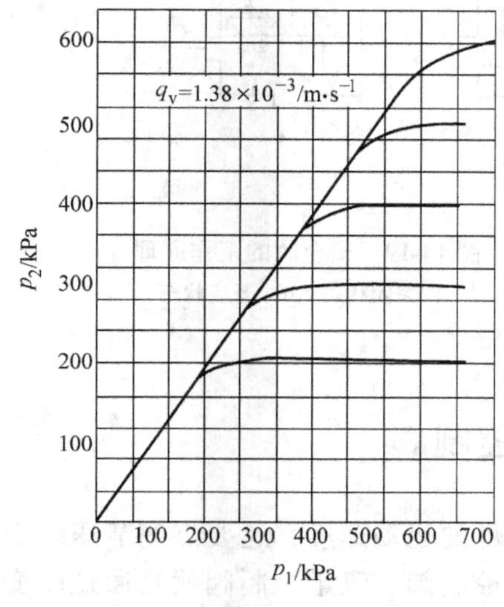

图 14-16　减压阀的压力特性曲线

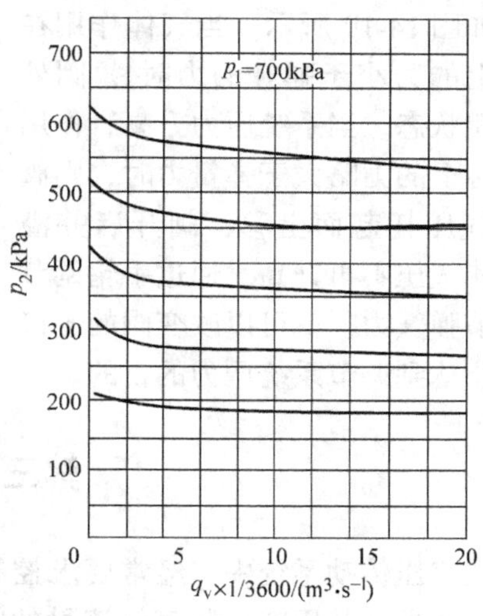

图 14-17　减压阀的流量特性曲线

由上述两曲线族可知，当输出压力较低，流量适当时，减压阀的压力特性和流量特性均较好。所以一般减压阀的通过流量应与其额定流量相近，出口压力至少低于进口压力 0.2MPa，当然越低其压力、流量特性越好。

减压阀的结构直接影响阀的稳压精度。对直动式减压阀来说，弹簧刚度小，膜片直径大，阀芯上密封圈摩擦力越小的稳压精度较好。但这些结构尺寸又受调压范围和额定流量的限制，故应综合考虑选取最佳值。

2. 单向顺序阀

单向顺序阀是由顺序阀与单向阀并联组合而成。其工作原理如图 14-18 所示。气流正向流通时，单向阀关闭，气流压力必须达到顺序阀的调整压力时，即克服弹簧力时阀被打开，P 口与 A 口通。当气流反向流动时，单向阀被打开，A 口直接通 P 口，此时顺序阀不起作用。

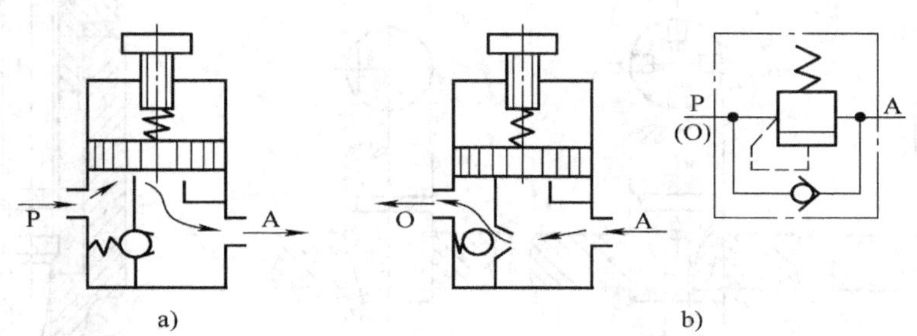

图 14-18　单向顺序阀工作原理

a）关闭状态　b）开启状态

3. 安全阀（溢流阀）

当贮气罐或回路中压力超过某设定值时，气流需经安全阀排出，以保证系统安全；当回路中仅靠减压阀的溢流孔排气难以保持执行机构的工作压力时，亦可并联一安全阀做溢流阀用。安全阀的工作原理如图 14-19 所示。当气体作用在阀芯上的力小于弹簧的力时，阀处于关闭状态。当系统压力升高，作用在阀芯上的力略大于弹簧力时，则阀芯被气压托起而上移，阀开启并溢流，使气压不再升高。通过手轮调节杆调节弹簧力，就可以改变阀的进口压力，达到调节系统压力的目的。

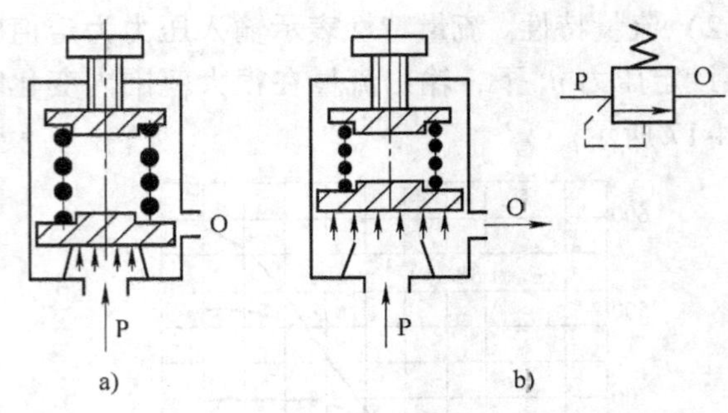

图 14-19　安全阀的工作原理

a）关闭状态　b）开启状态

第三节　流量控制阀

在气压传动系统中，经常要求控制气动执行元件的运动速度，这要靠调节压缩空气的流量来实现。凡用来控制气体流量的阀，称为流量控制阀。流量控制阀就是通过改变阀的通流截面积来实现流量控制的元件，它包括节流阀、单向节流阀、排气节流阀和柔性节流阀等。

（1）节流阀　常见节流口形状如图 14-20 所示。希望节流阀的调节范围大，阀芯位移量与通过的流量成线性关系。由于节流口形状对调节特性影响较大，不同形式的节流口各有特点，使用中应区别对待。一般来说针阀型，小开度时调节较灵敏，线性度较好，但大开度时灵敏度就差了；三角沟槽型通流面积与阀芯位移量线性关系好，但小开度时调节较困难；圆柱斜切型的通流面积与阀芯位移量成指数关系，能实现小流量精密调节，但全行程线性度较差。图 14-21 所示为圆柱斜切型节流阀结构图。

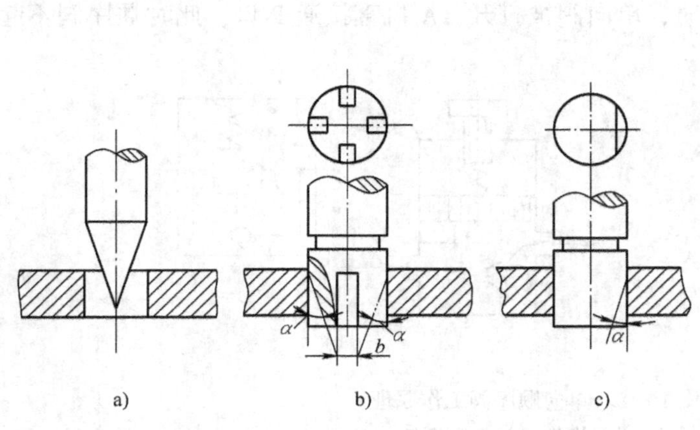

图 14-20　常用节流口形式

a）针阀型　b）三角沟槽型　c）圆柱斜切型

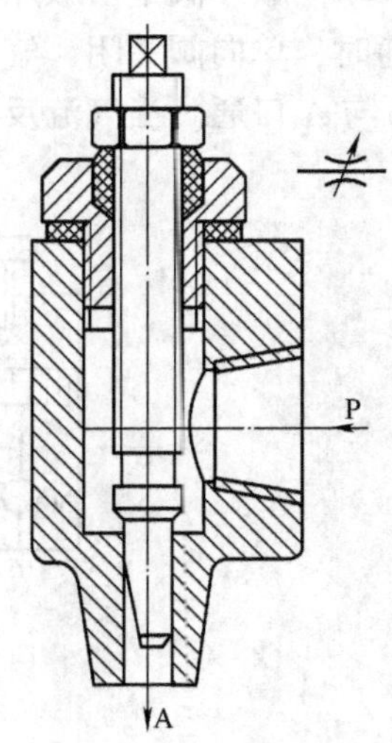

图 14-21　节流阀结构图

（2）单向节流阀　单向节流阀是单向阀和节流阀组合而成的单向起调速作用的阀。图 14-22 所示为其工作原理及图形符号。当气流正向流动时，从进口 P 流向出口 A，中间要经过节流阀的节流孔而受到控制。当气流反向流动时，从 A 口进入推开单向阀阀芯直接到达 P 口流出，不必经过节流阀的节流孔。此阀常用于单向节流调速回路中。

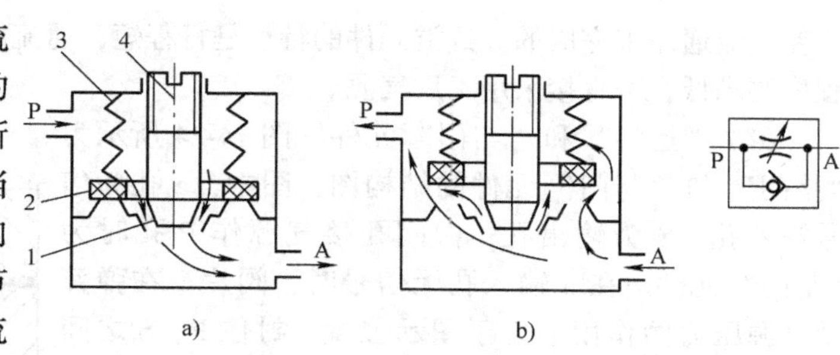

图 14-22　单向节流阀工作原理图

1—节流口　2—单向阀　3—弹簧　4—调节杆

（3）排气消声节流阀　本阀是节流阀和消声器的组合，常用于执行元件或换向阀的排气口，在排气节流调速的同时，由消声套减少排气噪声。其结构及图形符号如图 14-23 所示。阀的节流口 1 起节流作用，其通流面积可以通过手轮调节。气流通过节流口后经消声套 2 排入大气，减小了排气噪声。此阀一般安装在执行元件的排气口，用以调节执行元件的速度。

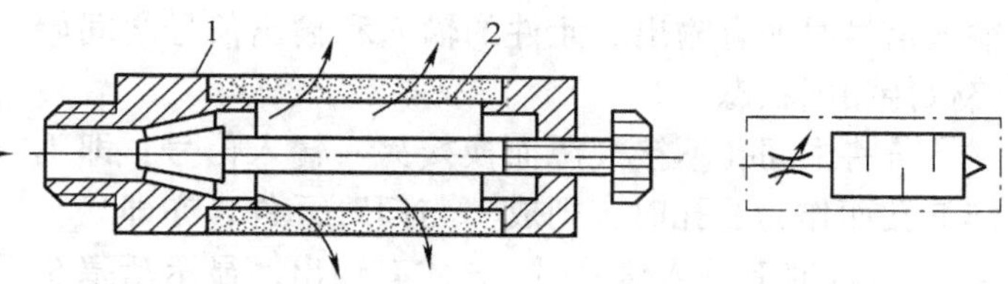

图 14-23　排气节流阀工作原理图

1—节流口　2—消声套（消声材料制成）

流量控制阀的使用：由于气体具有较大压缩性，尤其负载变化较大时对速度调控困难，故使用时应尽量使流量阀接近气缸；尽量减少外界因素（如润滑、泄漏及气缸加工精度）的影响。

第四节　气动逻辑元件

气动逻辑元件是一种利用压缩空气为工作介质，通过元件的可动部件在气控信号作用下动作，改变气流方向以实现一定逻辑功能的气体控制元件。实际上气动方向控制阀也具有逻辑元件的各种功能，所不同的是它的输出功率较大，尺寸大。而气动逻辑元件的尺寸较小，因此在气动控制线路中广泛采用各种形式的气动逻辑元件（逻辑阀）。

1. 气动逻辑元件的分类及特点

（1）气动逻辑元件的分类　按工作压力可分为高压（0.2～0.8MPa）、低压（0.02～0.2MPa）和微压（<0.02MPa）；按结构可分为截止式、膜片式、滑阀式、球阀式和其他式；按逻辑功能则可分为“或门”、“与门”、“非门”、“双稳”等元件。

（2）气动逻辑元件的特点　气动逻辑元件流道孔径大、抗污染能力强、结构简单、成本低、带负载能力强、无功耗气量低、匹配简单、调试容易，适应能力强，对环境条件要求不严；但响应时间长、响应速度慢，且不能用于强烈冲击和振动的场合。

2. 高压截止式逻辑元件

高压截止式逻辑元件的动作是依靠气压信号推动阀芯或通过膜片的变形推动阀芯运动，

改变气流通路来完成的。这类元件的特点是行程短，通流能力强，工作压力高，对气源净化程度要求低，可直接采用工厂气源。

(1) “是门”和“与门”元件　图 14-24 所示为“是门”和“与门”元件的结构图，图中，a 孔为信号输入孔，S 为输出孔，中间孔接气源作 P 孔时为“是门”元件。在 a 输入孔无信号时，阀片 1 在弹簧及气源压力的作用下处于图示位置，封住 P、S 之间的通道，使输出孔 S 与排气孔相通，S 无输出。在 a 有输入信号时，膜片 4 在输入信号作用下将阀芯 3 推动下移，封住输出孔 S 与排气孔间通道，P、S 之间相通，S 有输出。这就是说，无输入信号时无输出；有输入信号时就有输出。元件的输入和输出信号之间始终保持相同状态。

图 14-24　“是门”和“与门”元件
1—膜片　2—阀体　3—阀芯
4—膜片　5—显示活塞　6—手动按钮

若将中间孔不接气源而换接另一输入信号，即不作 P 孔而作为 b 孔时，则成“与门”元件，亦即只有当 a、b 同时有输入信号时，S 才有输出。显示活塞 5 用来显示输出的状态，即活塞伸出时表示 S 有输出，反之 S 无输出。手动按钮 6 用于手动发送信号。

“是门”元件和“与门”元件的逻辑关系见表 14-1。

表 14-1　“是门”元件和“与门”元件的逻辑关系

名　称	是　门		与　门		
逻辑函数	S = a		S = a · b		
真值表	a	S	a	b	S
	0	0	0	0	0
	1	1	0	1	0
			1	0	0
			1	1	1
逻辑符号	a—S		a、b—S		

(2) “或门”元件　图 14-25 所示为或门结构图。图中 a、b 为信号输入孔，S 为信号输出孔，当 a 有信号时，阀芯 3 下移，a 信号经 S 输出；b 有信号时阀芯上移，b 信号经 S 输出。当 a、b 均有信号时，阀芯位置取决于 a、b 的大小和输入时间，可能位于上、中、下任一位置，但无论阀芯处于何种位置，因 a、b 均有输入故 S 肯定有输出。也就是说，在 a 或 b 两个输入端中，只要有一个有信号或同时有信号，输出 S 便有信号，起到了逻辑“或”的作用。

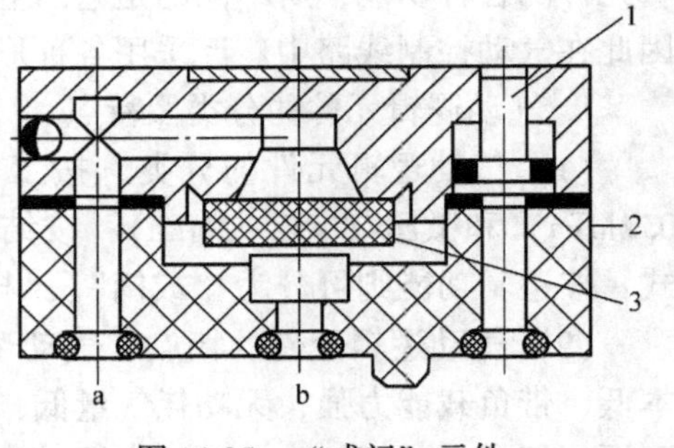

图 14-25　“或门”元件
1—显示活塞　2—阀体　3—阀芯

“或门”元件逻辑关系见表14-2。

表14-2 “或门”元件逻辑关系

逻 辑 函 数	真 值 表		
$S=a+b$			
逻辑符号（a、b —+— S）	a	b	S
	0	0	0
	0	1	1
	1	0	1
	1	1	1

（3）“非门”和“禁门”元件 图14-26所示为“非门”和“禁门”元件结构图。图中a为信号输入孔，S为信号输出孔，中间孔接气源时为“非门”元件。a无信号输入时，阀片1在气源P的压力作用下上移，封住S与排气孔间通道，S有输出。当a有信号输入时，膜片6在a信号压力作用下，推动阀杆3下移，因3的作用面积较下端大得多，故阀片1下移封住P口，S经中间径向间隙通排气没有输出。即有输入信号时无输出信号；无输入信号时有输出信号。输入、输出反相是逻辑“非”的作用。若将中间孔不作气源P用，而改接另一信号b时，即为“禁门”元件。即a的信号以对b的信号起禁止作用。

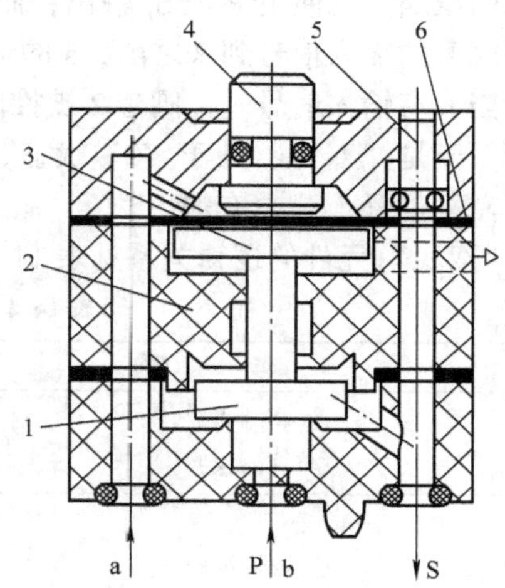

图14-26 “非门”和“禁门”元件

1—阀片 2—阀体 3—阀杆
4—手动按钮 5—显示活塞 6—膜片

“非门”元件和“禁门”元件的逻辑关系见表14-3。

表14-3 “非门”元件和“禁门”元件的逻辑关系

名 称	非 门		禁 门		
逻辑函数	$S=\bar{a}$		$S=\bar{a}b$		
真值表	a	S	a	b	S
	0	1	0	0	0
	1	0	0	1	1
			1	1	0
			1	0	0
逻辑符号	a —▷— S		a、b —+— S		

（4）“双稳”元件 “双稳”元件属记忆元件，在逻辑回路中起很重要的作用。图14-27所示为“双稳”元件的原理图，当a有输入信号时，阀芯2被推向右端（既图示位置），

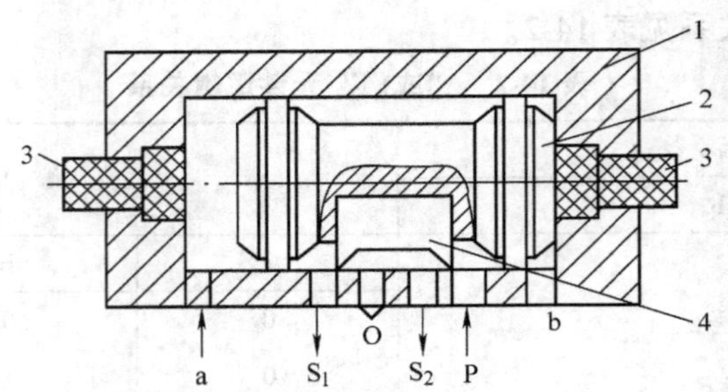

图 14-27 “双稳”元件原理图

1—阀体 2—阀芯 3—手动按钮 4—滑块

气源的压缩空气便由 P 至 S_1 输出；而 S_2 与排气口相通；此时“双稳”处于“1”状态。在控制端 b 的输入信号到来之前，a 的信号即使消失，阀芯 2 仍能保持在右端位置，S_1 总有输出。当 b 有输入信号时，阀芯 2 被推向左端，此时压缩空气由 P 至 S_2 输出，而 S_1 与排气孔相通，于是“双稳”处于“0”状态。在 a 信号未到来之前，即使 b 的信号消失，阀芯 2 仍处于左端位置，S_2 总有输出。

“双稳”元件的逻辑关系见表 14-4。

表 14-4 “双稳”元件的逻辑关系

逻辑函数	真值表			
$S_1 = K_B^A$ $S_2 = K_A^B$				
逻辑符号 a—[1]—S_1 b—[2]—S_2	a	b	S_1	S_2
	1	0	1	0
	0	0	1	0
	0	1	0	1
	0	0	0	1

（5）“或非”元件 图 14-28 所示为具有 A、B、C 三输入的“或非”元件原理图，它是在“非门”元件的基础上增加两个信号输入端，即具有 a、b、c 三个输入信号端。三个信号膜片不是钢性连在一起的，而是处于“自由状态”，即阀柱 1、2 和相应的上下膜片是可以分开的。从图中可以看出，只要有一个输入信号出现，输出端就没有输出信号，既完成了“或非”逻辑功能。

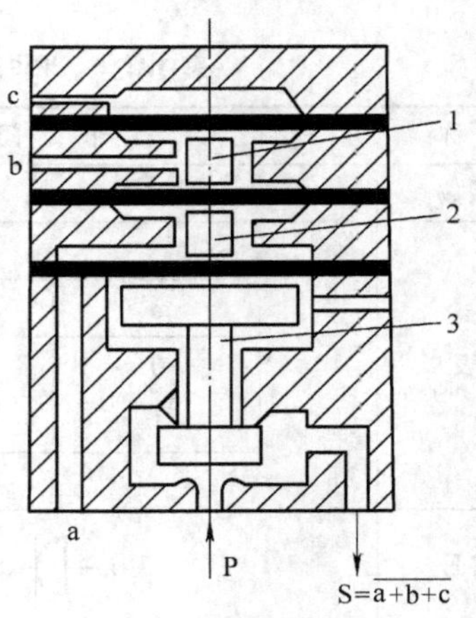

图 14-28 “或非”元件原理图

1、2—阀柱 3—阀芯

“或非”元件是一种多功能逻辑元件，用这种元件可以实现“是门”、“或门”、“与门”、“非门”及记忆各种逻辑功能，见表 14-5。

表 14-5 “或非”元件实现的逻辑功能

是　门	a　S	a　S=a
或　门	a b　S	a b　S=a+b
与　门	a b　S	a b　$S=a\cdot b$
非　门	a　S	a　$S=\bar{a}$
双　稳	a　1　S_1 b　2　S_2	a　S_1 b　S_2

习　题

14-1　气压传动与液压传动的溢流阀、减压阀、顺序阀等在结构及应用上有何异同之处？

14-2　气压传动的流量控制阀有几种？与液压传动的流量控制阀相比较在结构种类及应用上有何异同？

14-3　气动换向阀按结构的不同分为哪些类型？它们的工作原理是什么？

14-4　简述梭阀和双压阀的结构原理。

14-5　为什么说双气控二位五通阀相当于一个“双稳”元件？画出其职能符号并用真值表说明其逻辑功能。

14-6　什么是气动逻辑元件？

14-7　用逻辑函数、逻辑符号、真值表说明“与”、“或”、“或非”、“双稳”等气动元件的工作原理。

第十五章　气动基本回路

气动基本回路是气动回路的基本组成部分。由于空气的性质与油不同，使气动回路与液压回路相比，有其自己的特点。熟悉和掌握常用的气动基本回路是分析气压传动系统的基础。本章介绍几种常用的气动基本回路。

第一节　换 向 回 路

换向回路是利用方向控制阀使执行元件改变运动方向的控制回路。

1. 单作用气缸的换向回路

图 15-1a 所示为二位三通电磁换向阀控制的换向回路。通电时靠气压使活塞杆上升，断电时靠弹簧作用下降。图 15-1b 为三位五通电磁换向阀控制的换向回路，它可以使活塞在行程中任意位置停止，但由于气体的可压缩性，活塞停止的位置精度较差，定位时间也不易过长。

2. 双作用气缸换向回路

图 15-2a 所示为二位五通气控阀和手动二位三通阀控制的换向回路。当手动阀换向时，控制二位五通阀换向，气缸活塞杆右移；松开手动换向阀，则活塞杆返回。

图 15-2b 所示为双电磁阀的二位五通换向阀控制的换向回路。

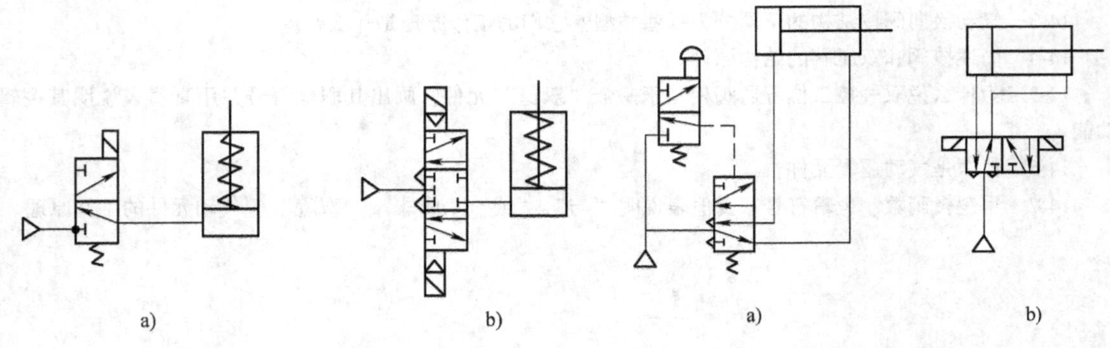

图 15-1　单作用气缸换向回路　　　　图 15-2　双作用气缸换向回路

第二节　压力控制回路

压力控制回路的作用是控制调节系统的压力，它不仅是维持系统正常工作所必需的，而且也关系到系统总的经济性、安全性及可靠性等综合特性。

（1）一次压力控制回路　主要用于控制空压站气罐压力，使其压力不超过规定压力，又称为气源压力控制回路，如图 15-3 所示。在该回路中，空压机的出口连接了一个卸荷阀（也称安全阀），为确保安全，在卸荷阀的入口注意不要设置可使回路切断的截止阀等元件。

（2）二次压力控制回路　主要用于控制每台气动设备的气源进口处的压力的调节回路，如图 15-4 所示。它可提供给系统一种稳定的工作压力，保证系统正常工作的安全性、可靠性等要求。该压力的设定是通过调节气动三大件中的减压阀来实现的。

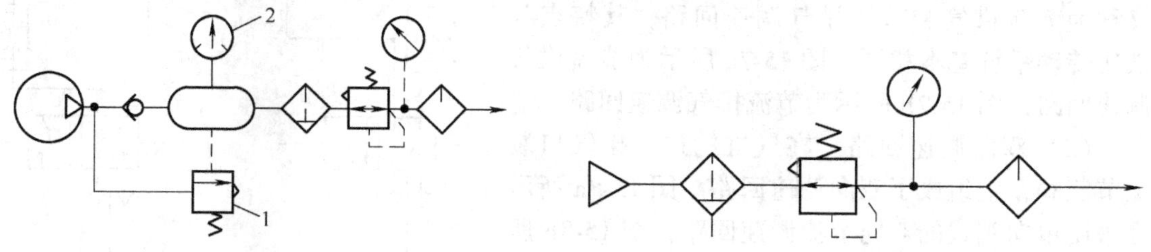

图 15-3　一次压力控制回路
1—卸荷阀　2—压力计

图 15-4　二次压力控制回路

（3）高低压转换回路　在气动系统中，有时需要提供两种不同的压力，来驱动双作用气缸，图 15-5 所示为采用两个减压阀，分别调整不同的压力，并由换向阀控制输出气动系统所需的压力。

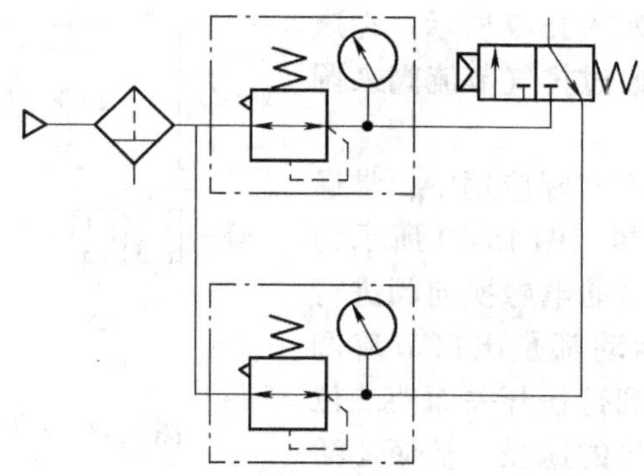

图 15-5　高低压转换回路

第三节　速度控制回路

气动系统所使用的功率一般都不大，所以速度调节的方法主要是节流调速。

1. 单作用气缸速度控制回路

如图 15-6a 所示，两个反接的单向节流阀，可分别控制活塞杆伸出和缩回的速度。如图 15-6b 所示，气缸上升时节流调速，下降时则通过快速排气阀排气，使活塞杆快速返回。

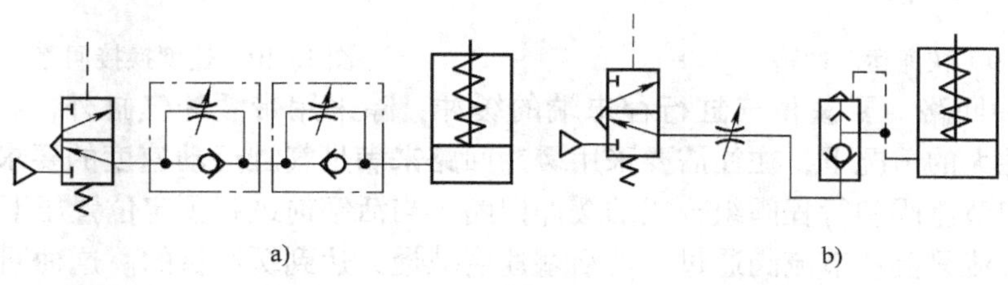

图 15-6　单作用气缸的速度控制回路

2. 双作用气缸速度控制回路

（1）单向调速回路　在双作用气缸中也有进口节流调速回路和出口节流调速回路，通常我们又称为节流供气和节流排气调速回路，其特点与液压传动系统基本相同。图 15-7a 所示为节流供气调速回路，图 15-7b 所示为节流排气调速回路。

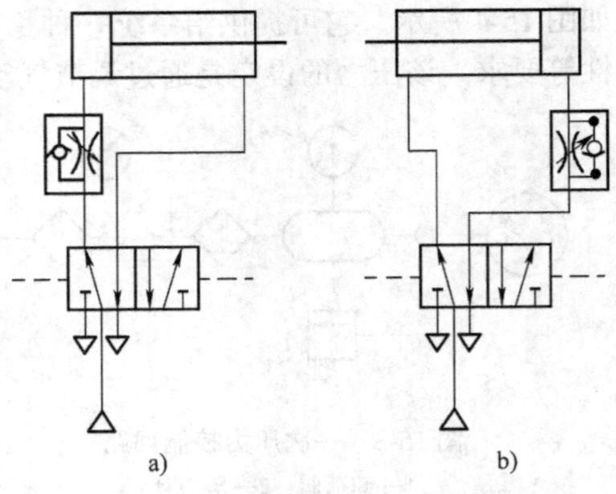

图 15-7　双作用气缸单向调速回路

（2）双向调速回路　在气缸的进、排气口装上节流阀，就组成了双向调速回路。图 15-8a 所示为采用单向阀式的双向节流调速回路，图 15-8b 所示为采用排气节流阀的双向节流调速回路。

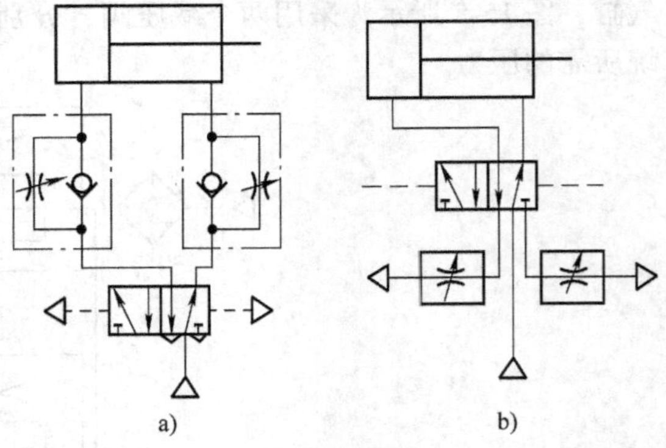

图 15-8　双作用气缸双向调速回路

（3）快速运动回路　气动系统的优点之一是执行机构能实现高速运动，这一点对于提高生产效率是很重要的。最常用的气缸高速驱动方法是采用快速排气阀，尽量减少排气延时和排气背压，以实现高速运动，如图 15-9 所示。在该回路中，气缸运动速度可通过排气节流阀来调节。

（4）速度换接回路　在实际应用中，常遇到要求实现气缸高低速换接。图 15-10 所示为采用行程开关对两个二位二通电磁换向阀进行控制。气缸活塞的往复运动都是出口节流调速，当活塞杆在行程中碰到行程开关而使二位二通阀通电，则改变了排气的途径，从而使活塞改变了运动速度。

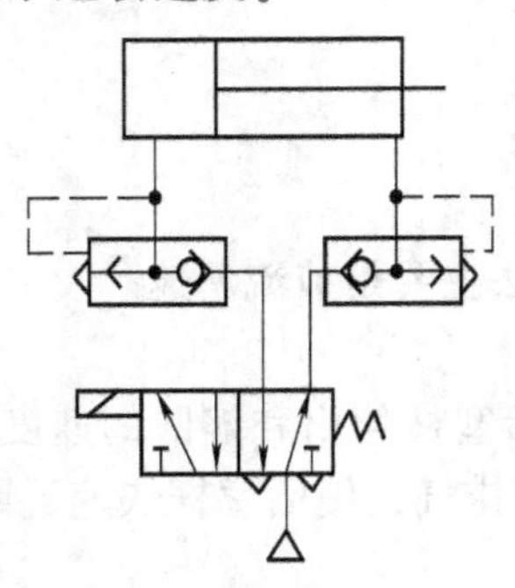

图 15-9　快速运动回路

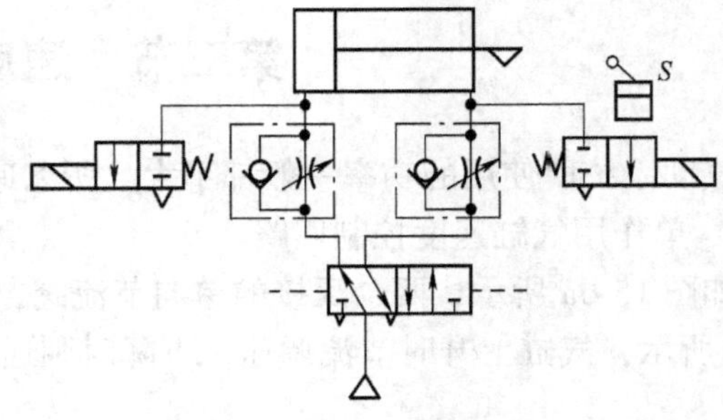

图 15-10　速度换接回路

（5）缓冲回路　要获得气缸行程末端的缓冲，除采用带缓冲气缸外，特别在行程长、速度快、惯性大的情况下，往往需要采用缓冲回路来满足气缸运动速度的要求，图 15-11 所示为采用单向节流阀和行程阀组合成的缓冲回路。当活塞前进到预定位置压下行程阀时，气缸排气腔的气流只能从节流阀通过，使活塞速度减慢，达到缓冲目的。这种回路常用于惯性比较大的气缸。

（6）利用电/气比例节流阀的无级调速回路　利用电/气比例节流阀可实现气缸的无级调

速，控制回路如图 15-12 所示。当二位三通电磁阀 2 通电时，给电/气比例节流阀输入电信号，使气缸前进。气缸后退时，使三通电磁阀断电，利用电信号设定电/气比例阀的节流口开度，进行排气流量控制，从而使气缸以设定的速度后退。

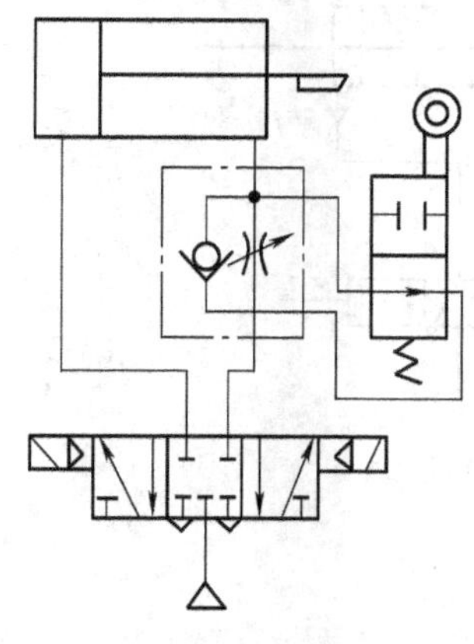

图 15-11　缓冲回路

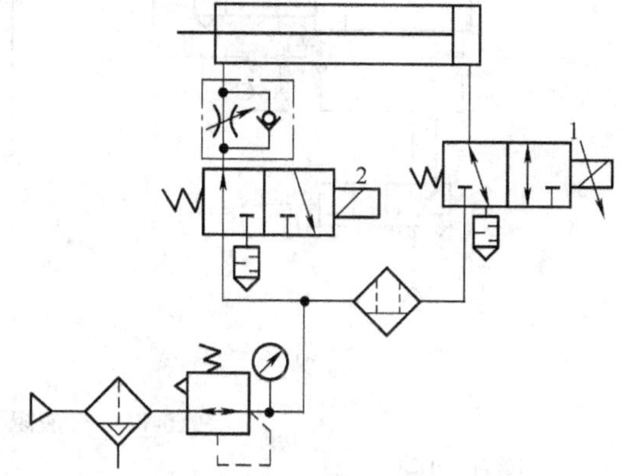

图 15-12　电/气比例节流阀无级调速回路

第四节　气液联动回路

气液联动是以气压为动力，利用气液转换装置把气压传动变为液压传动，或采用气液阻尼缸来获得能更为平稳速度的气压传动，或使用气液增压器来使传动力增大等。气液联动回路结构简单、经济可靠，且充分利用了液压和气动的优点。

1. 气液转换速度控制回路

图 15-13 所示为气液转换速度控制回路。利用气液转换器 1、2 将气压变成液压，利用液压油驱动液压缸 3，从而得到平稳的运动速度。调节节流阀的开度，就可以改变活塞的运动速度。在选用气液转换器时，要注意使其储油量应大于液压缸有效容积的 1.5 倍。

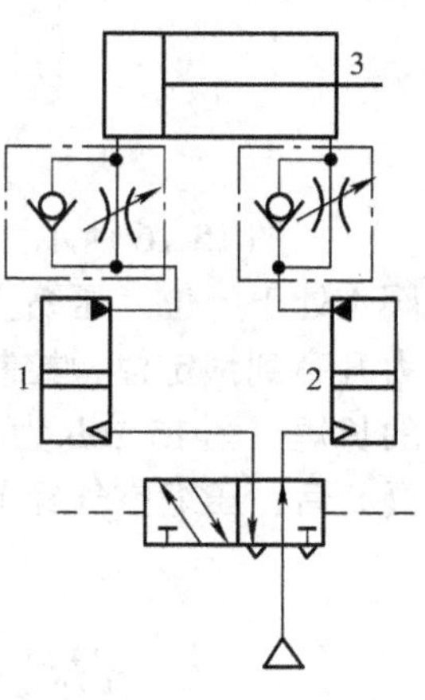

图 15-13　气液转换器速度控制回路

2. 气液阻尼缸变速回路

图 15-14 所示为气液阻尼缸变速回路。应用气液阻尼缸时，其调速方法可根据具体使用要求选用不同的方案来实现。

（1）慢进—快退回路　图 15-14a 所示为慢进—快退回路，改变单向节流阀的开口大小，即可控制活塞的前进速度，活塞返回时，气液阻尼缸中液压缸的无杆腔的油液通过单向阀快速流入有杆腔，因而，返回速度较快。油箱仅起补充泄漏油液的作用。

（2）快进—慢进—快退回路　图 15-14b 所示为能实现机床工作循环中常用的快进—工进—快退动作要求的回路。当有 K_2 信号时，五通阀换向，活塞向左运动，液压缸无杆腔中的油液通过 a 口进入有杆腔，气缸快速向左前进；当活塞将 a 口关闭时，液压缸无杆腔中的油液被迫从 b 口经节流阀进入有杆腔，活塞工作进给；当 K_2 信号消失，而 K_1 有输入信号时，五通阀换向，活塞向右快速返回。

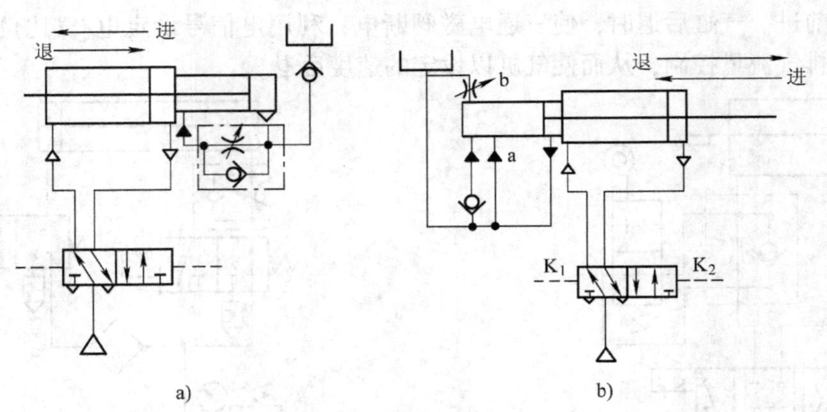

图 15-14　气液阻尼缸变速回路

3. 气液增压回路

增压回路也称为压力放大回路，当气压系统中的某一部分需要较高压力时，则可用增压回路提高压力。图 15-15 所示为利用气液增压缸将低压转换成高压的增压回路。该回路中用单向节流阀调节气液缸的前进速度，返回时用气压驱动。因为通过单向阀回油，所以能快速返回。

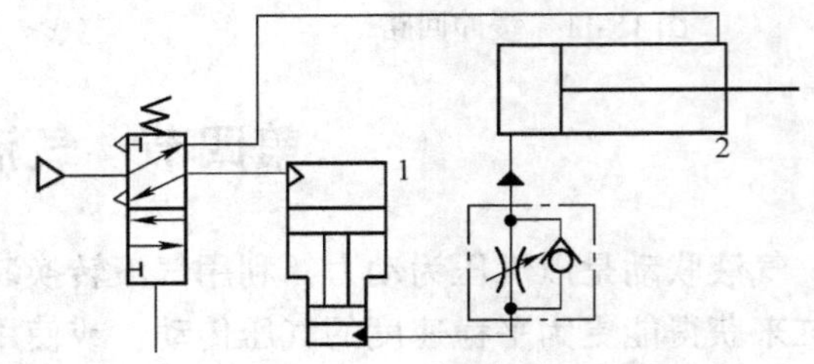

图 15-15　气液增压缸增力回路

第五节　延 时 回 路

如图 15-16 所示为延时回路，图 14-16a 为延时输出回路，当阀 4 输入气控信号后，换向阀 4 处于上位，压缩空气经单向节流阀 3 缓慢向气罐 2 充气，经一段时间 t 延时后，充气压力升高到预定值，控制阀 1 换位，阀 1 就有输出。改变节流口开度，可调节延时换向时间 t 的长短。图 15-16b 为延时断开回路，按下阀 8，则气缸向外伸出，等气缸在伸出行程中压下阀 5 后，压缩空气经节流阀到气罐 6 延时后才将阀 7 切换，气缸退回。

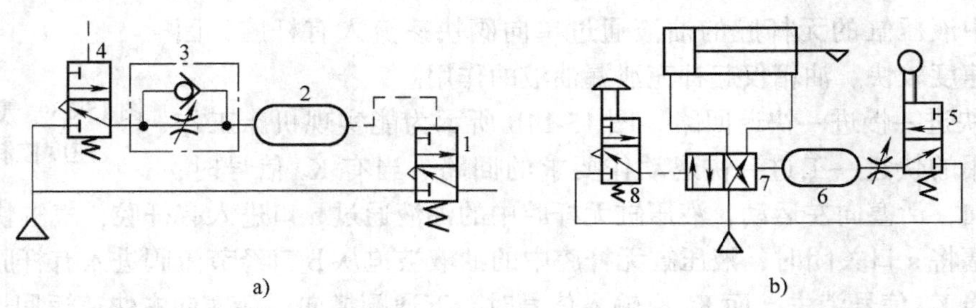

图 15-16　延时回路

第六节 安全保护和操作回路

安全保护回路常有以下几种。

1. 过载保护回路

图 15-17 所示为过载保护回路。当气缸活塞向右运动，若遇到偶然障碍或其他原因，使气缸左腔压力升高超过预定值时，顺序阀 3 打开，控制气体经液控换向阀 2 将主阀 4 切换至右位，活塞就能自动返回，实现过载保护。

2. 互锁回路

图 15-18 所示为互锁回路。在该回路中，二位四通阀的换向受三个串联的机动二位三通阀控制，只有三个都接通，主控阀才能换向。

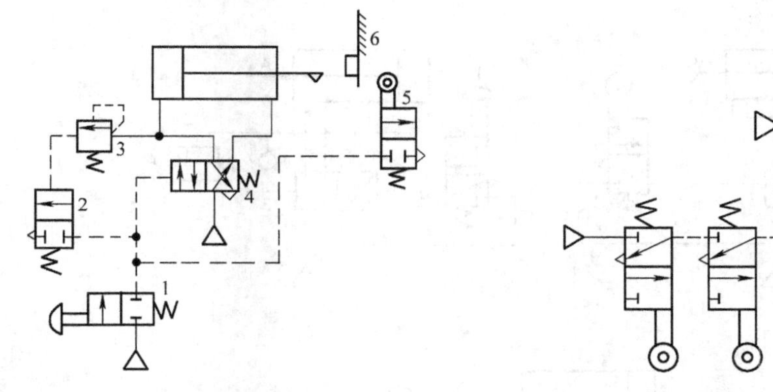

图 15-17 过载保护回路　　图 15-18 互锁回路

3. 双手操作回路

所谓双手操作回路就是使用两个启动用的手动阀，只有同时按动着两个阀时才动作的回路。这在锻造、冲压机械上常用来避免误动作，以保护操作者的安全。图 15-19 所示为采用

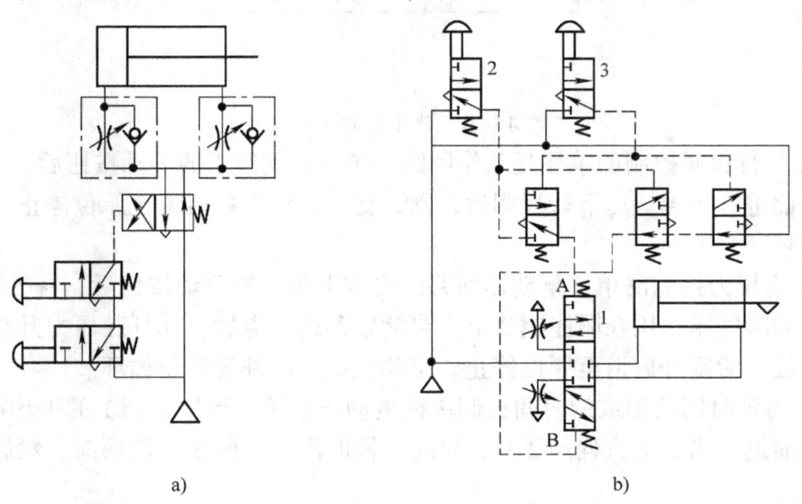

图 15-19 双手操作回路

两手动换向阀组成的双手操作回路。为使主控换向阀1换向，就必须使两二位三通手动换向阀2、3同时换向。因此，设计时可以将这两个阀安装在单手不能同时操作的距离上，在操作时，如任何一只手离开时则控制信号消失，主控阀复位，则活塞杆后退。

第七节　顺序动作回路

顺序动作是指在气动回路中，各个气缸按一定程序完成各自的动作。常用的有单往复和连续往复动作回路两种。

1. 单往复动作回路

所谓单往复动作回路，就是系统输入信号后，气缸只能完成一次往复动作。图15-20所示为三种单往复动作回路。

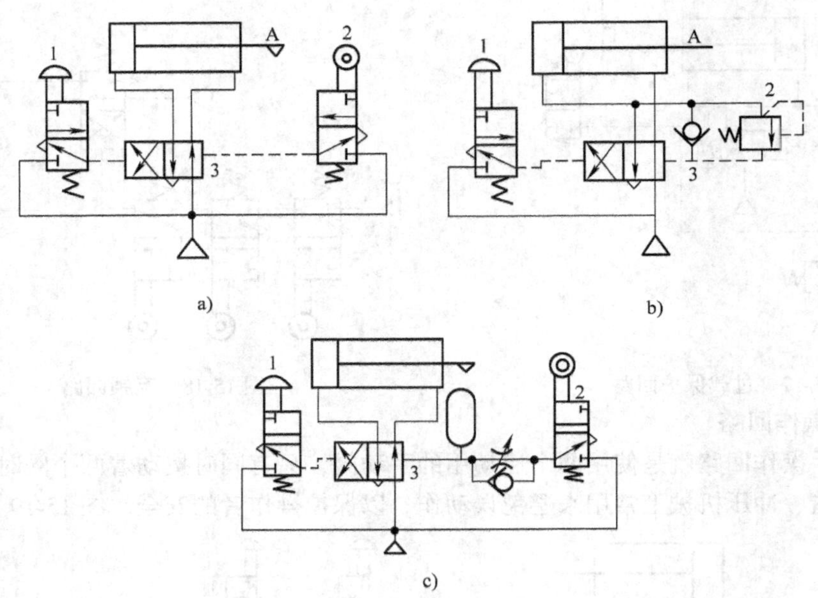

图15-20　单往复动作回路

图15-20a为行程阀控制的单往复动作回路。按下启动阀1的手动按钮后，主控换向阀3换位，活塞杆前进；当挡块压下行程阀后，阀3复位，活塞杆后退至原位停止，至此完成一次往复动作循环。

图15-20b为压力控制的单往复动作回路。当按下阀1的手动按钮后，主控换向阀换位，活塞杆前进，同时气压作用在顺序阀2上。当活塞到达终点后，无杆腔压力升高并打开顺序阀，使阀3复位，活塞杆后退至原位停止，至此完成一次往复动作循环。

图15-20c为延时回路形成的时间控制单往复动作回路。当按下阀1的手动按钮后，阀3换向，活塞杆前进；当压下行程阀2后，延时一段时间后，阀3才能换向，然后活塞杆再缩回。

2. 连续往复动作回路

图15-21为连续往复动作回路，能完成连续的动作循环。当按下阀1的按钮后，阀4换

向，活塞向前运动，这时由于阀3复位将气路封闭，使阀4不能复位，活塞连续前进。到行程终点压下行程阀，使阀4控制气路排气，在弹簧作用下阀4复位，气缸返回，在终点压下阀3，阀4换向，活塞再次向前，形成了一直连续的往复动作，只有当提起阀1的按钮后，阀4复位，活塞返回而停止运动。

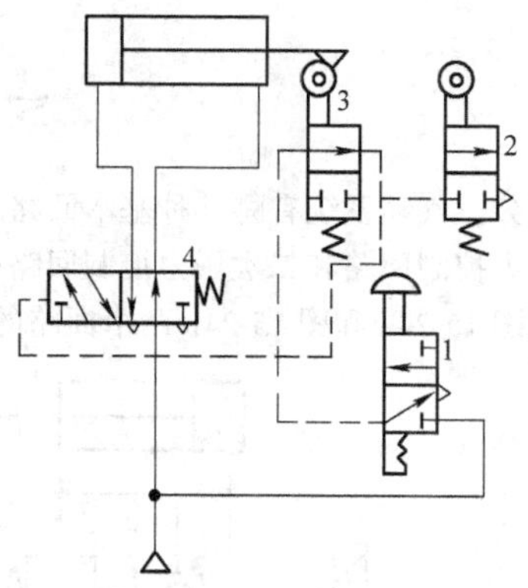

图 15-21　连续往复动作回路图

第八节　同 步 回 路

同步回路是指驱动两个或两个以上机构时，使它们在运动过程中位置保持同步。同步控制是速度控制的一种特例。

1. 利用出口节流阀控制的同步回路

图 15-22 所示为采用出口节流调速阀的简单同步控制回路。用这种同步控制方法如果气缸缸径相对负载来说足够大，工作压力足够高的话，则可以取得一定程度的同步效果。但不适用于负载 F_1 和 F_2 变化较大的场合。

2. 利用气液联动缸的同步回路

图 15-23 所示为使用气液联动缸构成的同步控制回路。当电磁阀3的A侧通电时，压力气体经过管路7流入气液联动缸1、2的气缸中，克服负载 F_1 和 F_2 推动活塞上升。此时，在或门型梭阀8的先导压力作用下，常开型两通阀4、5关闭，使气液缸1的油缸上腔的油压入气液缸2的油缸下腔，使气液缸2的油缸上腔的油液被压入气液缸1的油缸下腔，从而使它们保持同步上升。同样，当电磁阀3的B侧通电时，可使气液联动缸向下的运动保持同步。

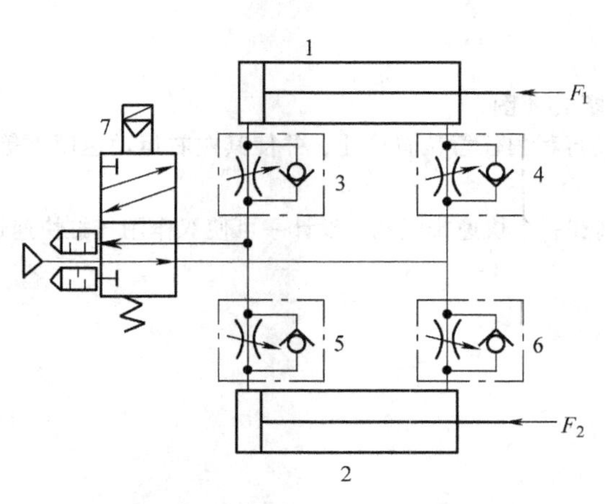

图 15-22　出口节流调速阀同步控制回路

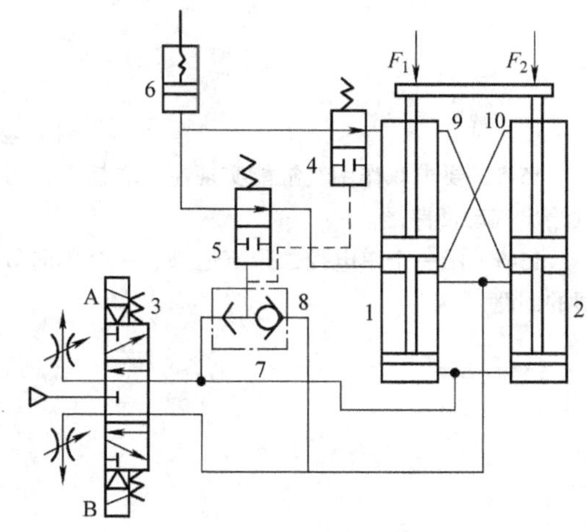

图 15-23　气液联动缸构成同步控制回路

习　题

15-1　按功能分，气动系统有哪几种基本回路？

15-2　一次压力控制回路和二次压力控制回路有何不同？各用于什么场合？

15-3　试分析图 15-24a 和图 15-24b 两个回路的工作原理。

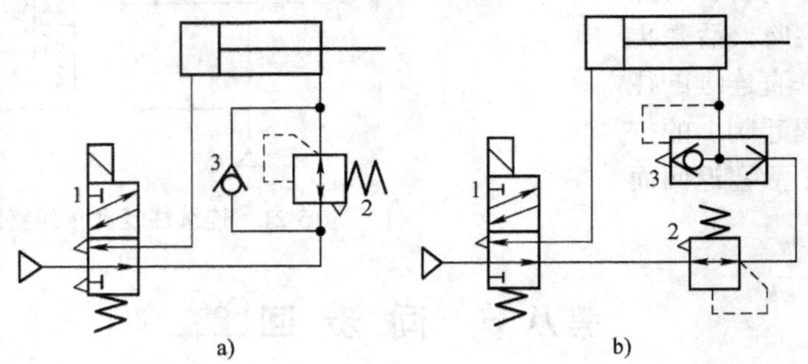

图 15-24　题 15-3 图

15-4　图 15-25 为采用节流阀的单作用气缸的双向调速回路。试分析这两种调速回路有何不同，哪个回路的调速精度较高，为什么？

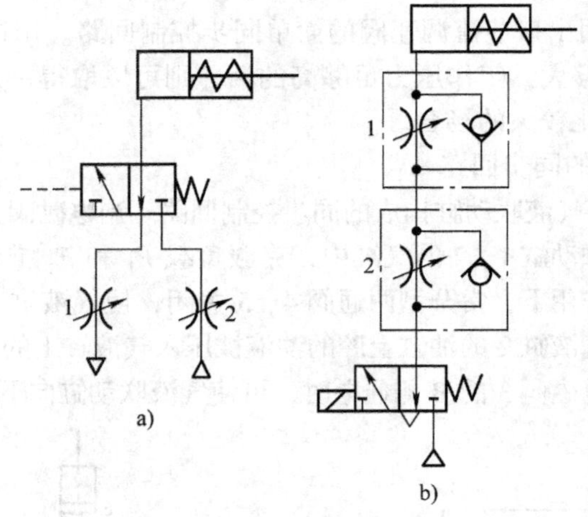

图 15-25　题 15-4 图

15-5　要求双作用气缸能实现左、右换向，可在其行程内任意位置停止，并使其左右运动速度不等。试绘出气动回路图。

15-6　用一个单电控二位五通阀、一个单向节流阀和一个快速排气阀，设计一可使双作用气缸快速返回的回路。

第十六章　典型气动系统

气动控制技术是实现工业生产自动化、半自动化的方式之一，其应用十分广泛。本章主要介绍几种典型的气动系统。

第一节　气液动力滑台气压传动系统

气液动力滑台是采用气液阻尼缸作为执行元件，能完成两种工作循环。图 16-1 所示为气液动力滑台的气动系统原理图。

1. 快进—工进—快退—停止

首先将手动阀 3 切换到右位，压缩空气通过阀 1、阀 3 进入气缸上腔，推动活塞向下运动，液压缸下腔的油液经过阀 6、阀 7 流回液压缸上腔，实现快进；当挡铁 B 压下行程阀 6 后，油液经节流阀 5 回液压缸上腔，开始工进（调节节流阀 5 的开口大小，可调节气液阻尼缸运动速度）；当工进到挡铁 C 压下行程阀 2 时，输出控制信号使阀 3 切换至左位，此时压缩空气进入气缸的下腔，使活塞上行，液压缸上腔油液经阀 8 左位（此时，挡铁 A 已将阀 8 松开）、阀 4 右位流回下腔，实现快退；当挡铁再次压下阀 8 时，油路被切断，活塞停止运动。因此，改变 A 的位置，就能改变"停"的位置；改变 B 的位置，就改变了快进和工进速度换接的位置。

2. 快进—工进—慢退—快退—停止

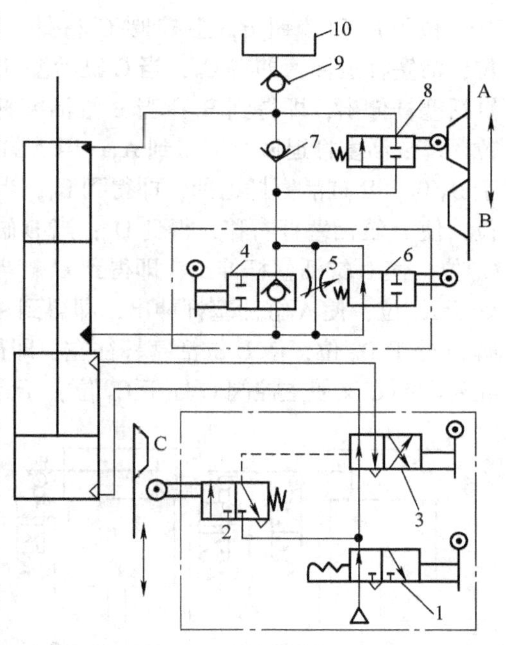

图 16-1　气液动力滑台气压传动系统

把手动阀 4 关闭时，就实现双向进给运动。其中快进—工进的动作原理与上述相同，当工进至 C 切换行程阀 2 时，输出信号使阀 3 切换至左位，活塞上行，液压缸上腔油液经阀 8 和节流阀 5 回到下腔，实现慢退；当挡铁 B 离开阀 6 后，液压缸上腔油液经阀 8 和阀 6 回下腔，实现快退，当 A 切换阀 8 时活塞停止运动。

图中油箱 10 是用来补充液压部分的漏油，一般可用油杯来代替。

第二节　气动机械手气压传动系统

机械手是自动生产设备和生产线上的重要装置之一，他可以根据设备的需要，设定相应的程序进行工作，因此在机械加工、装配、冲压、锻造、和热处理等生产过程中被广泛用来搬运工件，借以减轻人的劳动强度；气动机械手可以实现自动取料、上料、卸料和自动换刀等功能。它结构简单、重量轻、动作迅速、工作可靠，并能在恶劣的条件下工作。

图 16-2 所示为机械专用设备上的气动机械手结构，他由四个气缸组成。A 缸为夹紧缸，其活塞杆退回时夹紧工件，伸出时松开工件；B 缸为长臂伸缩缸，可实现伸出和缩回的动作；C 缸为立柱升降缸；D 缸为立柱回转缸，该气缸有两个活塞，分别在带齿条的活塞杆两头，齿条的往复运动带动立柱上的齿轮旋转，从而实现立柱的旋转。

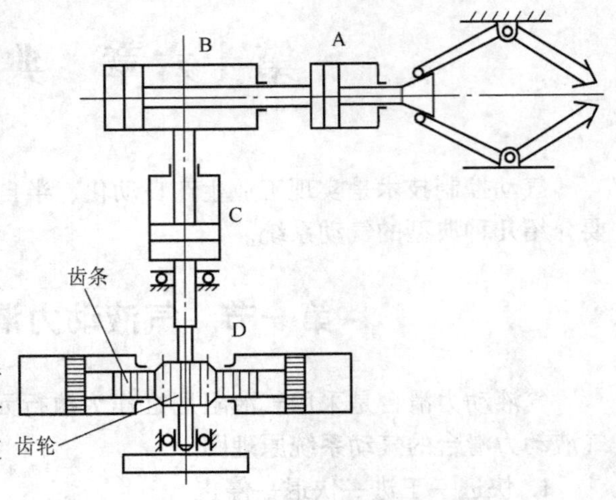

图 16-2 气动机械手结构示意图

图 16-3 所示为气动机械手的工作原理图，要求其工作循环为，立柱上升→升臂→立柱顺时针旋转→机械手夹紧工件→立柱逆时针旋转→缩臂→立柱下降。

按下启动按钮 q，主控阀 C 将处于 C_0 位，活塞杆退回，即得 C_0，当 C 缸活塞杆上的挡铁碰到 c_0，则控制气将使 B 处于 B_1 位，使 B 缸活塞杆伸出，即得到 B_1；当 B 缸活塞杆上的挡铁碰到 b_1，则控制气将使主控阀 A 处于 A_0 位，A 缸活塞杆退回，即得到 A_0；当 A 缸活塞杆上的挡铁碰到 a_0，则控制气将使主控阀 B 处于 B_0 位，B 缸活塞杆退回，即得到 B_0；当 B 缸活塞杆上的挡铁碰到 b_0，则控制气使 D 处于 D_1 位，使 D 缸活塞杆右移，得到 D_1；当 D 缸活塞杆上的挡铁碰到 d_1，则控制气使主控阀 C 处于 C_1 位，使 C 缸活塞杆伸出，即得到 C_1；当 C 缸活塞杆上的挡铁碰到 c_1，则控制气使主控阀 A 处于 A_1 位，使 A 缸活塞杆伸出，即得到 A_1；当 A 缸活塞杆上的挡铁碰到 a_0，则控制气使主控阀 D 处于 D_0 位，使 D 缸活塞杆往左，即得到 D_0；当 D 缸活塞杆上的挡铁碰到 d_0，则控制气经启动阀 q 又使主控阀 C 处于 C_0 位，于是新的一轮工作循环又重新开始。

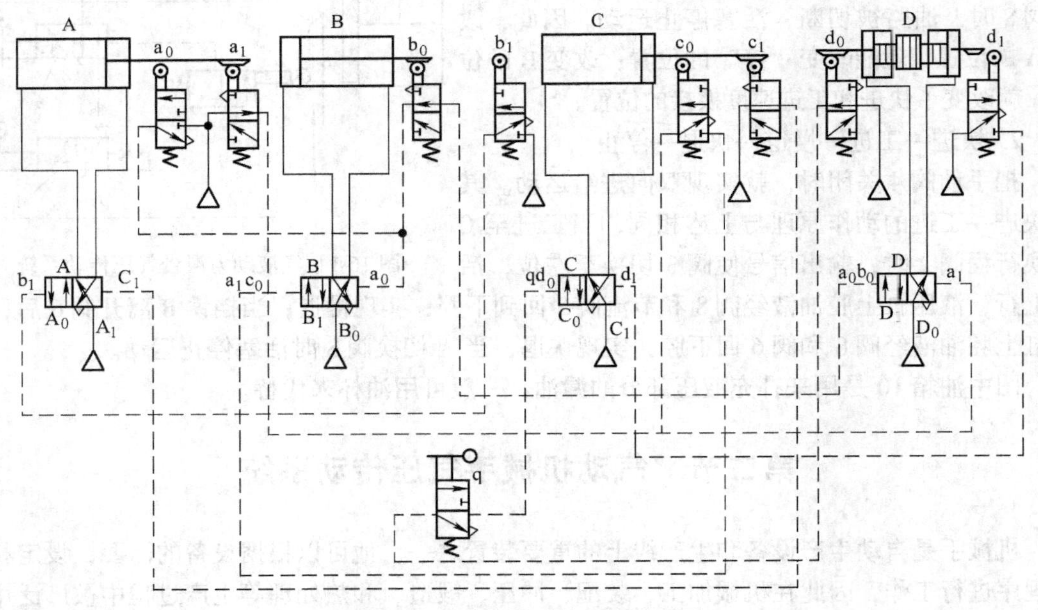

图 16-3 气动机械手的工作原理图

第十七章　气动系统的故障诊断、维护和保养

第一节　气动系统的故障诊断

气动系统产生故障的原因是多种多样的，有时是某一元件故障引起的，有时则是几方面问题的系统综合反映。常见故障产生的原因和排除方法见表 17-1 ~ 表 17-7。

表 17-1　气动系统常见故障的分析和排除方法

故障现象	故障原因	排除方法
首次启动，动作不正常	密封圈始动摩擦力大于动摩擦力，造成回路中部分气阀、气缸及负载部分的动作不正常	注意气源净化，及时排除油污及水分，改善润滑条件
气路没有气压	1）换向阀未换向 2）气动回路中的开关阀、启动阀、速度控制阀等未打开 3）管路扭曲或压扁 4）介质或环境温度太低，造成管路冻结 5）滤芯堵塞或冻结	1）查明原因后排除 2）开启 3）更换管路 4）及时清除冷凝水，增设除水设备 5）更换滤芯
供压不足	1）空压机活塞环等磨损 2）耗气量太大，空压机输出流量不足 3）漏气严重 4）减压阀输出压力低 5）速度控制阀开度太小 6）管路细长或管接头选用不当，压力损失大 7）各支路流量匹配不合理	1）更换零件 2）选择合适的空压机或增设一定容积的气罐 3）更换密封件或软管，检查管接头和螺钉 4）调节减压阀的压力 5）将速度控制阀打开到合适开度 6）重新设计管路，加粗管径，选用流通能力大的管接头及气阀 7）改善各支路流量匹配性能，采用环型管道供气
异常高压	1）因外部振动冲击产生了冲击压力 2）减压阀损坏	1）安装安全阀或压力继电器 2）更换

表 17-2　方向阀常见故障及排除方法

故障现象	故障原因	排除方法
不能换向	1）阀的滑动阻力大，润滑不良，粉尘卡住滑动部分 2）弹簧损坏，O 型密封圈变形 3）阀操纵力小 4）活塞密封圈磨损，膜片破裂	1）进行润滑，清除粉尘 2）更换弹簧与密封圈 3）检查阀操纵部分 4）更换密封圈更换膜片
阀产生振动	1）空气压力低（先导式） 2）电源电压低（电磁阀）	1）提高操纵压力，采用直动式 2）提高电源压力，使用低电压线圈

（续）

故障现象	故障原因	排除方法
交流电磁铁有蜂鸣声	1）I型活动铁芯密封不良 2）粉尘进入铁芯的滑动部分，活动铁芯不能密切接触 3）T型活动铁芯的铆钉脱落，铁芯叠层分开不能吸合 4）短路环损坏 5）电源电压低 6）外部导线拉得太紧	1）检查铁芯接触和密封性，必要时更换铁芯组件 2）清除粉尘 3）更换活动铁芯 4）更换固定铁芯 5）提高电源电压 6）引线应宽裕
电磁铁动作时间偏差大，或有时不能动作	1）电源电压低 2）活动铁芯锈蚀，不能移动。环境湿度高，使因密封不完善而向磁铁部分泄露空气 3）粉尘等进入铁芯的滑动部分，运动受阻	1）提高电源电压或使用符合电压的线圈 2）铁芯除锈，更换坏的密封件 3）清除粉尘
线圈烧毁	1）吸引时电流大，单位时间耗电多，温度升高，使绝缘损坏而短路 2）环境温度高 3）快速循环使用时 4）粉尘夹在阀和铁芯之间，不能吸引活动铁芯 5）线圈上残余电压	1）使用气动逻辑回路 2）按规定温度范围使用 3）使用高级电磁阀 4）清除粉尘 5）使用正常电源电压，使用符合电压的线圈
切断电源，活动铁芯不能退回	粉尘夹入活动铁芯的滑动部分	清除粉尘

表 17-3　减压阀常见故障及排除方法

故　障	原　因	排除方法
阀的溢流孔处泄漏	1）溢流阀座有伤痕（溢流式） 2）膜片破裂 3）二次侧背压增高 4）进出口接反了	1）更换溢流阀座 2）更换膜片 3）检查二次侧的装置与回路 4）改正
二次压力升高	1）阀弹簧损坏 2）阀座有伤痕，或阀座橡胶剥离 3）阀体中夹入灰尘，阀导向部分粘附异物 4）阀芯导向部分和阀体的O型密封圈收缩、膨胀	1）更换阀弹簧 2）更换阀体 3）清洗、检查滤清器 4）更换O型密封圈
压力降很大（流量不足）	1）阀口径小 2）阀下部积存冷凝水，阀内混入异物	1）使用口径大的减压阀 2）检查清洗滤清器
阀体泄漏	1）密封件损伤 2）弹簧松弛	1）更换密封件 2）张紧弹簧
异常振动	1）弹簧的弹力减弱或弹簧错位 2）阀体的中心、阀杆的中心错位 3）空气消耗量的周期变化使阀不断开启、关闭，与减压阀引起共振	1）把弹簧调整到正常的位置，更换弹簧 2）检查并调整位置偏差 3）和制造厂协商
不能溢流	1）溢流孔堵塞 2）溢流孔座橡胶垫太软	1）清洗并检查过滤器 2）更换

表 17-4　溢流阀常见故障及排除方法

故　障	原　因	排除方法
溢流时发生振动（主要发生在膜片式阀）	1）压力上升速度慢，溢流阀放出流量多，引起阀振动 2）因从压力上升源到溢流阀之间被节流，阀前部压力上升慢而引起振动	1）二次侧安装针阀微调溢流量，使其与压力上升量匹配 2）增大压力上升源到溢流阀的管道口径
压力已升高，但不溢流	1）阀内部的孔堵塞 2）阀芯导向部分进入异物	清洗
压力没有超过设定值，但在二次侧溢出了空气	1）阀内进入异物 2）阀座损伤 3）调压弹簧损坏	1）清洗 2）更换阀座 3）更换调压弹簧
从阀体和阀盖向外漏气	1）膜片破裂（膜片式） 2）密封件损伤	1）更换膜片 2）更换密封件

表 17-5　气缸常见故障及排除方法

故　障	原　因	排除方法
外泄漏 1）活塞杆和密封衬套间漏气 2）气缸和端盖件漏气 3）从缓冲装置的调节螺钉处漏气	1）衬套密封圈磨损，润滑油不足 2）活塞杆偏心 3）活塞杆有伤痕 4）活塞杆与密封衬套的配合面内有杂质 5）密封环损坏	1）更换衬套密封圈，加润滑油 2）重新安装，使活塞杆不受偏心负荷 3）更换活塞杆 4）除去杂质，安装防尘盖 5）更换密封圈
气缸速度太快	1）无速度控制阀 2）速度控制阀的通径太大，调节小流量困难 3）回路设计不合理 4）缸径太小	1）增设 2）更换通径合适的阀 3）使用气液阻尼缸来控制气缸的低速运动 4）更换较大缸径的气缸
内泄漏活塞两端串气	1）活塞密封环损坏 2）润滑不良 3）活塞被卡住 4）活塞配合面内有缺陷，杂质挤入密封环	1）更换活塞密封环 2）进行润滑 3）重新安装，使活塞杆不受偏心负荷 4）更换缺陷严重零件，除去杂质
输出力不足，动作不平稳	1）润滑不良 2）活塞或活塞杆卡住气缸体，内表面有锈蚀或缺陷 3）进入了冷凝水、杂质	1）调节或更换油雾器 2）检查安装情况，消除偏心 3）加强对分水滤气器和油水分离器的管理，定期排放污水
缓冲效果不好	1）缓冲部分的密封圈密封性能差 2）调节螺钉损坏 3）气缸速度太快	1）更换密封圈 2）更换调节螺钉 3）查看缓冲机构的结构是否合适
损伤 1）活塞杆折断 2）端盖损坏	1）有偏心负荷。摆动气缸安装轴销的摆动面与负荷摆动面不一致；摆动轴销的摆动角过大，摆动速度又快，有冲击装置的冲击加到活塞杆上；活塞杆承受负荷的冲击；气缸的速度太快 2）缓冲机构不起作用	1）调整安装位置，消除偏心，使轴销摆角一致，确定合理的摆动速度，冲击不得加在活塞杆上，设置缓冲装置 2）在外部或回路中设置缓冲装置

（续）

故　障	原　因	排除方法
气缸爬行	1）低于使用压力 2）回路中耗气量大	1）提高使用压力 2）增设气罐
气缸速度太快	1）无速度控制阀 2）速度控制阀的通径太大，调节小流量困难 3）回路设计不合理 4）缸径太小	1）增设 2）更换通径合适的阀 3）对低速控制，应使用气液阻尼缸来控制气缸的低速运动 4）更换较大缸径的气缸
气缸速度太慢	1）气压低或负载过大 2）供气量不足	1）提高压力或增大缸径 2）查明气源至气缸之间节流太大的元件，将其更换成较大通径的元件或使用快排阀，让气缸迅速排气
气液联动缸速度调节不灵	1）流量阀内混入杂质，使流量调节失灵 2）漏油 3）液压缸内有气泡 4）油路中节流处出现气穴现象	1）清洗 2）检查并修理 3）使气液联动缸走满行程，以彻底排除气泡 4）防止节流过大

表 17-6　分水滤气器常见故障及排除方法

故障现象	故障原因	排除方法
漏气	1）密封不良 2）因物理（冲击）、化学原因，使塑料杯产生裂痕 3）排水阀、自动排水器失灵	1）更换密封件 2）参看塑料杯破损栏 3）修理或更换
压力降太大	1）滤芯堵塞 2）通过流量太大 3）滤芯过滤精度太高	1）更换或清洗 2）更换大规格的过滤器 3）选择合适的过滤精度
塑料水杯破损	1）在有机溶剂的环境中使用 2）空压机输出某种焦油	1）选用金属杯 2）更换空压机润滑油，使用无油压缩机
输出端溢出冷凝水	1）未及时排放冷凝水 2）自动排水器有故障 3）超过使用流量范围	1）每天排放或安装自动排水器 2）修理或更换 3）在允许的流量范围内使用
输出端出现异物	1）滤芯破损 2）滤芯密封不严 3）用有机溶剂清洗滤芯	1）更换滤芯 2）更换滤芯密封垫，紧固滤芯 3）改用清洁热水或煤油清洗

表 17-7 油雾器常见故障及排除方法

故障现象	故障原因	排除方法
空气向外泄漏	1）油杯破损 2）密封不良 3）观察玻璃破损	1）更换油杯 2）检修密封 3）更换观察玻璃
油杯破损	1）用有机溶剂清洗 2）空压机输出某种焦油	1）选用金属杯 2）更换空压机润滑油，使用金属杯
不滴油或滴油量太小	1）油雾器接反了 2）油道堵塞，节流阀未开或开度不够 3）通过流量小，压差不足以形成油滴 4）气通道堵塞，油杯上腔未加压 5）油粘度太大	1）改正 2）清洗油道，调节节流阀开度 3）更换合适规格的油雾器 4）疏通气通道 5）换油

第二节　气动系统的使用和维修保养

对气动元件和系统的维护保养是保证气动系统正常工作、减少故障发生、延长使用寿命以及充分发挥系统效益的一项十分重要的工作，因此必须给以足够的重视。

维护保养应及早进行，不应拖延到故障已经发生，且需要修理时才进行，也就是要进行预防性维护保养。因为定期对系统维护保养不会带来任何不必要的费用，相反它将有利于减少因空气泄漏、修理和故障或系统损坏停止使用造成的经济损失。

1. 气动系统使用注意事项

1）开机前后要放掉系统中的冷凝水。

2）定期给油雾器加油。

3）随时注意压缩空气的清洁度，对分水滤气器的滤芯要定期清洗。

4）开机前检查各旋钮是否在正确位置，对活塞杆、导轨等外露部分的配合表面进行擦拭后方能开车。

5）熟悉元件调节和控制机构的操作特点，注意各元件调节旋钮的旋向与压力、流量大小变化的关系。气动设备长期不用，应将各旋钮放松，以免弹性元件失效而影响元件的性能。

2. 气动系统的日常维护

气动系统的日常维护主要是对冷凝水和系统润滑的管理。

（1）对冷凝水的管理　空气压缩机吸入的是含水分的湿空气，经压缩后提高了压力，当再度冷却时就要析出冷凝水，侵入到压缩空气中致使管道和元件锈蚀。防止冷凝水侵入压缩空气的方法是：及时（至少每周一次）排除系统各排水阀中积存的冷凝水，经常检查自动排水器、干燥器是否正常，定期清洗分水滤气器、自动排水器。

（2）对系统润滑的管理　气动系统中从控制元件到执行元件凡有相对运动的表面都需要润滑。如果润滑不当，会使摩擦阻力增大，导致元件动作不良；因密封面磨损会引起泄漏。

润滑油的性质将直接影响润滑的效果。通常，高温环境下使用高粘度润滑油，低温则使用低粘度润滑油。在系统工作过程中，要经常检查油雾器是否正常，如发现油杯中油量没有减少，需及时调整滴油量，调节无效，需检修或更换。

3. 气动系统的定期检修

定期检修的时间间隔，通常为三个月，主要内容有：

1）检查系统各泄漏处。因泄漏引起的压缩空气损失会造成很大的经济损失。例如，当管路压力为0.6MPa时，面积为$7mm^2$小孔（孔径为3mm）的泄漏量约为$36m^3/h$，这样压缩机就要消耗2kW功率来补偿这个损失，因而增加了系统的运行成本。此项检查至少应每月一次，任何存在泄漏的地方都应立即进行修补。

2）通过对方向阀排气口的检查，判断润滑油是否适度，空气中是否有冷凝水。如润滑不良，检查油雾器滴油是否正常，安装位置是否恰当；如有大量冷凝水排出，检查排除冷凝水的装置是否合适，过滤器的安装位置是否恰当。

3）检查安全阀、紧急安全开关动作是否可靠。定期检修时必须确认它们的动作可靠性，以确保设备和人身安全。

4）观察方向阀的动作是否可靠；检查阀芯或密封件是否磨损（如方向阀排气口关闭时仍有泄漏，往往是磨损的初期阶段），查明后更换。

5）反复开关换向阀观察气缸动作，判断活塞密封是否良好；检查活塞杆外露部分，判断缸盖配合处是否有泄漏。

6）对行程阀、行程开关以及行程挡块都要定期检查安装的牢固程度，以免出现动作的混乱。

上述定期检修的结果应记录下来，作为系统出现故障查找原因和设备大修时的参考。

参考文献

1 雷天觉主编．新编液压工程手册．北京：北京理工大学出版社，1998

2 薛祖德主编．液压传动．北京：中央广播电视大学出版社，1995

3 左健民主编．液压与气压传动．北京：机械工业出版社，1996

4 丁树模主编．液压传动．第2版．北京：机械工业出版社，1999

5 黄宏甲，黄谊主编．液压传动．北京：机械工业出版社，1998

6 俞启荣主编．液压传动．北京：机械工业出版社，1990

7 王春行主编．液压伺服控制系统．北京：机械工业出版社，1989

8 关忠范主编．液压传动系统．第3版．北京：机械工业出版社，1997

9 徐灏主编．机械设计手册：第5卷．北京：机械工业出版社，1992

10 曾贤启，王全斌编著．液压传动技术．北京：北京航空航天大学出版社，1990

11 嵇光国主编．液压系统故障诊断与排除．北京：海洋出版社，1990

12 SMC（中国）有限公司编．现代实用气动技术．北京：机械工业出版社，1998

13 中国机械工业教育协会组编．液压与气压传动．北京：机械工业出版社，2001

14 何存兴，张铁华主编．液压传动与气压传动．华中理工大学出版社，1998